城市供水管网
漏损监控技术与实践

郑飞飞　张土乔　著

中国建筑工业出版社

图书在版编目（CIP）数据

城市供水管网漏损监控技术与实践／郑飞飞，张土乔著. —北京：中国建筑工业出版社，2021.4
ISBN 978-7-112-26023-2

Ⅰ.①城… Ⅱ.①郑… ②张… Ⅲ.①城市供水—管网—水管防漏 Ⅳ.①TU991.61

中国版本图书馆CIP数据核字（2021）第057900号

　　本书包括10章，分别是：供水管网漏损现状、供水管网漏损监控技术研究进展、供水管网水力模型在线校核技术、基于机器学习的漏损区域定位技术、基于阀门调度的主动漏损定位技术、基于探地雷达的漏损精准定位技术、爆管对供水系统的影响机制与评价体系研究、基于监测系统的爆管定位技术研究、爆管后阀门控制对供水管网的影响研究、漏损优化维护技术。本书内容全面翔实，可操作性强，涵盖了漏损和爆管的监测、控制、评估和管理的最先进技术，可为城市供水系统的安全可靠运行提供技术支撑和科学指导，为实现供水系统智能化和精细化管理提供重要的技术储备。

　　本书可供从事城乡供水企业的工程技术人员和管理人员使用，也可供供水设计单位、科研单位以及大专院校师生等使用。

责任编辑：石枫华　胡明安
书籍设计：锋尚设计
责任校对：李欣慰

城市供水管网漏损监控技术与实践
郑飞飞　张土乔　著
＊
中国建筑工业出版社出版、发行（北京海淀三里河路9号）
各地新华书店、建筑书店经销
北京锋尚制版有限公司制版
北京市密东印刷有限公司印刷
＊
开本：787毫米×1092毫米　1/16　印张：15¼　插页：8　字数：384千字
2021年4月第一版　　2021年4月第一次印刷
定价：**68.00**元
ISBN 978-7-112-26023-2
（37162）

前　言

供水管网系统作为城市基础设施的重要组成部分，是我国城市经济发展和居民生活的重要保障。然而，我国诸多城市供水系统还存在漏损率居高不下的问题，且爆管事件时有发生，造成了巨大的水资源浪费和社会经济损失，并已严重威胁城市公共安全。因此，在我国城市化进程不断加快和水资源日益短缺的背景下，如何有效地降低供水管网漏损率、减少爆管事件发生，已成为我国社会经济可持续发展的迫切需求。

为有效降低城市供水管网漏损率，我国出台了一系列政策，如2014年国家提出的"节水优先、空间均衡、系统治理、两手发力"十六字治水方针中将"节水优先"放在首位；2015年出台的《水污染防治行动计划》（简称"水十条"）明确提出"2020年全国公共供水管网漏损率控制在10%以内"的要求；2016年九部委联合印发《全民节水行动计划》，要求到2020年在100个城市开展漏损节水改造。因此，减少供水管网漏损率和爆管事故，实现高效安全供水，已是国家的重要战略发展目标，也是我国生态文明建设的重要保障。

我国城市供水系统普遍存在规模庞大和结构复杂的特征，这给漏损监控带来了很大的挑战。同时，供水管网漏损研究属于城市水力学与水信息学交叉学科，具体涉及管道水力学、计算机科学、信息学等多门学科。因此，漏损监控关键技术的研究需要多个学科的知识，综合性强、难度大。为突破供水管网漏损监控难题，笔者的研究团队长期潜心开展相关基础理论与技术方法研究，取得了一系列的创新研究成果和工程实践经验。

本专著系统介绍了笔者研究团队在城市供水管网漏损监控理论与技术领域的最新研究成果。书中首先总结了供水管网漏损现状、产生原因以及监控技术的研究进展情况。然后，详细介绍了多种创新的供水管网漏损监控技术及其实践应用情况，包括供水管网水力模型在线校核技术、基于机器学习的漏损区域定位技术、基于阀门调度的主动漏损定位理论与技术和基于探地雷达的漏损精准定位技术。接着介绍了大流量漏损（即爆管）的相关研究，具体包括爆管对供水系统的水力水质影响规律及评估模型、基于物联网系统的爆管区域定位方法以及爆管后阀门控制对供水管网的次生水力水质影响研究。最后，介绍了城市供水管网漏损的优化维护与管理技术。

本专著是作者研究团队多年研究成果的结晶，研究内容得到国家水体污染控制与治理科技重大专项"典型城市饮用水安全保障共性技术研究与示范项目"（批准号2008ZX07424）、"嘉兴市城乡一体化安全供水保障技术集成与综合示范课题"（批准号2017ZX07201-004）、国家重点研发项目"城镇供水管网漏损监测与控制技术及应用"（批准号2016YFC0400600）以及国家自然科学基金国际合作与交流项目"供水管网漏损检测与管土相互作用研究"（批准号51761145022）等项目的资助。

郑飞飞编写了本专著所有章节，张土乔对专著内容进行了指导和完善。同时，本专著也得到了黄源、张清周和齐哲娴等学生的大力支持，在这里谨向参与的学生表示衷心的感谢。作者也非常感谢中国建筑出版传媒有限公司的支持，以及责任编辑的辛苦付出。

本专著由于涉及内容广泛，同时作者水平有限，难免存在疏漏与不妥之处，敬请读者批评指正。

郑飞飞

2020年12月

目　录

第1章

供水管网漏损现状

1.1 供水系统构成

1.2 国内外供水管网漏损现状

1.3 供水管网漏损产生原因

1.1 供水系统构成

1.1.1 供水系统的基本组成要素

供水系统是指将原水经加工处理后按需要把处理后的饮用水供应到各类型用户的一系列工程措施的组合，一般包括水源取水、水处理以及送水至各用户的配水设施等构筑物（王如华等，2017）。供水系统示意图如图1-1所示。

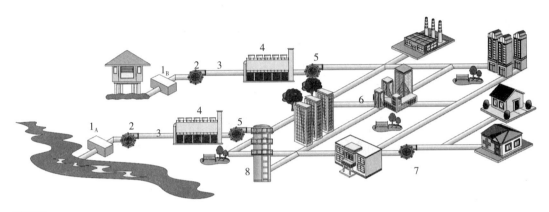

图1-1

供水系统示意图

1_A — 地面取水构筑物；1_B — 地下取水构筑物；2 — 一级泵站；3 — 输水管（渠）；4 — 水处理构筑物；5 — 二级泵站；6 — 配水管网；7 — 加压泵站；8 — 水塔

1. 取水构筑物

取水构筑物是指从天然或人工水源中取水，并送水至水厂或用户的设施。由于水源存在的形式与状况不同，取水构筑物可分为地表水取水构筑物与地下水取水构筑物（李国豪，2013）。地表水取水构筑物是从河流、湖泊、水库等地表水体中取水的构筑物，主要类型有岸边式、河心式、斗槽式、活动式等。地下水取水构筑物是从含水层中汲取地下水的构筑物，按构造情况，可分为管井、大口井、渗渠、辐射井、引泉构筑物等类型。取水构筑物的类型和位置选择应综合考虑水源的水文地质条件、水质水量需求、城镇布局、投资、施工、运行管理及河流的综合利用等因素（徐晓珍，2015）。

2. 输水管（渠）

输水管（渠）是指在较长距离内输送水量的管道或渠道，如从水源取水口将原水输送至水厂和从水厂将清水输送至供水区域的管道或渠道，仅起输水作用，一般不沿线向外供水。输水管发生事故将对供水产生较大影响，为保证供水安全，一般将输水管敷设成两条并行管线，并在中间的一些适当地点分段连通和安装切换阀门，以便其中一条管道局部发生故障时由另一条并行管段替代（严煦世等，2014）。

近几十年来，随着我国社会经济的快速发展和城镇化水平的不断提高，城镇用水需求日益增大，很多远距离输水工程应运而生，如南水北调工程、引黄济青工程、东深引水工程等。这些输水工程普遍具有流量大、输送距离远、工程量巨大（甚至要穿山越岭）的特点。因此，输水管（渠）的安全可靠性要求严格，对输水管道工程的规划、设计和安全运行调度必须给予高度重视。

3. 水处理构筑物

水处理构筑物是指将原水处理至符合使用要求的构筑物，通常集中布置在水厂内，包括各种采用物理、化学、生物等方法的水质处理设备和构筑物（严煦世，1994）。生活饮用水一般采用反应、絮凝、沉淀、过滤和消毒处理工艺和设施，工业用水一般有冷却、软化、淡化、除盐等工艺和设施。当原水水质较差时，除了传统给水处理工艺外，还可采取深度处理工艺加以辅助，以达到改善水质的目的。常用的深度处理工艺有活性炭吸附、强化混凝、强化过滤、生物坝处理、膜处理等技术。例如，杭州清泰水厂采用压力式膜系统进行给水处理，自投运以来，长期稳定运行，效果较好（朱建文，2017）。

4. 配水管网

配水管网是指分布在整个供水区域内的配水管道网络，用以将处理后的清水分配输送到整个供水区域，使用户能够从近处接管用水。配水管网通常由主干管、干管、支管、连接管、分配管等构成。配水管网中还需要安装消火栓、阀门（闸阀、排气阀、泄水阀）和检测仪表（压力、流量、水质检测等）等附属设施，以保证消防供水和满足生产调度、故障处理、维护保养等管理需要（黄汉江，1990；严煦世等，2014）。

5. 水量调节设施

储存和调节水量的构筑物，也称调节构筑物，有清水池、水塔和高位水池等形式。水量调节设施的主要作用是调节供水与用水的流量差，也可用于储存备用水量，以保证消防、检修、停电和事故等情况下的用水，提高系统的安全可靠性（王如华等，2017）。

6. 水压调节设施

用以调节供水系统运行压力的设施或设备，分增压和减压两种。泵站是供水系统中最常用的增压设施，一般由多台水泵并联组成。在水不能靠重力自流至用户端的情况下，水泵可以对水流增加压力，以使水流有足够的能量克服用水地点的高差以及用户的管道系统与设备的水流阻力。供水系统中的泵站有一级泵站、二级泵站和加压泵站三种形式。一级泵站的作用是将原水加压输送至水厂。二级泵站一般位于水厂内部，作用是将清水池中的水加压后送入输水管或配水管网。加压泵站则对远离水厂的供水区域或地形较高区域进行加压，即实现多级加压。泵站的安全运行管理非常重要，必要时需安装水锤消除器、多功能阀等设备以确保水泵机组安全运行。

另外，随着我国城镇化建设的快速发展，供水管网的规模日益增大，尤其是近些年出现了很多大规模的城乡一体化供水管网。为保证管网末端用户的水量需求，需提高泵站出口压力或采用多级加压方式。这都可能导致供水管网中局部区域（如靠近泵站出口的管网处）水压过高，容易造成管道或其他设施的漏水、爆裂和水锤破坏，同时也造成能耗浪费。为缓解这种问题，在供水管网中可以安装一些减压设施（如减压阀、节流孔板等）降低和稳定局部区域的水压（严煦世等，2014）。

1.1.2　供水管网拓扑特征

根据拓扑结构特征，供水管网可分为环状管网和枝状管网，如图1-2所示。图1-2（a）为全管网示意图，其中线代表管道，点代表用水量节点，图1-2（b）和（c）分别为选取的环状管网部分和枝状管网部分。如图1-2（b）所示，环状管网中，管段一般互相连接成闭合环状，水流可沿两个或两个以上的方向流向用户。而在枝状管网中，如图1-2（c）所示，管线通常布置成树枝状，水流沿一个方向流向用户。由于管网结构形式的不同，环状和树状管网存在各自的优缺点（严煦世等，2014）。

对于环状管网，由于管线连接成环状，当管网任意节点或管段损坏，可以关闭附近的阀门进行检修，水流还可以从另外管线供应用户，断水面积较小，供水可靠性高。另外，环状结构还可以大大减轻因水锤作用产生的危害，而在枝状管网中，水锤问题容易导致管线损坏。但是，环状管网的造价明显要高于枝状管网。因此，环状管网多在大中型城市、大工业区和供水要求高的工业企业内部采用。

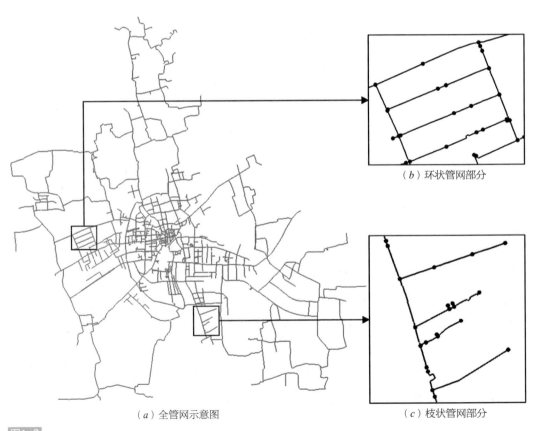

（a）全管网示意图　　　　（b）环状管网部分　　　　（c）枝状管网部分

图1-2
供水管网拓扑结构示意图

对于枝状管网，其优点是管线敷设长度短，工程造价相对较低。但是，当管网任意节点或管段损坏时，损坏点下游的所有管线断水，因此枝状管网的供水可靠性较差。另外，在枝状网的末端，因用水量已经很小，管道中水流缓慢，甚至停滞不动，因此容易造成水质变差问题。一般情况下，枝状管网多用于城市和工业供水管网建设初期，随着供水事业的发展会逐步连成环状管网。实际上，现有城市的供水管网多数是将枝状管网和环状管网结合使用，如图1-2所示。在城市中心地区，一般采用环状管网形式，在郊区则以枝状网形式向四周延伸。我国近些年快速发展的城乡一体化供水管网即是这类管网形式的典型案例，将以环状管网为主的城镇管网与以枝状管网为主的乡村管网连接，形成一体化供水模式。

1.1.3　供水模式

前已述及，供水系统中水流从水源到达用户需要克服用水地点的高差以及用户的管道系统与设备的水流阻力。根据水流能量来源（即水流输送的压力方式）的不同，供水模式可分为两种——压力供水和重力供水，如图1-3（a）和（b）所示。

重力供水的特点是水源高程和水处理构筑物的地势明显高于用水区，利用自身重力势能向低处供水，输水时无须消耗电能，运行经济。重力输水管的造价比压力供水管低，但须有一定的水力坡度，使水能在重力下流动。如果地形条件允许，也经常采用该方式供水以降低输水成本，如取用山泉水或高位水库水的供水系统。

压力供水模式是以泵站加压为动力供水，消耗电能，水压容易控制。这种模式适用于供水区地势高于或接近水源水位，或地形沿输水方向上升的情况。国内外供水管网通常采用该方式供水。当供水区和水源的高差很大时，为了降低管中的压力，可将输水管分成几段，每段有单独的提升泵站，组成多级加压供水系统。

此外，水塔供水也是供水系统中会使用到的一种模式。水塔是设置在供水管网中，用于储水和配水的高耸结构。根据放置位置，水塔可分为网前水塔、网中水塔以及对置水塔，如图1-3（c）所示。其中，设置在二级泵站到供水管网的接入位置的水塔是网前水塔，设在供水管

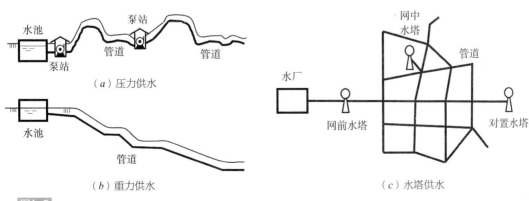

（a）压力供水

（b）重力供水

（c）水塔供水

图1-3
供水模式示意图

网中的水塔叫网中水塔，设置在供水管网末端的水塔是网后水塔。水塔的主要作用是调节二级泵站供水流量和管网实际用水量之间的差异，实现用水低峰时蓄水和用水高峰时放水的功能，从而保证用水量和水压稳定（严煦世，范瑾初，1999）。但是，水塔供水模式也会带来二次污染、调节容积不足等问题。近年来，随着变频供水技术在国内的普遍推广应用，变频泵可根据供水流量的不同调节供水压力，弥补了供水流量与管网实际用水量之间的差异，使用户的供水压力趋于稳定。因此，水塔供水模式的使用逐渐减少，目前多数应用于经济条件和基础设施落后、供水新技术普及有难度的地区（张移等，2018）。

1.2 国内外供水管网漏损现状

1.2.1 供水管网漏损定义

根据《城镇供水管网漏损控制及评定标准》CJJ 92-2016中定义，供水管网漏损水量是指供水总量和注册用户用水量（包括计费用水量和免费用水量）之间的差值，由漏失水量、计量损失水量和其他损失水量组成。其中，漏失水量是指各种类型的管线漏点、管网中水箱及水池等渗漏和溢流造成实际漏掉的水量。本专著关注于供水管网中由漏点所产生的管网漏损情况，即本专著所提"漏损监控技术与实践"集中于对供水管网中漏点和漏失水量的监控技术与实践研究。

给水管道经过一段时间的运行之后，因自身材质特性或受土壤酸碱腐蚀等原因，结构强度会有所降低，当管道受到内力或外力的作用超过其极限承载力时，管道结构便受到损坏，从而产生漏点（梁宇舜，2012）。管道的破坏形式有管身锈蚀穿孔、管身横向或纵向开裂、焊缝开裂、管道破口或断裂等，由此导致管道中水流以滴水、射流或喷射等漏失方式流出系统外（梁宇舜，2012）。由于不同类型的管道破坏形式所产生的漏失瞬时流量不同，不同漏失状态对供水管网的影响有所差异。管道上的腐蚀穿孔、开裂或小型破口等所产生的滴水、射流等形式的漏失虽然会造成水量损失，但不会对供水管网系统的运行产生明显影响；而以较大的破口或管道断裂为主的管道结构破坏形式往往会产生很大的漏失瞬时流量（如管道中水流上升到地面），以至于导致供水中断或对用户与公众造成严重影响（何芳等，2004；李楠，2012；Pearson，2020）。后者通常称之为爆管事故，若无法及时发现检修，可能导致供水中断、淹没生产和生活区域、冲断公路等严重后果，甚至引起人员伤亡和物资流失（刘倍良，2019）。图1-4给出了实际供水管网中瞬时流量较小的漏失和爆管事故的对比图。

从产生漏损的形式来看，爆管事故本质上是一种瞬时漏失流量较大的漏损情况。为便于区分瞬时流量较小的漏失和瞬时流量较大的爆管，本专著在后续用到"爆管"一词时特指瞬时漏失流量较大的漏损情况。

（a）漏失　　　　　　　　　　　　　　　　　　（b）爆管

图1-4
管道事故图

1.2.2 国内外漏损现状

管网漏损已成为世界性问题，造成了巨大的水资源浪费（给水排水动态，2013；曹徐齐等，2017）。五大洲国家的管网漏损率各不相同，其中，北美洲、大洋洲国家的整体漏损率最小，平均低于10%，其次是欧洲，10%～20%，亚洲国家除了印度（漏损率超过50%）以外，整体漏损率接近于欧洲。非洲和南美洲的整体漏损率最大，最高达到50%。从经济发达程度来看，发展中国家漏损率明显高于发达国家，例如，日本、新加坡、美国、加拿大等发达国家的管网漏损率明显低于印度、缅甸、墨西哥等国家。追溯原因可知，这些发达国家在城市化进程早期也出现了漏损问题，他们较早地成立了供水管网漏损领域的学术和管理机构，开展了相关研究和管理维护工作。例如，美国水研究中心（WRC）专门发表报告，论述漏水控制工作的内容、方法和对策；美国供水协会（AWWA）在1976年就成立了检漏专业委员会；日本水道协会（JWWA）对漏损控制进行了专题研究，而且很重视检漏仪器设备的研制开发与生产（高亚萍，2007）。但是经济发展程度并不是影响漏损问题严重性的唯一因素。有文献描述（曹徐齐，2017），虽然欧洲国家整体经济水平高于亚洲，但是管网漏损率却并没有明显低于亚洲，这是因为欧洲城市化在18世纪前就开始了，老城区管网普遍陈旧、破损，为了保护古建筑遗迹，对这些陈旧管道的检测、修补、翻新难度非常大，故英国、葡萄牙这些国家的漏损率相较其他发达国家高。

图1-5为2018年我国的管网漏损率分布图（中国统计出版社，2020）。由该图可见，全国各地区漏损率差异很大，目前，仅有宁夏、甘肃、山西、陕西、浙江5省管网漏损率控制在12%（我国供水管网漏损率标准限定值）以内，而东三省管网漏损率甚至超过20%，主要原因有：（1）我国在漏损管网检测控制领域的研究起步较晚，检漏技术落后，已有漏损点未能完全进行检测、修复；（2）供水管线受制于当时的设计施工水平已不符合现如今的供水要求；（3）管网老化较快，受腐蚀情况严重，后期没有科学的运行及维护；（4）我国幅员辽阔，经纬度跨越较

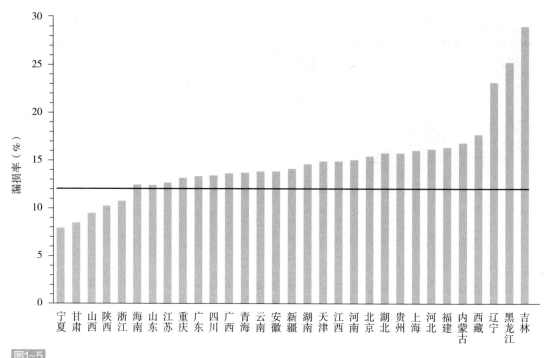

图1-5
2018年全国各省、市自治区管网漏损率图（中国统计出版社，2020）

大，气候环境各地区大相径庭，同时城市规模以及城市化进程也参差不齐，在这种情况下，地下管网情况复杂多变，很难形成一套标准化的管网漏损控制方法。

1.2.3   国内外爆管现状

近年来，城市供水管网爆管事故时有发生，对市民生活和城市安全的影响日益凸显（曾翰等，2018）。大量的饮用水通过管道破裂点损失，损失量随不同国家和地区有所不同（曹徐齐等，2017）。据调查，2012～2018年，美国供水管道爆管率上升27%（Folkman等，2018）。在2016年10月21日，波士顿达特茅斯街一处建筑工地水管突然爆裂，瞬间淹没整条街道，两名工人不幸罹难（中华网，2016）。2010年英国因爆管漏水造成的供水损失约为总供水量的15%。管道爆裂事件也对公众生活产生严重不良影响（Wu等，2010）。例如，2018年3月6日，大雪使得英国供水管道爆裂数量增加了4000%，1.2万户家庭用水受到严重影响（环球网，2018）。此外，2014年波兰的爆管漏水率为18.6%，也占据了较高水平，造成极大的资源浪费（Sala等，2014）。除以上列举的国家外，世界其余国家和地区也存在不同程度的爆管漏水问题，对供水效率造成了明显影响。

就国内情况而言，据统计［全国城市供水管网改造近期规划（摘登）（上），2006］，2000～2003年，我国184个城市的供水管网系统的爆漏事故高达13.7万次。其中，中小型管网一年爆管数百次，大型管网的爆管一年可达数千次，对我国居民用水及社会资产都造成了极大影响（赵丹丹等，2014）。例如，2009年发生在重庆市忠县的供水主管道爆管事件，造成3万户居民无水可用（中国新闻网，2009）；2017年，临沂年供水量30万t的*DN*1600供水主管道接连发生两次爆管，直接经济损失355.28万元（大众网，2017）；2019年，西安某区突发自来水爆管事件，路面出现大面积积水，部分市政基础设施遭到破坏，被淹小区居民安置成为难题（环球网，2019）。

1.3　供水管网漏损产生原因

造成供水管网漏损的原因有很多，不同区域、不同管网的故障原因各异，且各因素之间存在较为复杂的联系（Gould等，2013；Rajeev等，2014）。如图1-6所示，管道漏损产生的原因可分为四类，分别为管网固有属性、施工管理原因、管网运行原因以及外部环境原因。

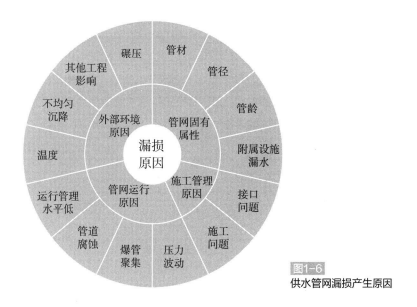

图1-6
供水管网漏损产生原因

1.3.1　管网固有属性

1. 管材

管材决定管道的内部结构，是供水管网爆管的重要影响因素。我国城市供水管道大多建于20世纪40～60年代，多为灰口铸铁管。除此之外，目前我国主要应用的管材还有钢管、钢筋混凝土管、球墨铸铁管和塑料管等（马力辉等，2003；何芳等，2004）。不同管材的性能和质量不同，因此，发生爆管的概率也不同。综合我国几个地区供水管网管材与爆管的研究发现，最容易发生管道破裂的是镀锌钢管和普通铸铁管，而球墨铸铁管和PVC/PE管（聚氯乙烯管/聚乙烯管）的性能较好，发生漏损的频率较低（刘松等，2007）。

此外，供水管材种类繁多，进货渠道不一、质量参差不齐是造成管网损坏的原因之一。限于城市供水的特殊性，供水管道的更新改造只能分期、分批推进，因而老旧管道仍占相当大比例，这给管网漏损埋下了隐患（张春红，2015）。

2. 管径

通过研究管道爆管率与管道直径之间的联系，发现小管径的管道更容易发生爆管，尤其是直径小于200 mm的管道故障率最高。这可能与小直径管道管壁薄、埋深小和地面车辆负荷大有关（梁宇舜，2012；罗海玲等，2010）。在研究大直径管道破裂时，Rajeev等人（2014）发现纵向开裂是大直径（通常直径大于300mm）管道常见的破裂模式，通常是由管道腐蚀和内部水压引起的。

3. 管龄

每种管材都有使用年限，随着使用时间的增加，材料质量下降容易导致爆管事件的发生。研究表明，在新管道刚开始投入使用期，由于管道质量和施工质量的差异会产生较高的管道故障率，随着管道修护工作的展开，故障率会下降然后趋于稳定，最后随着时间的持续增长故障率日渐严重（Pelletier等，2003）。Folkman（2018）收集并研究美国和加拿大的308家自来水公司爆管和漏损数据，发现管龄为50年左右的管道发生故障的概率较高。

4. 附属设施漏水

除管道自身产生漏损外，管网中闸门井、水表井等附属设施的滴漏现象也时有发生，在漏损中占一定比例。虽然附属设施的单位时间漏水量有限，但其设置在闸门井内，不易被及时发现，漏损持续时间长，且发生漏水的水表井、闸门井数量大，使得漏损水量积少成多（邱云龙，2006）。

1.3.2 施工管理原因

1. 接口问题

管道接口漏水一直是存在于供水系统运行过程中的一个突出问题，严重影响了供水系统的正常供水。供水管网中管道接口形式很多，接口的漏损概率较大，原因是接口处往往是应力的集中点，当管段发生伸缩、不均匀沉降时，应力传至接口处，容易使接口松动，甚至破裂（黄国章，2003）。

2. 施工问题

在供水管道施工时，管道基础、管道接口和回填时的施工质量控制未按规范实施，极易使得管道在后续使用中出现漏损事故。施工问题主要体现在：（1）管道基础不好；（2）覆土不实；（3）支墩后座土壤松动；（4）接口质量差；（5）用承口找弯度过多（借转）；（6）管道防腐效果不好等（邱云龙，2006）。

在南方沿海城市施工问题造成的后果尤甚，由于气候温暖，管道埋深仅按最小覆土深度要求，而随着城市的发展，道路扩建、改建，导致原位于绿化带或人行道下的供水管道处于车道下，且未得到有效的保护措施，长期受外力作用，从而引起管道下沉或侧向位移发生爆管（金伟如，2015）。例如，2014年在深圳，管径$DN800$及以上大口径管道爆管有24起，其中有11起是由于地基变化和施工质量引发（金伟如，2015）。

1.3.3　管网运行原因

1. 压力波动

管网内存在周期性压力变化和瞬态压力变化，而水压的变化会增加管道故障的可能性。例如用户需水量模式的周期性变化和管网运行管理（例如压力管理）都会导致管网高压和低压的波动。Rezaei等人（2015）研究了周期性压力变化对供水管网的影响，发现如果频率和幅值合适，周期性载荷会导致管道疲劳破坏。对于本具有裂痕的管道，加载应力会加速裂纹扩展，从而导致管道破裂。Ilici等（2009）将压力管理应用到Zagreb地区的一个独立计量分区（DMA）中发现爆管率降低了17%。

另一种压力变化是瞬态压力（也称为"水锤"），是由供水管网运行操作（例如阀门或泵站的快速启闭）引起的。由于流速的突然变化会产生压力波，压力波以远大于水体流速的速度在管道内传播，进而可能产生远大于管道能承受的荷载（Huang等，2017）。

2. 爆管聚集

除了压力变化，管道初始故障也可能增加管网内二次故障概率（Scheidegger等，2015）。Goulter和Kazemi（1988）揭示了Winnipeg地区22%的管道故障发生在前一次故障周围1m以内，而这之中的42%距离第一次故障发生时间不足1天。这可能是由于管道老化以及首次故障后在维护过程中对周围环境造成了干扰。

3. 管道腐蚀

给水管道很容易因为腐蚀而漏水，金属管道作为给水系统的一种管道材料，其内壁防腐蚀性能并不理想，在遇到pH比较低的水或者软水时，该管道极易腐蚀。一旦管壁腐蚀，那么管道的输水能力以及水质将会受到很大的影响，造成部分管道穿孔漏水甚至爆裂（张春红，2015）。

4. 运行管理水平低

管网运行管理水平低，体现在以下三个方面。其一，当前管网巡查多注重于地面设施，缺乏必要的技能和设备及时发现暗漏，往往是当暗漏发展到明漏时才能被人们发现并进行抢修，漏损持续时间较长，漏损量较大。其二，部分工程技术资料不完善，归档不及时，施工单位时常不能将资料全面、准确、及时提交给供水企业，为供水企业的管理造成困难。其三，当下还未能充分地发挥相关管理技术的作用，如地理信息系统（GIS）、独立计量区域（DMA）管理、压力监控系统（SCADA）等（金伟如，2015）。

1.3.4　外部环境原因

1. 温度

温度引起爆管的原因主要包括低温、高温、温度变化等。我国东三省的漏损率居高不下的一个重要因素是天气寒冷，供水管网受土质冻胀作用以及管道热胀冷缩的影响，在冬季发生爆漏的次数远大于夏季（马力辉等，2003；姜帅等，2012）。此外，冬季用水量少，管网压力大也是导致冬季爆管的重要原因（陈盛达等，2016）。

2. 不均匀沉降

管道敷设在道路下面，承受一定的静荷载和动荷载，还有管道的自重、管中的水重，随时间的增长，这些荷载会使管道产生一定量的沉降（赵乱成，1997）。同时，当路面经过雨雪融化后，地面松软，也会产生自然的沉降。管道周围土体发生不均匀沉降会导致管道发生位移，从而受到径向作用力的影响引发管道破裂，造成大面积的漏水（梁宇舜，2012）。

3. 其他工程影响

不规范施工、安全措施不到位，是引起城市供水管道爆管的一个主要原因。在施工过程中疏忽大意或野蛮施工，挖裂管道。另外，施工重型机器来回碾压、机器运作产生的振动、开挖、施工材料堆放都可能对未采取保护措施水管造成伤害，最终引起爆管（赵子威等，2014）。随着近年来城市的飞速发展，基建项目迅速增加，不同工程项目的交叉和同时建设愈加频繁，因而造成的这种由其他工程引发的破坏急剧增加（邱云龙，2006）。

4. 道路车辆负荷

据统计，在交通主干道、道路路口、交叉口及其附近的爆管事故发生次数较其他区域更多，分析原因可知，这是由于管网爆管长期经受重型车辆压迫或反复碾压、振荡，引起土层变动，地质结构发生变化、地基不均匀沉降，导致管道移位、脱节、折断，当管段埋深较浅时，更容易造成爆管的发生（周艳春等，2015）。

第2章

供水管网漏损监控技术研究进展

2.1 供水管网水力模型

2.1.1 管网水力模型

供水系统是由管道、泵站、水源、阀门和其他附属物组成的复杂网络系统，承担着向用户输送充足水质达标的饮用水的任务。为了便于管网规划设计和运行管理，利用数学模型将实际管网进行简化并抽象为便于表达的图形和数据形式，称为供水管网模型（严煦世等，2014）。管网水力模型将现实管网中的节点、水池、水塔等抽象成点元素，将管道、阀门、水泵等抽象成线元素，再通过赋予这些点元素和线元素物理与水力属性来达到模拟真实管网运行状态的目的。管网水力模型的构建与运用是实现供水系统现代化管理的必要手段与途径，它不仅有助于供水调度、优化运行管理，还是开展管网漏损定位、管网水质模拟、突发性水质污染事件预警等相关研究的基础，是供水管网漏损智能化控制的核心。

管网模型的拓扑特性由图论中的关联矩阵和回路矩阵表示，管网模型中水流运动的基本规律由质量守恒和能量守恒定律描述，其中质量守恒定律主要体现在节点上的流量平衡，能量守恒定律主要体现在管段的动能和压能之间的转换规律。

1. 关联矩阵

管网图中的节点和管段的连接关系可以用关联矩阵表示。假设有向管网图有i个节点和j条管道，令由元素a_{ij}构成一个管网图的关联矩阵，记作$\mathbf{A}$。a_{ij}的取值见表2-1。

关联矩阵中元素的取值情况　　　　　　　　　　　　　　　　表2-1

元素	取值	解释
a_{ij}	1	边j与点i关联，且点i为边j的起点
a_{ij}	0	边j与点i不关联
a_{ij}	−1	边j与点i关联，且点i为边j的终点

2. 管网计算的基础方程

（1）连续性方程

$$\sum \pm Q_{ij} + DM_i = 0 \tag{2-1}$$

式中　DM_i——节点i的流量；

　　　Q_{ij}——与节点i相连接的各管段流量。

（2）压降方程

$$h_{ij} = H_i - H_j = s_{ij} q_{ij}^{\mathrm{n}} \tag{2-2}$$

式中　H_i、H_j——管段两端节点i，j的水头；

　　　h_{ij}——管段水头损失（m）；

　　　s_{ij}——管段摩阻；

q_{ij}——管段流量（m^3/s）；

n——流量指数，采用达西公式计算水头损失时，n=2，采用海曾–威廉公式计算水头损失时，n=1.852。

（3）能量方程

$$\sum h_{ki} - \Delta H_k = 0 \qquad\qquad （2-3）$$

式中　h_{ki}——属于基环k的管段i的水头损失；

ΔH_k——基环k的闭合差或增压和减压装置产生的水头差。

以上为管网的三个基本方程，求解管网计算问题有很多方法，但本质上都是联立求解上述三种方程构成的管网稳态基本方程组。

2.1.2　模型求解

管网水力模型计算是指基于节点质量连续性方程、管道压力损失方程、环能量守恒方程构建线性与非线性混合方程组，通过求解方程组得出节点压力和管道流量。根据方程组不同的构建形式，衍生出了许多不同的稳态水力计算方法。下面介绍三种基本的模型求解方法。

1. Q方程

以图2-1所示的典型配水管网为例建立水力模型，假设图中每个非水库节点的需水量为DM_i（$i=2,3,\cdots,7$）。

该管网模型的Q方程为：

$$f_1(q) = -Q_1 + Q_2 + Q_4 + DM_2 = 0 \qquad\qquad （2-4）$$

$$f_2(q) = -Q_2 + Q_5 + Q_3 + DM_3 = 0 \qquad\qquad （2-5）$$

$$f_3(q) = -Q_3 + Q_6 + DM_4 = 0 \qquad\qquad （2-6）$$

$$f_4(q) = -Q_6 - Q_9 + Q_8 + DM_5 = 0 \qquad\qquad （2-7）$$

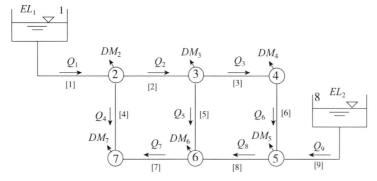

图2-1
简单配水管网系统（9根管道）

$$f_5(q) = -Q_5 - Q_8 + Q_7 + DM_6 = 0 \tag{2-8}$$

$$f_6(q) = -Q_7 - Q_4 + DM_7 = 0 \tag{2-9}$$

$$f_7(q) = s_2 Q_2 |Q_2|^{n-1} + s_5 Q_5 |Q_5|^{n-1} + s_7 Q_7 |Q_7|^{n-1} - s_4 Q_4 |Q_4|^{n-1} = 0 \tag{2-10}$$

$$f_8(q) = s_3 Q_3 |Q_3|^{n-1} + s_6 Q_6 |Q_6|^{n-1} + s_8 Q_8 |Q_8|^{n-1} - s_5 Q_5 |Q_5|^{n-1} = 0 \tag{2-11}$$

$$f_9(q) = s_9 Q_9 |Q_9|^{n-1} - s_6 Q_6 |Q_6|^{n-1} - s_3 Q_3 |Q_3|^{n-1} - s_2 Q_2 |Q_2|^{n-1} - s_1 Q_1 |Q_1|^{n-1} + (EL_1 - EL_2) = 0 \tag{2-12}$$

2. H方程

以图2-2中配水管网模型为例，该管网模型的H方程为：

$$f_1(H) = -\frac{(EL_1 - H_2)|EL_1 - H_2|^{(1/n-1)}}{r_1^{1/n}} + \frac{(H_2 - H_3)|H_2 - H_3|^{(1/n-1)}}{r_2^{1/n}} + \frac{(H_2 - H_7)|H_2 - H_7|^{(1/n-1)}}{r_4^{1/n}} + DM_2 = 0 \tag{2-13}$$

$$f_2(H) = -\frac{(H_2 - H_3)|H_2 - H_3|^{(1/n-1)}}{r_2^{1/n}} + \frac{(H_3 - H_6)|H_3 - H_6|^{(1/n-1)}}{r_5^{1/n}} + \frac{(H_3 - H_4)|H_3 - H_4|^{(1/n-1)}}{r_3^{1/n}} + DM_3 = 0 \tag{2-14}$$

$$f_3(H) = -\frac{(H_3 - H_4)|H_3 - H_4|^{(1/n-1)}}{r_3^{1/n}} + \frac{(H_4 - H_5)|H_4 - H_5|^{(1/n-1)}}{r_6^{1/n}} + DM_4 = 0 \tag{2-15}$$

$$f_4(H) = -\frac{(H_4 - H_5)|H_4 - H_5|^{(1/n-1)}}{r_6^{1/n}} - \frac{(EL_2 - H_5)|EL_2 - H_5|^{(1/n-1)}}{r_9^{1/n}} + \frac{(H_5 - H_6)|H_5 - H_6|^{(1/n-1)}}{r_8^{1/n}} + DM_5 = 0 \tag{2-16}$$

$$f_5(H) = -\frac{(H_3 - H_6)|H_3 - H_6|^{(1/n-1)}}{r_5^{1/n}} - \frac{(H_5 - H_6)|H_5 - H_6|^{(1/n-1)}}{r_8^{1/n}} + \frac{(H_6 - H_7)|H_6 - H_7|^{(1/n-1)}}{r_7^{1/n}} + DM_6 = 0 \tag{2-17}$$

$$f_6(H) = -\frac{(H_6 - H_7)|H_6 - H_7|^{(1/n-1)}}{r_7^{1/n}} - \frac{(H_2 - H_7)|H_2 - H_7|^{(1/n-1)}}{r_4^{1/n}} + DM_7 = 0 \tag{2-18}$$

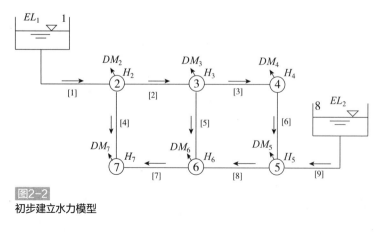

图2-2
初步建立水力模型

3. $Q+H$方程

以图2-1，图2-2中配水管网为例，该配水网络的$Q+H$方程为

$$f_1(m) = -Q_1 + Q_2 + Q_4 + DM_2 = 0 \tag{2-19}$$

$$f_2(m) = -Q_2 + Q_5 + Q_3 + DM_3 = 0 \tag{2-20}$$

$$f_3(m) = -Q_3 + Q_6 + DM_4 = 0 \tag{2-21}$$

$$f_4(m) = -Q_6 - Q_9 + Q_8 + DM_5 = 0 \tag{2-22}$$

$$f_5(m) = -Q_5 - Q_8 + Q_7 + DM_6 = 0 \tag{2-23}$$

$$f_6(m) = -Q_7 - Q_4 + DM_7 = 0 \tag{2-24}$$

$$f_7(m) = EL_1 - H_2 - s_1 Q_1 |Q_1|^{n-1} = 0 \tag{2-25}$$

$$f_8(m) = H_2 - H_3 - s_2 Q_2 |Q_2|^{n-1} = 0 \tag{2-26}$$

$$f_9(m) = H_3 - H_4 - s_3 Q_3 |Q_3|^{n-1} = 0 \tag{2-27}$$

$$f_{10}(m) = H_2 - H_7 - s_4 Q_4 |Q_4|^{n-1} = 0 \tag{2-28}$$

$$f_{11}(m) = H_3 - H_6 - s_5 Q_5 |Q_5|^{n-1} = 0 \tag{2-29}$$

$$f_{12}(m) = H_4 - H_5 - s_6 Q_6 |Q_6|^{n-1} = 0 \tag{2-30}$$

$$f_{13}(m) = H_6 - H_7 - s_7 Q_7 |Q_7|^{n-1} = 0 \tag{2-31}$$

$$f_{14}(m) = H_5 - H_6 - s_8 Q_8 |Q_8|^{n-1} = 0 \tag{2-32}$$

$$f_{15}(m) = EL_2 - H_5 - s_9 Q_9 |Q_9|^{n-1} = 0 \tag{2-33}$$

这三种求解方法的重要区别在于它们的未知变量不同，Q方程中未知变量为管段流量，H方程中未知变量为节点水头，$Q+H$方程中未知变量为管段流量和节点水头。在每一种方程中，未知变量数目均等于方程式数目，故可求得唯一解。

20世纪80年代，计算机技术的普及使得对大型管网进行水力模型计算成为可能，由此产生了基于牛顿—拉夫森理论的计算机求解方法。其中最著名的是由美国环境保护署开发的EPANET软件，EPANET使用的是全局梯度算法，接下来对全局梯度算法进行详细描述。

4. 全局梯度算法

全局梯度算法（GGA）是供水管网稳态水力计算最常用的方法，该算法由Todini和 Pilati在1987年提出（Todini等，1988）。该算法也被称为"混合节点–环"方法，其计算原理描述如下。

对于未知流量管道和未知压力节点，其管道水头损失方程和节点连续性方程如下所示：

对所有未知流量管道n_p：

$$H_i - H_j = r Q_{ij} |Q_{ij}|^{n-1} + m Q_{ij} |Q_{ij}| \tag{2-34}$$

对所有未知压力节点n_n：

$$\sum_j Q_{ij} + q_i = 0 \tag{2-35}$$

式中　H_i, H_j——管道两端节点水头（m）；

　　　r——管道ij阻力系数；

　　　n——水头损失流量指数；

　　　Q_{ij}——管道ij流量（m^3/s）；

　　　m——局部阻力系数；

　　　$\sum_j Q_{ij}$——与节点i相连管道总流量（流量方向规定流入节点i为正，否则为负）；

　　　q_i——节点i的需水量（m^3/s，流入节点i为正，与建模时分配的节点需水量符号相反）。

公式（2-34）、式（2-35）可以写成以下矩阵形式：

$$\begin{bmatrix} \mathbf{A}_{11} & \vdots & \mathbf{A}_{12} \\ \cdots & \cdots & \cdots \\ \mathbf{A}_{21} & \vdots & \mathbf{0} \end{bmatrix} \begin{bmatrix} \mathbf{Q} \\ \cdots \\ \mathbf{H} \end{bmatrix} = \begin{bmatrix} -\mathbf{A}_{10}\mathbf{H}_0 \\ \cdots \\ -\mathbf{q} \end{bmatrix} \quad (2\text{-}36)$$

上式中：

$\mathbf{Q} = \left[Q_1, Q_2, \cdots, Q_{n_p}\right]^T$，$n_p \times 1$管道流量向量；

$\mathbf{H} = \left[H_1, H_2, \cdots, H_{n_n}\right]^T$，$n_n \times 1$未知节点水头向量；

$\mathbf{H}_0 = \left[H_{n_n+1}, H_{n_n+2}, \cdots, H_{n_t}\right]^T$，$(n_t - n_n) \times 1$已知节点水头向量，$n_t$为节点总数；

$\mathbf{q} = \left[q_1, q_2, \cdots, q_{n_n}\right]^T$，$n_n \times 1$未知节点需水量向量；

$\mathbf{A}_{11}$=对角矩阵，对于管道：$\mathbf{A}_{11}(k,k) = r|Q_{ij}|^{n-1} + m|Q_{ij}|$；对于水泵：$\mathbf{A}_{11}(k,k) = -\omega^2$

$\left(h_0 - r\left(Q_{ij}/\omega\right)^n\right)/Q_{ij}$或$\mathbf{A}_{11}(k,k) = -\left(\dfrac{a_0\omega^2}{Q_{ij}} + b_0\omega + c_0 Q_{ij}\right)$，$k \in 1,\cdots,n_p$；$i \in 1,\cdots,n_t$；$j \in 1,\cdots,n_t$；$\omega$为

水泵转速比；h_0为水泵虚扬程，a_0, b_0, c_0为水泵特性曲线参数；

管网的拓扑结构用关联矩阵$\overline{\mathbf{A}}_{12}$表示：

$$\overline{\mathbf{A}}_{12}(i,j) = \begin{cases} -1, & \text{管道}i\text{的流量流出节点}j \\ 0, & \text{管道}i\text{与节点}j\text{不相连} \\ +1, & \text{管道}i\text{的流量流入节点}j \end{cases} \quad (2\text{-}37)$$

公式（2-36）具有唯一解的条件是至少存在一个压力已知的节点，因此，关联矩阵$\overline{\mathbf{A}}_{12}$可以分割为两个矩阵：

$$\overline{\mathbf{A}}_{12} = \left[\mathbf{A}_{12} \vdots \mathbf{A}_{10}\right] \quad (2\text{-}38)$$

上式中，$\mathbf{A}_{12}$为管道与未知压力节点的关联矩阵，大小为$n_p \times n_n$，$\mathbf{A}_{21} = \mathbf{A}_{12}^T$；$\mathbf{A}_{10}$为管道与已知压力节点的关联矩阵，大小为$n_p \times (n_t - n_n)$。

全局梯度算法是基于全管网管道流量与节点压力微分方程组的迭代计算。使用牛顿—拉夫森方法对方程式（2-36）两侧同时微分，得到：

$$\begin{bmatrix} \mathbf{D}_{11} & \vdots & \mathbf{A}_{12} \\ \cdots & \cdots & \cdots \\ \mathbf{A}_{21} & \vdots & \mathbf{0} \end{bmatrix} \begin{bmatrix} \mathbf{dQ} \\ \cdots \\ \mathbf{dH} \end{bmatrix} = \begin{bmatrix} \mathbf{dE} \\ \cdots \\ \mathbf{dq} \end{bmatrix} \tag{2-39}$$

上式中，$\mathbf{D}_{11}$=对角矩阵，对于管道：$\mathbf{D}_{11}(k,k)=nr\left|Q_{ij}\right|^{n-1}+2m\left|Q_{ij}\right|$；对于水泵：$\mathbf{D}_{11}(k,k)=nr\omega^{2-n}\left|Q_{ij}\right|^{n-1}$或$\mathbf{D}_{11}(k,k)=-\left(b_0\omega+2c_0Q_{ij}\right)$；$k\in 1,n_{\mathrm{p}}$；$i\in 1,n_{\mathrm{t}}$；$j\in 1,n_{\mathrm{t}}$；$\omega$为水泵转速比；$h_0$为水泵虚扬程，$a_0,b_0,c_0$为水泵特性曲线参数；

等式（2-39）可以写成局部线性化的形式，假设当前迭代次数为τ，则：

$$\begin{cases} \mathbf{dQ} = \mathbf{Q}^{\tau} - \mathbf{Q}^{\tau+1} \\ \mathbf{dH} = \mathbf{H}^{\tau} - \mathbf{H}^{\tau+1} \\ \mathbf{dE} = \mathbf{A}_{11}\mathbf{Q}^{\tau} + \mathbf{A}_{12}\mathbf{H}^{\tau} + \mathbf{A}_{10}\mathbf{H}_0 \\ \mathbf{dq} = \mathbf{A}_{21}\mathbf{Q}^{\tau} + \mathbf{q} \end{cases} \tag{2-40}$$

联立等式（2-39）与式（2-40）并求解，得到全局梯度算法的迭代形式：

$$\begin{cases} \mathbf{H}^{\tau+1} = \mathbf{A}^{-1}\mathbf{F} \\ \mathbf{Q}^{\tau+1} = \mathbf{Q}^{\tau} - \mathbf{D}_{11}^{-1}\left(\mathbf{A}_{11}\mathbf{Q}^{\tau} + \mathbf{A}_{12}\mathbf{H}^{\tau+1} + \mathbf{A}_{10}\mathbf{H}_0\right) \end{cases} \tag{2-41}$$

上式中，

$$\begin{cases} \mathbf{A} = \mathbf{A}_{21}\mathbf{D}_{11}^{-1}\mathbf{A}_{12} \\ \mathbf{F} = \mathbf{A}_{21}\mathbf{Q}^{\tau} + \mathbf{q} - \mathbf{A}_{21}\mathbf{D}_{11}^{-1}\mathbf{A}_{11}\mathbf{Q}^{\tau} - \mathbf{A}_{21}\mathbf{D}_{11}^{-1}\mathbf{A}_{10}\mathbf{H}_0 \end{cases} \tag{2-42}$$

矩阵$\mathbf{A}$和$\mathbf{F}$可以根据已知条件计算得到：

$$\mathbf{A}(i,i) = \sum_j p_{ij} \quad \forall i\cap j\neq\varnothing; i\in 1,\ldots,n_{\mathrm{n}}; j\in 1,\ldots,n_{\mathrm{t}} \tag{2-43}$$

$$\mathbf{A}(i,j) = -p_{ij} \quad \forall i\cap j\neq\varnothing; i,j\in 1,\ldots,n_{\mathrm{n}} \tag{2-44}$$

$$\mathbf{F}(i) = \sum_j Q_{ij}^{\tau} + q_i + \sum_j y_{ij} + \sum_f p_{if}H_f^{\tau} \quad \forall \begin{cases} i\in 1,\ldots,n_{\mathrm{n}} \\ i\cap j\neq\varnothing; j\in 1,\ldots,n_{\mathrm{t}} \\ i\cap f\neq\varnothing; f\in n_{\mathrm{n}}+1,\ldots,n_{\mathrm{t}} \end{cases} \tag{2-45}$$

上式中，对于管道：$p_{ij}=1/\left(nr\left|Q_{ij}^{\tau}\right|^{n-1}+2m\left|Q_{ij}^{\tau}\right|\right)$，$y_{ij}=p_{ij}(r\left|Q_{ij}\right|^{n}+m\left|Q_{ij}\right|^{2})\mathrm{sgn}(Q_{ij})$；对于水泵：$p_{ij}=1/\left(nr\omega^{2-n}\left|Q_{ij}\right|^{n-1}\right)$，$y_{ij}=-p_{ij}\omega^{2}\left(h_0-r(Q_{ij}/\omega)^{n}\right)$；$\mathrm{sgn}(x)$，当$x>0$时为1，否则为-1（$Q_{ij}$对于水泵总为正值）。

全局梯度算法计算过程中，首先，赋予每根管道一个初始流量，然后，根据式（2-41），每次迭代只需要根据上一次迭代计算结果更新矩阵$\mathbf{A}$，$\mathbf{F}$，然后求解线性方程组$\mathbf{AH}^{\tau+1}=\mathbf{F}$，得出本次迭代未知节点压力向量$\mathbf{H}^{\tau+1}$，再根据$\mathbf{H}^{\tau+1}$计算得出本次迭代流量向量$\mathbf{Q}^{\tau+1}$。该过程循环进行直至满足迭代终止条件。

5. 算例

本节使用一个简单的供水管网模型来演示全局梯度算法的计算过程，管网模型拓扑结构如图2-3所示。

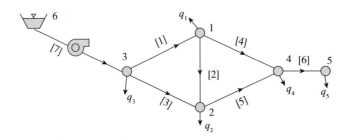

图2-3
示例管网模型拓扑结构图

如图2-3所示，管网模型由5个需水节点、一个水库（压力已知）和7根管道（包含水泵）组成。管道长度均为1500m，管道的海曾-威廉阻力系数均为125；节点高程均为0m，水库水位为20m；水泵特性曲线为：$h=53.33-213.32Q^2$（流量单位：m^3/s，压力单位：m），水泵的设计流量为250L/s；节点的需水量分别为q_1=50L/s，q_2=100L/s，q_3=75L/s，q_4=100L/s，q_5=10L/s。为了计算方便，本案例忽略管道的局部阻力系数，管道沿程水头损失采用海曾-威廉公式计算，即，$h=\dfrac{10.67Q^{1.852}L}{C^{1.852}D^{4.87}}$，其中，$Q$为管道流量（$m^3/s$），$L$为管道长度（m），$C$为海曾-威廉系数，$d$为管道直径（m）。具体信息见表2-2。

管网模型关联矩阵$\overline{\mathbf{A}}_{12}$，$\mathbf{A}_{12}$，$\mathbf{A}_{10}$分别为：

$$\overline{\mathbf{A}}_{12}=\begin{matrix}[1]\\ [2]\\ [3]\\ [4]\\ [5]\\ [6]\\ [7]\end{matrix}\begin{bmatrix}1 & 0 & -1 & 0 & 0 & 0\\ -1 & 1 & 0 & 0 & 0 & 0\\ 0 & 1 & -1 & 0 & 0 & 0\\ -1 & 0 & 0 & 1 & 0 & 0\\ 0 & -1 & 0 & 1 & 0 & 0\\ 0 & 0 & 0 & -1 & 1 & 0\\ 0 & 0 & 1 & 0 & 0 & -1\end{bmatrix},\ \mathbf{A}_{12}=\begin{bmatrix}1 & 0 & -1 & 0 & 0\\ -1 & 1 & 0 & 0 & 0\\ 0 & 1 & -1 & 0 & 0\\ -1 & 0 & 0 & 1 & 0\\ 0 & -1 & 0 & 1 & 0\\ 0 & 0 & 0 & -1 & 1\\ 0 & 0 & 1 & 0 & 0\end{bmatrix},\ \mathbf{A}_{10}=\begin{bmatrix}0\\ 0\\ 0\\ 0\\ 0\\ 0\\ -1\end{bmatrix}$$

对角矩阵$\mathbf{D}_{11}=\mathrm{diag}\left(d_1,d_2,d_3,d_4,d_5,d_6\right)$，其中：$d_1=r_1n\left|Q_1^{\mathrm{r}}\right|^{n-1}$；$d_2=r_2n\left|Q_2^{\mathrm{r}}\right|^{n-1}$；$d_3=r_3n\left|Q_3^{\mathrm{r}}\right|^{n-1}$；$d_4=r_4n\left|Q_4^{\mathrm{r}}\right|^{n-1}$；$d_5=r_5n\left|Q_5^{\mathrm{r}}\right|^{n-1}$；$d_6=r_6n\left|Q_6^{\mathrm{r}}\right|^{n-1}$；$d_7=2\times213.32\left|Q_7^{\mathrm{r}}\right|$；$\mathbf{A}_{21}=\mathbf{A}_{12}^{\mathrm{T}}$，$H_0=\left[H_6\right]=20\mathrm{m}$；方程组可以表示为等式（2-39）描述的矩阵形式：

$$\begin{bmatrix} d_1 & & & & & & & 1 & 0 & -1 & 0 & 0 \\ & d_2 & & & & & & -1 & 1 & 0 & 0 & 0 \\ & & d_3 & & & & & 0 & 1 & -1 & 0 & 0 \\ & & & d_4 & & & & -1 & 0 & 0 & 1 & 0 \\ & & & & d_5 & & & 0 & -1 & 0 & 1 & 0 \\ & & & & & d_6 & & 0 & 0 & 0 & -1 & 1 \\ & & & & & & d_7 & 0 & 0 & 1 & 0 & 0 \\ \hline 1 & -1 & 0 & -1 & 0 & 0 & 0 & 0 & 0 & 0 & 0 & 0 \\ 0 & 1 & 1 & 0 & -1 & 0 & 0 & 0 & 0 & 0 & 0 & 0 \\ -1 & 0 & -1 & 0 & 0 & 0 & 1 & 0 & 0 & 0 & 0 & 0 \\ 0 & 0 & 0 & 1 & 1 & -1 & 0 & 0 & 0 & 0 & 0 & 0 \\ 0 & 0 & 0 & 0 & 0 & 1 & 0 & 0 & 0 & 0 & 0 & 0 \end{bmatrix} \begin{bmatrix} \Delta Q_1^\tau \\ \Delta Q_2^\tau \\ \Delta Q_3^\tau \\ \Delta Q_4^\tau \\ \Delta Q_5^\tau \\ \Delta Q_6^\tau \\ \Delta Q_7^\tau \\ \Delta H_1^\tau \\ \Delta H_2^\tau \\ \Delta H_3^\tau \\ \Delta H_4^\tau \\ \Delta H_5^\tau \end{bmatrix} = \begin{bmatrix} R_1 Q_1^\tau + H_1^\tau - H_3^\tau \\ R_2 Q_2^\tau + H_2^\tau - H_1^\tau \\ R_3 Q_3^\tau + H_2^\tau - H_3^\tau \\ R_4 Q_4^\tau + H_4^\tau - H_1^\tau \\ R_5 Q_5^\tau + H_4^\tau - H_2^\tau \\ R_6 Q_6^\tau + H_5^\tau - H_4^\tau \\ R_7 Q_7^\tau + H_3^\tau - H_6 \\ Q_1^\tau - Q_2^\tau - Q_4^\tau + q_1 \\ Q_2^\tau + Q_3^\tau - Q_5^\tau + q_2 \\ -Q_1^\tau - Q_3^\tau + Q_7^\tau + q_3 \\ Q_4^\tau + Q_5^\tau - Q_6^\tau + q_4 \\ Q_6^\tau + q_5 \end{bmatrix} \quad (2\text{-}46)$$

根据表2-2中的初始数据，

$$\mathbf{A} = \mathbf{A}_{21} \mathbf{D}_{11}^{-1} \mathbf{A}_{12} = \begin{bmatrix} 1 & -1 & 0 & -1 & 0 & 0 & 0 \\ 0 & 1 & 1 & 0 & -1 & 0 & 0 \\ -1 & 0 & -1 & 0 & 0 & 0 & 1 \\ 0 & 0 & 0 & 1 & 1 & -1 & 0 \\ 0 & 0 & 0 & 0 & 0 & 1 & 0 \end{bmatrix} \begin{bmatrix} p_1 & & & & & & \\ & p_2 & & & & & \\ & & p_3 & & & & \\ & & & p_4 & & & \\ & & & & p_5 & & \\ & & & & & p_6 & \\ & & & & & & p_7 \end{bmatrix} \begin{bmatrix} 1 & 0 & -1 & 0 & 0 \\ -1 & 1 & 0 & 0 & 0 \\ 0 & 1 & -1 & 0 & 0 \\ -1 & 0 & 0 & 1 & 0 \\ 0 & -1 & 0 & 1 & 0 \\ 0 & 0 & 0 & -1 & 1 \\ 0 & 0 & 1 & 0 & 0 \end{bmatrix}$$

$$= \begin{bmatrix} p_1+p_2+p_4 & -p_2 & -p_1 & -p_4 & 0 \\ -p_2 & p_2+p_3+p_5 & -p_3 & -p_5 & 0 \\ -p_1 & -p_3 & p_1+p_3+p_7 & 0 & 0 \\ -p_4 & -p_5 & 0 & p_4+p_5+p_6 & -p_6 \\ 0 & 0 & 0 & -p_6 & p_6 \end{bmatrix} = \begin{bmatrix} 0.0210 & -0.0047 & -0.0150 & -0.0013 & 0 \\ -0.0047 & 0.0112 & -0.0052 & -0.0013 & 0 \\ -0.0150 & -0.0052 & 0.2546 & 0 & 0 \\ -0.0013 & -0.0013 & 0 & 0.0039 & -0.0013 \\ 0 & 0 & 0 & -0.0013 & 0 \end{bmatrix}$$

$$\mathbf{F} = \mathbf{A}_{21}\mathbf{Q}^\tau + \mathbf{q} - \mathbf{A}_{21}\mathbf{D}_{11}^{-1}\left(\mathbf{A}_{11}\mathbf{Q}^\tau + \mathbf{A}_{10}\mathbf{H}_0\right)$$

$$= \begin{bmatrix} Q_1^\tau - Q_2^\tau - Q_4^\tau + q_1 \\ Q_2^\tau + Q_3^\tau - Q_5^\tau + q_2 \\ -Q_1^\tau - Q_3^\tau + Q_7^\tau + q_3 \\ Q_4^\tau + Q_5^\tau - Q_6^\tau + q_4 \\ Q_6^\tau + q_5 \end{bmatrix} - \begin{bmatrix} p_1 & -p_2 & 0 & -p_4 & 0 & 0 & 0 \\ 0 & p_2 & p_3 & 0 & -p_5 & 0 & 0 \\ -p_1 & 0 & -p_3 & 0 & 0 & 0 & p_7 \\ 0 & 0 & 0 & p_4 & p_5 & -p_6 & 0 \\ 0 & 0 & 0 & 0 & 0 & p_6 & 0 \end{bmatrix} \begin{bmatrix} R_1 Q_1^\tau \\ R_2 Q_2^\tau \\ R_3 Q_3^\tau \\ R_4 Q_4^\tau \\ R_5 Q_5^\tau \\ R_6 Q_6^\tau \\ R_7 Q_7^\tau - H_6 \end{bmatrix}$$

$$= \begin{bmatrix} Q_1^\tau - Q_2^\tau - Q_4^\tau + q_1 - \left(p_1 R_1 Q_1^\tau - p_2 R_2 Q_2^\tau - p_4 R_4 Q_4^\tau\right) \\ Q_2^\tau + Q_3^\tau - Q_5^\tau + q_2 - \left(p_2 R_2 Q_2^\tau + p_3 R_3 Q_3^\tau - p_5 R_5 Q_5^\tau\right) \\ -Q_1^\tau - Q_3^\tau + Q_7^\tau + q_3 - \left(-p_1 R_1 Q_1^\tau - p_3 R_3 Q_3^\tau + p_7 R_7 Q_7^\tau\right) + p_7 H_6 \\ Q_4^\tau + Q_5^\tau - Q_6^\tau + q_4 - \left(p_4 R_4 Q_4^\tau + p_5 R_5 Q_5^\tau - p_6 R_6 Q_6^\tau\right) \\ Q_6^\tau + q_5 - p_6 R_6 Q_6^\tau \end{bmatrix} = \begin{bmatrix} -0.0224 \\ -0.0586 \\ 14.1228 \\ -0.0626 \\ -0.0014 \end{bmatrix}$$

根据公式（2-41）计算下一次迭代的节点压力：

$$\mathbf{H}^{\tau+1} = \mathbf{A}^{-1}\mathbf{F} = \begin{bmatrix} 0.0210 & -0.0047 & -0.0150 & -0.0013 & 0 \\ -0.0047 & 0.0112 & -0.0052 & -0.0013 & 0 \\ -0.0150 & -0.0052 & 0.2546 & 0 & 0 \\ -0.0013 & -0.0013 & 0 & 0.0039 & -0.0013 \\ 0 & 0 & 0 & -0.0013 & 0 \end{bmatrix}^{-1} \begin{bmatrix} -0.0224 \\ -0.0586 \\ 14.1228 \\ -0.0626 \\ -0.0014 \end{bmatrix} = \begin{bmatrix} 53.9469 \\ 48.1713 \\ 59.6349 \\ 26.5658 \\ 25.5169 \end{bmatrix}$$

根据 $\mathbf{H}^{\tau+1}$ 计算下一次迭代的管道流量：

$$\mathbf{Q}^{\tau+1} = \mathbf{Q}^{\tau} - \mathbf{D}_{11}^{-1}\left(\mathbf{A}_{11}\mathbf{Q}^{\tau} + \mathbf{A}_{10}\mathbf{H}_0 + \mathbf{A}_{12}\mathbf{H}^{\tau+1} \right)$$

$$= \begin{bmatrix} Q_1^{\tau} \\ Q_2^{\tau} \\ Q_3^{\tau} \\ Q_4^{\tau} \\ Q_5^{\tau} \\ Q_6^{\tau} \\ Q_7^{\tau} \end{bmatrix} - \begin{bmatrix} p_1 & & & & & & \\ & p_2 & & & & & \\ & & p_3 & & & & \\ & & & p_4 & & & \\ & & & & p_5 & & \\ & & & & & p_6 & \\ & & & & & & p_7 \end{bmatrix} \begin{bmatrix} R_1Q_1^{\tau} + H_1^{\tau+1} - H_3^{\tau+1} \\ R_2Q_2^{\tau} + H_2^{\tau+1} - H_1^{\tau+1} \\ R_3Q_3^{\tau} + H_2^{\tau+1} - H_3^{\tau+1} \\ R_4Q_4^{\tau} + H_4^{\tau+1} - H_1^{\tau+1} \\ R_5Q_5^{\tau} + H_4^{\tau+1} - H_2^{\tau+1} \\ R_6Q_6^{\tau} + H_5^{\tau+1} - H_4^{\tau+1} \\ R_7Q_7^{\tau} + H_3^{\tau+1} - H_6 \end{bmatrix} = \begin{bmatrix} Q_1^{\tau} - \left(p_1R_1Q_1^{\tau} - \left(H_3^{\tau+1} - H_1^{\tau+1}\right)\right) \\ Q_2^{\tau} - \left(p_2R_2Q_2^{\tau} - \left(H_1^{\tau+1} - H_2^{\tau+1}\right)\right) \\ Q_3^{\tau} - \left(p_3R_3Q_3^{\tau} - \left(H_3^{\tau+1} - H_2^{\tau+1}\right)\right) \\ Q_4^{\tau} - \left(p_4R_4Q_4^{\tau} - \left(H_1^{\tau+1} - H_4^{\tau+1}\right)\right) \\ Q_5^{\tau} - \left(p_5R_5Q_5^{\tau} - \left(H_2^{\tau+1} - H_4^{\tau+1}\right)\right) \\ Q_6^{\tau} - \left(p_6R_6Q_6^{\tau} - \left(H_4^{\tau+1} - H_5^{\tau+1}\right)\right) \\ Q_7^{\tau} - \left(p_7R_7Q_7^{\tau} - \left(H_6 - H_3^{\tau+1}\right)\right) \end{bmatrix} = \begin{bmatrix} 0.1542 \\ 0.0455 \\ 0.1058 \\ 0.0588 \\ 0.0512 \\ 0.0100 \\ 0.3350 \end{bmatrix}$$

根据 $\mathbf{Q}^{\tau+1}$，更新每根管道流量，进入下一次迭代，该过程循环进行，直至满足迭代终止条件（$|\Delta H| < 0.00001$ 且 $|\Delta Q| < 0.000001$），详细的计算结果见表2-2。

全局梯度算法迭代计算结果

表2-2

管道编号	P1	P2	P3	P4	P5	P6	P7
节点编号	J1	J2	J3	J4	J5	J6	—
初始化							
D(mm)	400	250	300	200	200	200	—
r	181.445	1789.825	736.543	5305.939	5305.939	5305.939	—
Q^{τ}(m³/s)	0.15	0.04	0.10	0.05	0.05	0.01	0.25
R	36.039	115.283	103.561	413.318	413.318	104.897	−159.990
p	0.0150	0.0047	0.0052	0.0013	0.0013	0.0013	0.2344
$H^{\tau+1}$(m)	53.9469	48.1713	59.6349	26.5658	25.5169	20	—
$Q^{\tau+1}$(m³/s)	0.15423	0.04545	0.10577	0.05877	0.05123	0.01	0.335
第一次迭代							
Q^{τ}(m³/s)	0.15423	0.04545	0.10577	0.05877	0.05123	0.01	0.335

续表

管道编号	P1	P2	P3	P4	P5	P6	P7
节点编号	J1	J2	J3	J4	J5	J6	—
R	36.903	128.545	108.635	474.351	421.947	104.897	−87.732
p	0.0146	0.0042	0.0050	0.0011	0.0013	0.0013	0.2344
$H^{\tau+1}$ (m)	43.7126	37.8589	49.3902	16.0507	15.0017	20	—
$Q^{\tau+1}$ (m³/s)	0.15402	0.04550	0.10598	0.05853	0.05147	0.01	0.335
$|\Delta H|$	10.2343	10.3124	10.2447	10.5151	10.5152	0.00	—
$|\Delta Q|$	0.00021	0.00005	0.00021	0.00024	0.00024	0.00000	0.00000
第二次迭代							
Q^{τ}(m³/s)	0.15402	0.04550	0.10598	0.05853	0.05147	0.01	0.335
R	36.039	115.283	103.561	413.318	413.318	104.897	−159.990
p	0.0150	0.0047	0.0052	0.0013	0.0013	0.0013	0.2344
$H^{\tau+1}$(m)	43.7126	37.8589	49.3902	16.0507	15.0017	20	—
$Q^{\tau+1}$ (m³/s)	0.15402	0.04550	0.10598	0.05853	0.05147	0.01	0.335
$|\Delta H|$	0.0000	0.0000	0.0000	0.0000	0.0000	0.0000	—
$|\Delta Q|$	0.00000	0.00000	0.00000	0.00000	0.00000	0.00000	0.00000

注：　D——管道直径；

　　　r——管道阻力系数，管道忽略局部损失，沿程水头损失采用海曾-威廉公式计算时，对于管道：$r=10.67L/(C^{1.852}d^{4.87})$；

　　　Q^{τ}——第τ次迭代时管道流量；

　　　R——临时变量，对于管道：$R=r|Q|^{p-1}$，对于水泵：$R=-(53.33-213.32Q_6^2)/Q_6$；

　　　n——海曾-威廉公式的流量指数，$n=1.852$；

　　　p——临时变量，对于管道：$p=1/rn|Q^{\tau}|^{n-1}$；对于水泵：$p=1/(2\times213.32Q_6^2)$；

　　　$H^{\tau+1}$——第$\tau+1$次迭代时节点水头；

　　　$Q^{\tau+1}$——第$\tau+1$次迭代时管道流量；

　　　$|\Delta H|$——节点压力误差；

　　　$|\Delta Q|$——管道流量误差。

2.1.3　模型校核

　　第2.1.2节主要介绍了管网水力模型常见的构建方法及求解算法，即Q方程、H方程、$Q+H$方程和全局梯度算法。模型计算过程中会涉及诸如管道摩阻系数和节点流量等一些模型参数，而这些参数实际工程中很难确定，需要对模型参数进行校核，满足相应的精度要求之后，模型才可以实际应用。

1. 模型校核的概念

　　模型校核是指通过核实基础数据、调整模型参数，使模型状态变量（如压力、流量、水质等）实测值与计算值的误差在一个可接受范围内的过程。供水管网水力模型建立之后，主要是通过模型在实际管网运行中的表现来判断模型是否适用。因此，管网水力模型的精确度必须在要求范围之内，这样才不会在使用中产生较大的误差。为达成这一目的，对模型进行校核就是非常重要的一环。由于在管网建模过程中存在建模数据的不准确、海曾威廉系数的不确定、节点流量设置的不合理等影响因素（王国栋等，2007），供水管网模型模拟值与管网运行工况往往不相吻合。随着管网地理信息系统、在线监测系统的日益完善，建模数据的准确度逐渐增高，管网水力模型校核主要参数已变为节点流量与海曾威廉系数（Koppel等，2009）。

通常而言，模型校核可分为7个过程（Savic等，2009）：（1）确定模型预期用途；（2）确定需校核的模型参数；（3）收集校核相关的观测数据；（4）评估模型计算结果；（5）对模型宏观（手动）校核，核实基础数据的准确性，完善管网拓扑结构；（6）执行灵敏度分析，识别哪些参数对模型校核结果影响最大，确定微观校核的调整参数；（7）对模型进行微观（自动）校核，直至满足模型的精度要求。

管网模型校核方法按照动力学分为瞬态水力模型校核和稳态水力模型校核。在瞬态水力模型校核方面，模型校核主要用于检测供水管网系统中的漏损（Dehghan等，2008；Shamir等，1979；Asnaashari等，2009），涉及管网瞬变流分析。考虑到水锤波的反射及测量难度，瞬态校核尚未在实际供水管网系统中广泛应用，只是应用于输水干管的漏损检测。

在稳态水力模型校核方面，按照计算方法分为迭代校核、显式校核和隐式校核。迭代校核方法根据监测点观测数据求解管网模型方程更新校核参数，该方法收敛速度慢，仅适用于小型供水管网系统。显示校核方法（Kabir等，2015；Rajani等，2001；Tesfamariam等，2006）将监测点压力/流量设为已知量（监测点处的观测值），将校核参数设为未知量引入到管网模型方程组，通过求解拓展的方程组得到校核参数值。该方法不考虑监测点测量误差，为了保证方程组有唯一解，要求校核参数数量等于监测点数量，当校核参数数量大于监测点数量时，需要将节点或管道分组以减少参数数量，该方法同样收敛速度慢，仅适用于小型供水管网系统。隐式校核方法（Wood等，2009；Alvisi等，2010；Nishiyama等，2013）将模型校核视为优化问题，并使用智能优化方法（例如：遗传算法、粒子群算法）自动调整管道阻力系数和节点需水量，满足监测点的实际观测值与模型的计算值差异最小，但其存在以下缺陷：（1）启发式算法的搜索能力受解空间的制约，当需要调整的模型参数过多时，容易陷入局部最优，很难得到全局最优解；（2）启发式算法需要经过上百次平差计算才能得到最优解，计算时间过长，不能满足模型快速校核的要求。

由于管道粗糙度、节点需水量、阀门状态等诸多因素的影响，管网模型校核结果存在很大的不确定性（Achim等，2007；Moselhi等，2008）。在管网拓扑结构和阀门状态等边界条件准确的情况下，通常将管道粗糙度和节点需水量作为稳态水力模型的校核参数。管道阻力系数变化缓慢，通常半年或一年校核一次（Fares H等，2010），而节点需水量时刻在发生变化，需要每小时或者每天进行校核（Díaz等，2016）。节点需水量校核方法是依赖于对节点或管道进行分组，校核参数数量小于监测点数量时有预估-校正法，贝叶斯递归法，卡尔曼滤波与跟踪状态估计法；校核参数数量大于监测点数量（欠定问题）时有按比例需水量校核法和奇异值分解法。

在确定模型需要校核的参数后，校核可分为两个阶段：（1）手动校核（2）自动校核。当监测点处压力/流量实际观测值与模型计算值差异过大时进行手动校核，核实基础数据的准确性，完善管网拓扑结构；经过手动校核，监测点的实际观测值与模型的计算值差异较小，但仍不能满足模型精度要求，此时，需要对模型进行自动校核，自动调整管道阻力系数和节点需水量，直至满足模型的精度要求（张清周，2017）。

2. 模型校核精度标准

水力模型精度评估应包括节点压力和管道流量计算值和实测值误差评估。管网水力模型用途不同，所需的精度要求也不同。根据美国ECAC（Engineering Computer Application Committee）提出的精度要求（表2-3），管网规划的模型精度要求最低（陈偲，2018）。

ECAC模型校核精度标准　　　　　　　　　　　　表2-3

编号	模型目标	校核标准[1]	管网类型[2]	压力误差[3]	流量误差[3]
1	模型规划	低	SS或EPS	100%误差3.45m	±10%
2	管网设计	中到高	SS或EPS	90%误差1.38m	±5%
3	管网运行	低到高	SS或EPS	90%误差1.38m	±5%

①低：监测点数量占节点总数的2%；中：监测点数量占节点总数的4%；高：监测点数量占节点总数的10%；
②SS——稳态，EPS——拟稳态；
③管网模型计算值与检测值的差值。

英国皇家水协于1989年提出了基于模型节点压力与管道流量的给水管网模型优化标准（May，2000），标准数据见表2-4。

英国皇家水协模型校核精度标准　　　　　　　　表2-4

项目	参数	校核标准
节点压力	85%压力监测点	压力计算值误差±0.5m或系统最大水损±5%以内
	95%压力监测点	压力计算值误差±0.75m或系统最大水损±7.5%以内
	100%压力监测点	压力计算值误差±2m或系统最大水损±15%以内
管道流量	管内流量大于总供水量的10%	管道流量计算值误差±5%以内
	管内流量小于总供水量的10%	管道流量计算值误差±10%以内

国内方面，陶建科等（2000）提出了完整的模型校核标准，其成果在上海市得到应用，模型评价通用标准如表2-5。

供水管网模型评价通用标准 表2-5

项目	参数	校核标准
水库水位		模拟计算值与实测值误差 ±5m
节点压力	50%压力监测点	压力计算值误差 ±1m
	80%压力监测点	压力计算值误差 ±2m或整个管网最高与最低压力差值的 ±5%
	100%压力监测点	压力计算值误差 ±4m或整个管网最高与最低压力差值的 ±10%

3. 模型校核目标函数的构建与求解

供水管网校核的目标函数通常定义为监测点处的压力/流量观测值与模型模拟值偏差的加权平方和，即：

$$f(m) = \sum_{i=1}^{NH} w_H^i [H_i^0 - H_i(m)]^2 + \sum_{j=1}^{NF} w_q^j [Q_j^0 - Q_j(m)]^2 \qquad (2\text{-}47)$$

式中　　　　　　m——待校核的参数向量；

NH、NF——压力监测点、流量监测点数量；

w_H^i——压力监测点i的权重系数；

H_i^0、$H_i(m)$——压力监测点i的观测值、模拟值；

w_q^j——流量监测点j的权重系数；

Q_j^0、$Q_j(m)$——流量监测点j的观测值、模拟值；

Shamir（1974）、Lansey和Basnet（1991）采用简约梯度法校核管网水力模型，该方法需要计算目标函数对校核参数的梯度。Reddy等人（1996）采用高斯–牛顿算法校核管网水力模型，其中涉及管网雅克比矩阵与海塞矩阵的计算。针对管网阻力系数校核，王云海等（2004）在节点流量已知的前提下，利用灵敏度分析法求出管道阻力系数的灵敏度系数，通过调节最大灵敏度系数对应的管道阻力系数校核管网水力模型。王荣和和姚仁忠（2000）分析了构建管网水力模型时可能存在的问题，提出利用遗传算法校核节点流量与管道阻力系数，其研究表明对大中型管网遗传算法计算时间较长。信昆仑等（2004）通过对管网中管道分组减小校核问题维度，采用消火栓放水试验产生水压监测值，利用实数型编码的遗传算法求解优化问题来校核管网阻力系数。许刚和张土乔（2004）在利用遗传算法校核管道阻力系数时，针对观测数据不足而存在多解的情况，提出应用管网不同工况下的监测值校核管道阻力系数。

2.1.4　离线模型与实时模型

根据校核方法和运行方式的不同，管网水力模型可以分为离线模型和实时模型。离线模型指的是使用某一时刻或某一时间段的管网历史运行数据（例如：供水量、泵站运行参数、阀门状态等），将这些数据导入到管网模型中，然后基于监测点处流量/压力历史数据，对模型参数进行校核，校核后的模型能够模拟该历史时间段的管网运行工况。根据模拟时长，离线模型又分为单时刻静态工况模型和多时刻延时模型。实时模型指的是充分考虑到管网节点流量、水泵启闭、阀门开度等控制参数的状态变化，能够实时对模型参数进行校核，并持续模拟供水管网的实时运行状态。

离线模型和实时模型存在相应的联系，离线模型是实时模型的基础。实时模型的运行仍然需要离线模型的信息，只有离线模型尽可能准确反映管网的静态属性和动态特性，实时模型的精度才能有更好的保证，反之，没有校核好的离线模型，实时模型的能力将大打折扣（Zhang等，2018）。

离线模型和实时模型又存在一定的区别，实时模型是在线的，更确切一点来说，就是通过连接在线 SCADA 系统和其他一切可以反映真实管网运行边界的系统，实时更新模型相关参数。实时模型主要应用于供水管网的在线优化调度、漏损实时监控等方面。离线模型是基于管网历史运行数据，此时模型的输出状态完整的还原了真实系统历史的变化动态。离线模型难以满足实时在线运行调度决策的需求，主要用于供水管网的规划设计、运行现状评估、辅助调度决策、工程管理和维护等方面。

国内外不少学者对于实时建模的研究主要集中在节点流量的估计算法上（Chu等，2020；Zheng等，2018；Zhang等，2018；蔡华强，2016）。然而，管网中水源水压的波动、阀门的状态变化、水泵的短时间内启动与关闭等等，对管网运行波动的影响，可能要远远大于多数小数值的节点用水量对管网运行波动的影响。因此，忽略对这些不确定性参数的更新和修正，将导致模型不具备全局实时性，也不能称为是有实际意义的实时模型。

实时建模对数据的质量、丰富度、实时性、规模等要求都较高。在线数据预处理过程需要考虑各类元素边界条件和状态的不同特点，进行不同的预处理，数据预处理的好坏，对模型精度影响较大，但预处理又是个复杂性的问题，因此一定程度上增加了实时模型难度。实时模型的难点还在于对模型元素边界条件和状态参数的更新方法的复杂性，比如需水量估计、阀门状态更新、水泵扬程水头更新等，实现方法有不同的形式，且难度较高，效果好坏对模型性能影响也较大（吴正易，2017；Zhang等，2018；蔡华强，2016）。

2.1.5　需水量驱动模型和压力驱动模型

目前，大多数管网水力模拟方法，包括美国环保署开发的开源软件EPANET 2.0，都是采用需水量驱动模型计算得到管网各项水力参数结果，从而模拟供水管网运行状况、厂泵优化调度等工况。需水量驱动模型的原理是假设管网节点需水量已知，通过对管网水力方程组求解得到管网节点水头和管道流量。常用的计算方法是全局梯度算法。在这种模型下进行水力计算时，将节点用水量作为已知量，假设节点需水量总是得到完全满足。这一假设在管网正常运行状态下是合理的。但是需水量驱动模型忽略了节点压力对用户用水需求的影响，当节点水压下降至一定程度，节点实际用水量会少于节点需水量。如果仍然使用需水量驱动模型进行水力计算，会导致计算结果不准确。而供水管网在实际的运行维护中，往往会出现一些异常工况（例如爆管、水源供水不足和断电故障等），致使管网实际压力低于设计压力值，进而导致节点用户不同程度的缺水。故流量驱动模型在压力不足时有局限性，需要建立节点压力与节点流量的数学关系。

压力驱动模型中关于节点压力与流量之间的关系，国内外许多专家进行了研究。应用最为广泛且被广大科研工作者所认可的是Wagner（1988）等提出的节点实际供水量和节点压力间的分段函数式：

$$Q_i = \begin{cases} Q_i^{req} & H_i \geqslant H_i^{req} \\ Q_i^{req} \left(\dfrac{H_i - H_i^{min}}{H_i^{req} - H_i^{min}} \right)^{\gamma} & H_i^{min} < H_i < H_i^{req} \\ 0 & H_i \leqslant H_i^{min} \end{cases} \tag{2-48}$$

式（2-48）表达的节点需水量与压力之间的关系是：当节点实际压力H_i小于节点最小要求的供水压力H_i^{min}时，节点实际获得的水量为0；当节点实际压力H_i大于最小要求供水压力H_i^{min}但小于临界压力H_i^{req}时，节点实际需水量随节点压力的升高而增加；当节点实际压力H_i大于临界压力H_i^{req}时，认为节点实际需水量等于设计需水量，不会再随压力的升高而增加，该段水力计算可执行需水量驱动模型。压力驱动模型避免了流量驱动模型可能出现的负压、低压情况，因此，更符合实际管网的状态（张俊等，2015）。γ为系数，取值为0.5。

然而，该方法的不足之处在于刚开始出流和即将到达设计需水量时，导数不连续。为此，Tanyimboh和Templeman（2010）提出了保证流量过渡时连续可导的公式。上述提到的表征节点流量压力的数学公式都没有经过实验验证。Shirzad等（2013）和Walski等（2017）将不同压力情况下收集到的出水口实验数据和现场实测数据与上述公式进行比较，研究发现Wagner等提出的公式拟合效果最好。因此本研究在Wagner等的公式基础上进行压力驱动模型分析。

压力驱动模型假设节点水量和压力未知，然后进行水力模型求解，需水量驱动模型在求解时使用的是全局梯度算法，压力驱动模型可以在需水量驱动模型的基础上进行更改以同时求解节点水量和压力，所以可以应用一些程序语言对基于需水量驱动模型进行水力求解的开源软件EPANET 2.0进行修正，使其符合压力驱动模型的计算表达式。

2.2 供水管网漏损监控技术

第2.1节重点介绍了供水管网水力模型的理论和构建方法，本节将重点介绍目前的管网漏损监控技术，主要包括独立计量区域（DMA）法，水力模型方法，数据驱动方法和设备方法。表2-6对这些常见漏损检测定位技术进行了汇总（黄哲骢等，2020）。

常见的漏损检测定位技术

表2-6

方法	原理	优点	缺点
DMA夜间最小流量法（吴正易，2017）	监控DMA区域夜间最小流量时段总供水量与总用水量的差值，若差值出现异常波动时，则说明该分区存在漏损情况或者非法偷用水情况	技术成熟	依赖合法用水量的估算准确性；无法准确确定管道漏损具体位置，只能识别漏损区域
基于瞬态水力模型的漏损检测方法（Duan等，2011）	利用管网瞬态事件进行漏损检测	灵敏性好，经济性好	由于实际管网并联的复杂性其可行性未能得到验证
基于稳态水力模型的漏损检测方法（Ye等，2011；Wu等，2010）	通过水力模型模拟各管段的漏损情况得到各监测点压力/流量的模拟值，当监测点压力/流量数据的实测值与模拟值相吻合时，则可判断该模拟值对应的管段出现漏损现象	原理简单	准确性过于依赖水力模型的准确性；仅适用于小规模的管网
基于数据驱动的漏损检测方法（RMS，2011）	提取各监测点监测到的漏损和未漏损工况的大量水力数据，推理确定管网漏损工况下监测点数据的规律特征，当监测点数据出现该特征时则判断存在漏损	准确性高	没有水力模型作为支撑，数据的解释单纯依赖数学统计模型，有时与现实水力情况相差过多
基于设备的漏损检测方法（Pilcher等，2017）	利用听漏仪、噪声记录仪、红外热成像设备、探地雷达等设备，通过检查漏损产生的各种特征信号，定位漏损的位置	定位准确性高，能够探测小流量的漏损	仪器成本较高，借助于人工，耗时长，效率较慢

2.2.1　基于区域计量（DMA）的漏损检测方法

独立计量区域（DMA）的概念已被国际认可，DMA是用来监测、识别区域漏损很好的一种方法（Farley和Trow，2003；IWA，2007a，2007b）。DMA管理的关键是持续的监控流入DMA中的流量，然后，分析夜间流量确定是否存在用户用水量之外的额外的流量，这部分额外流量可能就是漏损量。应用DMA流量分析对漏损量进行评估应选取DMA用水量最小的时段，这段时间通常是在凌晨02：00～04：00。这是因为该时段用户用水量最小，对应的漏损量占总用水量的比例最高。如果夜间流量增加，那么可能存在一个新的漏损点或者已存在的漏损点流量变大，通过分析夜间流量数据，确定是否是用户用水量增加还是出现漏损，也可估计漏损的等级、背景漏损和爆管流量，通常使用总供水量减去用户夜间使用的流量来估计漏损的流量（IWA，2007a）。

如果发生严重的漏损，工程师通过DMA流量分析，可快速确定漏损区域，这样就可以很快地将漏损修复。DMA的理念以及结合现有的技术和设备去监测、检测、定位漏损在IWA的出版物《配水管网系统中的漏损》（Farley和Trow，2003）中做了详细的描述。IWA 漏损控制专家组（IWA 2007b）的出版物也提供了详细的指导手册。工程师可以通过监测一个DMA或多个

DMA的用水量，通过分析这些数据识别新的漏损或者漏损量增大的已存在的漏损，并进行快速的维修。DMA监测能够帮助工程师及时发现哪个区域发生漏损，从而减少新漏损的感知时间，提高了漏损管理水平。

2.2.2   基于模型的漏损检测方法

漏损是水力现象，通过对供水系统正常运行和不利条件下运行的水力行为进行分析，进而识别漏损事件的发生和定位漏损发生的位置是科研工作者研究的方向之一。根据所选用的水力模型的不同，基于模型的方法又分为基于瞬态水力模型的方法和基于稳态水力模型的方法。

瞬变流是由于管网中快速的压力/流量变化导致的一种不稳定流体运动。通过分析压力波的传播、衰减和反射情况可以用来识别管网中发生的异常事件。因此，基于瞬态水力模型的方法通常是在系统中引入一个压力波动事件，比较实测数据和模型计算结果后，在时域或频域中反向识别漏损点的大小和位置。Lee等（2005）引入了两种新的频域分析方法，逆共振法（Inverse Resonant Method）和高峰序列法（Peak Sequencing Method）。第一种方法通过调整漏损的位置和大小寻找实测值和模拟值的平方差之和的最小值。第二种方法通过将监测到的频率响应图和不同位置、不同大小的漏损引起的频率响应图进行比对得出准确的漏损点。相较于多点瞬态信号的捕捉，频域分析方法一般仅需要在一个位置进行测量。这大大简化了数据收集的过程，但是瞬态源和测量点的位置会大大影响频域分析结果，而且该方法需要准确的频域响应分析模型，目前仅适用在单根管道上（Colombo等，2009）。

在将基于瞬态分析的技术应用于漏损识别之前，需要对研究的管网水力模型进行精准校准。此外，由于瞬变压力波传播速度很快，对测量采样频率有较高要求。目前大多数基于瞬态分析的技术是在控制环境下的现场/实验室管道上进行测试，而无法应用在真实管网的实时监测定位工况中（Colombo等，2009）。

基于稳态水力模型的方法通常通过分析从供水管网中安装的传感器（例如压力传感器，流量计和水质传感器）获得的数据与模型参数之间的关系来监测定位异常事件的发生（Kumar等，2010；Campisano等，2016；Lee等，2016）。Perez等（2009）在考虑了模型的不确定性和噪声影响后，建立了监测阈值，通过与压力监测值和模型值之间的残差对比发现可能的漏损点位置。Quevedo（Quevedo等，2011）等在此基础上进行改进，克服了阈值定义的障碍并同时使用无需进行转换的漏损灵敏度矩阵，从而避免了Perez等（2009）方法在二值化过程中的信息丢失（Perez等，2014）。该方法被Meseguer等人（2014）与供水管网校核水力模型集合成模型驱动决策支持系统，并应用在西班牙巴塞罗那一个227hm^{2}的DMA中，研究结果表明该方法大大缩短了漏损定位的时间。Kumar等人（2010）根据管道破裂对水质特征的影响研究，利用水质观测数据和压力信息进行爆管点定位。Wu和Sage（2006，2007）提出了一种利用遗传算法的优化技术来检测供水系统管道破裂的方法。该方法将喷射系数作为表征漏损的未知量参数，利用遗传算法进行求解。通过比较现场观测数据和模拟数据来评估该方法的适应性。Wu等人（2010）进一步将该方法与延时模拟水力校核模型相结合以提高方法的应用性，该方法已合并到WaterGEMS软件（Bentley Systems）中用于离线漏损检测。

2.2.3　基于数据驱动的漏损监测方法

基于数据驱动的管网漏损监测定位方法是使用数据采集与监控系统（SCADA）传输的数据进行异常流量和压力值的识别。此类方法不涉及管网水力计算过程，而是通过提取管网相关的特征信息进行分析，以确定管网漏损的位置。

Mounce和Machell（2006）研究了不同类型的人工神经网络，并对正常和异常工作条件下的流量和压力数据分类。通过研究发现时间延迟神经网络（Time-Delay ANN）能够学习模拟管道破损事件并监测到75%的泄漏。但是该方法需要大量的数据训练，由于许多数据诸如漏损流量大小、漏损原因和漏损开始时间很难记录，因此在实际管网中应用较困难。Mounce等（2002）提出使用混合密度人工神经网络来预测流量值，然后将其与观察到的流量数据进行比较。该模型的主要优势在于使用时间序列数据可靠地预测流量/压力。但是，实验中使用的时间在12～24h之间，对于近实时的漏损监测来说所用时间过长。随后，Mounce（2010）等提出了一种改进方法，首先利用基于混合密度网络并且根据真实的历史流量数据对人工神经网络进行训练，以预测接下来24h的流量，然后应用模糊推理来监测异常流量。模糊推理系统将监测流量值与预测流量值对比，以判别是否存在异常流量。该技术应用于实际的离线供水管网监测系统中，结果表明其能够监测到44%的异常流量。基于该项研究，Mounce等人（2007）进一步将所提方法改进为准确估计漏损的平均流量，并使用历史流量数据和修复的漏损数据进行验证。结果表明监测到的36%的警报与漏损相关，38%的警报与过载需水量相关（Mounce，2010）。同样此方法的局限性在于发出警报的时间仍在12～24h之间。为了减小识别异常事件的时间，Mounce等人（2011）借助支持向量回归技术，以流量/压力观测值与预测值之间的异常来监测漏损。在实际供水系统中证明支持向量回归方法比混合神经网络模糊推理系统方法可以更快地发出警报，但是结果显示大于22%的警报是虚假警报，高于其之前的研究（Mounce等人（2010）之前的研究结果显示18%的警报是错误警报）。

Mounce等人（2011）提出的漏损监测定位方法主要优点是依靠时间序列得到流量/压力观测数据。流量/压力预测模型能够在12/24h内训练学习流量/压力曲线。但是当DMA发生变化时，预测模型可能无法更改预测值。Ye和Fenner（2011）以及Mounce等人（2010，2011）的研究表明，流量观测值比压力观测值对管道爆裂/泄漏更敏感。因此，在他们的文章中基于压力数据的漏损监测成功率较低。

为了提高漏损监测成功率，Romano等（2014，2014）通过小波分析来消除人工神经网络系统和贝叶斯推理系统训练流量和压力数据时的噪声影响。Palau等人（2012）提出了一种称为主成分分析的多元统计技术，该方法减少了冗余的数据信息，提取了大部分重要信息，进而用于对供水系统行为表现分析解释，帮助从业人员识别用户非法用水、漏损或其他非法连接的异常行为。该技术尚未在实际的供水管网系统中应用，因此尚需确定其方法的可靠性。Tao（2014）等人提出了一种基于人工免疫系统（AIS）的漏损检测方法。通过克隆免疫算法在正常条件下对AIS进行数据训练。通过观测值与来自AIS的数据之间的欧式距离来检测漏损。Jung等（2015）比较了三个单变量和多变量统计过程控制方法对于漏损监测的有效性，然后应用到管网漏损监测过程中，结果表明单变量指数加权移动平均（Exponentially Weighted Moving Average）方法具有更好的监测性能，而对于小尺寸的漏损（低于日均流量的20%）难以利用三种单变量统计过程控制方法进行识别。其他一些技术包括基于聚类算法、基于模拟退火和图论，启发式遗传算法、多类别支持向量机法和小波变换等也被用来识别可能的漏损区域。

数据驱动方法通常使用流量/压力数据并采用统计或智能算法对流量/压力值进行分析，从而实现漏损的监测定位。此类方法可以处理大量的噪声和原始数据，然后提取有意义的信息给运营工作者。但是，当供水管网运行操作发生变化时（例如阀门关闭），数据驱动方法可能无法准确识别从而导致发出错误的警报。另外，数据驱动方法的结果严重依赖于数据的数量和质量。

2.2.4 基于设备的漏损检测方法

设备法是利用外部硬件引入新的监测指标对漏点进行检测。表2-7给出了一些常见的基于设备的漏损检测定位技术。基于声学的设备技术是目前供水公司最常用的检漏技术，在大多数情况下都可以成功检测定位到漏损，但其有效性会受到多种因素的影响。此外，由于声学原理开发的监测设备并不是对每种管材都有效、一些插入性检测设备会增加外界污染物进入供水管道的风险。其他检测设备虽然能有效地检测漏损，但仍存在效率低、成本高、和准确性受影响因素较多等问题，因此基于设备的检测方法在实际应用中都存在一些局限性。

基于设备的漏损监测定位方法介绍 表2-7

方法	原理	优点	缺点
音听设备（Pilcher等，2017）	利用听漏棒、电子放大听漏仪在阀门、消火栓以及管线暴露处检测漏水声来判断管线漏损的位置	使用简便，效果较好，性价比很高	耗时长，依靠从业者经验，易受到噪声干扰
噪声记录仪（Sánchez等，2005；Shimanskiy等，2003；Muggleton等，2006）	在管道上安装噪声记录设备，接收声音信号，通过分析后，确定漏点位置	不依赖从业者经验，可以远程传输	准确度受安装数量和位置的影响
相关仪（Muggleton等，2004）	由加速度计、无线电发射机和主机组成，根据声音传播速度来判定漏点位置	抑制噪声干扰，不依赖从业者经验	准确度受管径管材的影响，费用高昂，无法处理管道多漏点问题，需要准确了解管网拓扑结构
红外热成像（Wirahadikusumah等，1998；Fahmy等，2009）	由于水量漏损会造成漏点周围温度出现变化，利用高分辨率红外相机进行扫描得到地表的热红外辐射，漏点上方地面温度较低	适用领域广泛	受影响因素较多

续表

方法	原理	优点	缺点
卫星法（支焕等，2011；Agapiou等，2013）	基于卫星的高分辨率成像，探测由于管网漏损所导致的地表光反射系数的变化	无需开挖，检测范围大	可发现管网明漏，成本极高
探地雷达（Hunaidi等1998；Nakhkash等，2004）	利用高频脉冲电磁波的反射原理对管道漏点进行判定	准确度高，收集的资料丰富	并不适用所有的土壤类型；易受到金属物质的干扰；
示踪气体（Hargesheimer，1985；Li等，2015）	将惰性无毒气体（氢气或氦气）注入管道，同时利用高敏感度的探测设备沿管线查探，气体会在管道破裂处溢出	能够检测出管道的多点漏损问题	不适合日常巡检，需要对待检测管网进行隔离封闭
内窥式检测（Mergelas等，2015；Fletcher等，2008）	将计算机化的独立设备插入到供水管道中，该设备随液体流动的方向前进，记录信息	准确度高，可识别单管多个漏点	对管径有要求，受管道附件的干扰

2.3　爆管预测方法

第2.2节主要讲述了供水管网漏损的一些监控技术，这些技术主要应用在漏损（通常是漏失流量较小）发生之后，确定漏损发生的位置。除此之外，针对漏损量较大的爆管，国内外科研工作者进行了大量的研究，还提出了一些爆管预测方法，在爆管发生之前能够有效地预测爆管发生的区域。本节主要讲述爆管的预测方法（如图2-4所示），现有爆管预测模型大致可划分为统计模型、物理模型和智能算法模型。

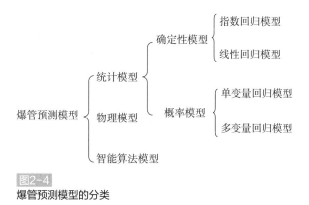

图2-4
爆管预测模型的分类

2.3.1　统计模型

统计模型使用历史爆管数据的回归分析将爆管与各种导致爆管的因素联系，以识别管道故障模式并预测管道破裂（Kleiner等，2001）。统计模型可分为确定性模型和概率模型，确定性模型的结果是某个值，如爆管次数或爆管率，而概率模型的结果是单个概率或一组概率（例如概率分布）（Dehghan等，2008）。

统计确定性模型是在爆管率和一系列解释变量之间建立直接关系以预测爆管。确定性模型又可分为指数回归和线性回归模型（Shamir等，1979）。确定性模型中认为回归参数是固定的，并且使用最小二乘法或最大似然法来确定回归参数（Asnaashari等，2009；Boxall等，2007）。统计概率模型利用概率论分析大量复杂变量（例如不确定性管道、土壤和环境因素等）来估计爆管的可能性（Kleiner等，2001），可分为单变量和多变量回归模型。

2.3.2　物理模型

物理模型分析了管道承受的载荷以及管道抵抗这些载荷的能力以预测其破裂的可能性（Rajani等，2001；Tesfamariam等，2006）。与其他方法相比，物理模型试图模拟导致管道故障的机理过程，因此需要大量数据的输入。这些数据包括地下管道的结构、管土相互作用、内外部应力以及安装质量等（Wood等，2009）。由于物理模型计算时间成本和需求的有效数据成本较高，通常仅对供水管网主干管进行分析研究使用（Alvisi等，2010；Nishiyama等，2013）。该方法的主要优点是不需要大量的历史数据即可开发使用，可用于大直径供水管道的爆管模拟预测研究（Wilson等，2015）。然而，获得物理模型的必要数据的成本很高，而且许多可用的物理模型会受到有关爆管的现有力学知识的限制（Kleiner等，2001）。

2.3.3　智能算法模型

基于智能算法的爆管预测模型适用于处理不精确或不完整的数据，常用的智能算法有人工神经网络、模糊逻辑算法和启发式算法等（Giustolisi等，2006）。人工神经网络算法是"黑箱"模型，即在缺失物理意义的前提下，通过历史数据训练得到输入量和输出量之间的关系，特别适合处理大量数据和多变量的爆管预测问题（Park等，2008）。但其缺点是其需要识别神经网络的结构以及易于过度拟合，并且初始设置可能既耗时又复杂（Fahmy等，2009；Giustolisi等，2005）。目前，爆管预测模型的理论研究和实际应用存在较大差距，虽然近年来提出了很多数学模型预测爆管的发生，但是对爆管的数据检验和模型适用性研究仍较为匮乏。

爆管事件有很大的不确定性，因此需要有效的方法来提高爆管预测的准确性。爆管预测统计模型可以弥补对管道破裂过程中复杂物理机制研究不足的缺陷（Kleiner等，2001），但其结果的准确性会受到可利用数据的数量和质量以及所使用的统计方法的影响（Díaz等，2016；Gómez-Martínez等，2017）。

2.4　本专著主要内容

在深入分析国内外供水管网漏损现状和现有监控技术的基础上，本专著结合前沿的数学模型、数据挖掘和深度学习等技术，提出多种创新的供水管网漏损监控理论与技术，内容涵盖了漏损的监测、控制、评估和管理，可为城市供水系统的安全可靠运行提供技术支撑和科学指导，为实现供水系统智能化和精细化管理提供重要的技术储备。

前已述及，本专著关注于供水管网中由漏点所产生管网漏损情况，包括瞬时漏失流量较大的爆管事故。本专著后续章节内容安排如下（图2-5）：

第3章介绍一种供水管网水力模型在线校核技术，通过实时调整模型参数，确保水力模型在一定精度范围内与管网的实际运行状态相吻合。准确的水力模型是供水管网漏损监控技术的基础。

第4章~第6章介绍三种不同的漏损检测定位技术，分别是：（1）基于机器学习的漏损区域定位技术（第4章），在该章提出一种基于多类别支持向量机（M-SVMs）的漏损区域定位技术，可根据压力监测点现场观测数据识别漏损区域；（2）基于阀门调度的主动漏损定位技术（第5章），在该章介绍一种基于主动阀门操作和水平衡分析相结合的多阶段漏损定位方法，可采用最小的阀门操作次数定位到漏损所在的最小区域；（3）基于探地雷达的漏损精准定位技术（第6章），在该章介绍一种基于探地雷达三维成像及属性分析的供水管道漏损检测方法，可实现漏损精准定位。

第7章~第9章围绕供水管网的爆管问题，分别针对爆管事件发生、监测系统响应定位以及关阀控制三个阶段进行研究。具体内容是：第7章就爆管对供水系统的影响机制进行研究，并量化不同管道爆管的水力水质影响差异性，以识别供水管网中的关键管道，进而为爆管控制管理提供理论指导；第8章建立基于监测系统的爆管监测定位技术研究，以缩短大型供水管网的

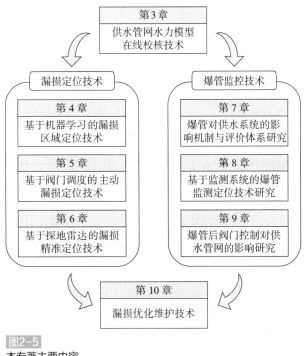

图2-5
本专著主要内容

爆管检测定位时间，进而达到降低漏损水量的目的；第9章建立供水管网爆管后阀门控制对供水管网的影响研究，通过揭示阀门控制方案与管网水力水质状况之间的内在关联，以实现有效的供水管网爆管防控管理。

第10章从供水管网漏损事故发生后供水管网系统的优化维护角度，提出了一种基于改进的遗传算法的动态优化方法，用于确定供水系统大面积漏损后的最佳修复方案，以提高供水管网灾后响应及恢复能力，进而为城镇供水管网灾后修复（如维修队配置和维修方案制定）提供科学指导。

第3章

供水管网水力模型在线校核技术

3.1　引言

本专著前两章分别介绍了供水管网漏损现状以及漏损监控技术的研究进展，后续章节主要讲解基于供水管网水力模型的漏损控制技术。利用SCADA系统提供的实时管网运行数据及时校核供水管网水力模型参数是实现管网漏损智能化控制的前提。因此，在讲解漏损的控制技术之前，本章介绍一种供水管网水力模型参数的在线校核技术，通过调整模型参数，确保水力模型在一定精度范围内与管网的实际运行状态相吻合。模型参数校核是指调整管网模型参数，使得监测点处模型的计算值与实际观测值在一定范围内相吻合。使用有限的监测数据校核完整的管网水力模型一直是科研工作者十分感兴趣的研究领域。

管网水力模型校核研究始于20世纪70年代，所提出的校核方法大致可分为三类：（1）试错法或经验法；（2）显型校核法；（3）基于优化模型的隐型校核法。此外，根据监测数据的来源还能将校核方法区分为：（1）稳态校核法；（2）瞬变流校核法（Liggett和Chen，1994）。两者的区别是，稳态校核法的数据源于稳定状态下管网的压力与流量监测数据，而瞬变流校核法则需要现场开闭阀门或通过消火栓放水产生瞬变流获得监测值。

试错法是指通过人工试算、反复调整模型参数，缩小监测点处压力/流量的模型计算值与监测值之间的偏差（Bhave，1988）。这类方法的有效性很大程度上依赖于建模者的经验，对大型供水管网需要极大简化管网以减小问题维度。虽然试错法很少被用于实际，但它为管网参数校核的发展奠定了基础与方向。显型校核法将校核参数作为未知量（Ferreri，1994），根据监测的节点水压与管道流量，联立质量与能量守恒方程将参数校核转化为正定问题求解。相对于试错法，显型法提高了校核效率，但存在如下几点不足：（1）要求校核参数的个数等于监测值个数，即校核问题必须为正定；（2）监测误差未被考虑，即假定监测值无误差；（3）无法对参数的不确定性进行量化。此外，显型校核法求解过程复杂，目前很少被应用于解决实际校核问题。基于优化模型的隐型校核法，通常以最小化监测值与模型计算值之间的误差作为目标函数，将参数校核转化为最优化问题进行求解，其中管网的质量守恒与能量守恒方程作为目标函数的隐型约束条件。在管网研究领域，Savic和Walters（1995）最早引入遗传算法校核管网阻力系数，Lingireddy和Ormsbee（1999）将其拓展到校核节点需水量。随后，Wu等（2010）开发了基于遗传算法的校核程序并被商业软件 H2ONET与WaterGEMS所采用，InfoWorks WS（de Schaetzen等，2010）软件也采用了基于遗传算法的校核程序。但遗传算法具有如下不足：（1）虽然遗传算法具有很强的全局搜索能力，但对大型、复杂的搜索问题，它并不能确保获得全局最优解；（2）遗传算法的有效性依赖于合适的编码及相应的参数设置，其本身就是个优化问题，它要求校核人员具备相应技巧与经验；（3）为了确保最优解的获得，遗传算法需要反复执行正计算，其计算效率很低，难以满足在线分析应用。此外，遗传算法获得的最优解可能仅具有数学上的最优意义，并不存在特别的实际工程意义。

为了解决上述参数校核的问题，本章提出了一种基于加权最小二乘法的模型参数快速校正方法，能够同时对管道阻力系数和节点需水量进行快速校正。关于管网阻力系数校核，

Kapelan等人（2004）指出管网在低负荷运行状态（低流量或低水头）时，使用监测点处的压力/流量观测值校核管道阻力系数，很难得到准确的结果。这是由于管道水头损失很小，观测值对管道阻力系数的变化不敏感，很难断定校核误差是由不确定的管道阻力系数还是由监测仪器误差引起。Ostfeld等人（2012）指出在用水高峰时段校核管道阻力系数，可以增加观测值对管道阻力系数的变化敏感度，从而提高管道阻力系数的校核准确度。因此，本章首先选取用水高峰时段对管道阻力系数和节点需水量同时进行校核。管道阻力系数校核准确之后，再单独考虑每个时刻节点需水量的在线快速校核。本章研究内容是为了满足水力模型应用的精度要求，是管网在线优化调度、漏损监控等应用的前提。

3.2　节点需水量和管道阻力系数的同步校核

3.2.1　目标函数的构建与求解

管道阻力系数和节点需水量同时校核的目标函数定义为监测点处的压力/流量观测值与模型模拟值偏差的加权平方和，即：

$$
\begin{aligned}
\min \; f(\mathbf{C},\mathbf{q}) &= \sum_{i=1}^{NH} w_{\mathrm{H}}^{i}\left[H_i^{\mathrm{ob}} - H_i(\mathbf{C},\mathbf{q})\right]^2 + \sum_{j=1}^{NF} w_{\mathrm{q}}^{j}\left[Q_j^{\mathrm{ob}} - Q_j(\mathbf{C},\mathbf{q})\right]^2 \\
&= \begin{bmatrix} \mathbf{H}^{\mathrm{ob}} - \mathbf{H}(\mathbf{C},\mathbf{q}) \\ \mathbf{Q}^{\mathrm{ob}} - \mathbf{Q}(\mathbf{C},\mathbf{q}) \end{bmatrix}^{\mathrm{T}} \mathbf{W} \begin{bmatrix} \mathbf{H}^{\mathrm{ob}} - \mathbf{H}(\mathbf{C},\mathbf{q}) \\ \mathbf{Q}^{\mathrm{ob}} - \mathbf{Q}(\mathbf{C},\mathbf{q}) \end{bmatrix}
\end{aligned}
\tag{3-1}
$$

式中　　　　　　　　　　$\mathbf{C}$、$\mathbf{q}$——管道阻力系数向量、节点需水量向量；

$\qquad\qquad NH$、NF——压力监测点、流量监测点数量；

$w_{\mathrm{H}}^{i} = 1/\left(H_i^{\mathrm{ob}}\right)^2$、$w_{\mathrm{q}}^{j} = 1/\left(Q_i^{\mathrm{ob}}\right)^2$——压力监测点$i$和流量监测点$j$的权重系数；

$\qquad\qquad H_i^{\mathrm{ob}}$、$H_i(\mathbf{C},\mathbf{q})$——压力监测点$i$的观测值和模拟值；

$\qquad\qquad Q_j^{\mathrm{ob}}$、$Q_j(\mathbf{C},\mathbf{q})$——流量监测点$j$的观测值和模拟值；

$\mathbf{H}^{\mathrm{ob}} = \left[H_1^{\mathrm{ob}}, H_2^{\mathrm{ob}}, ..., H_{NH}^{\mathrm{ob}}\right]^{\mathrm{T}}$；　$\mathbf{Q}^{\mathrm{ob}} = \left[Q_1^{\mathrm{ob}}, Q_2^{\mathrm{ob}}, ..., Q_{NF}^{\mathrm{ob}}\right]^{\mathrm{T}}$；

$\mathbf{H}(\mathbf{C},\mathbf{q}) = \left[H_1(\mathbf{C},\mathbf{q}), H_2(\mathbf{C},\mathbf{q}), ... H_{NH}(\mathbf{C},\mathbf{q})\right]^{\mathrm{T}}$；　$\mathbf{Q}(\mathbf{C},\mathbf{q}) = \left[Q_1(\mathbf{C},\mathbf{q}), Q_2(\mathbf{C},\mathbf{q}), ..., Q_{NF}(\mathbf{C},\mathbf{q})\right]^{\mathrm{T}}$；

$\mathbf{W} = \mathrm{diag}\left(\left[w_{\mathrm{H}}^{1}, ..., w_{\mathrm{H}}^{NH}, w_{\mathrm{q}}^{1}, ..., w_{\mathrm{q}}^{NF}\right]\right)$

如式（3-1）所示，模型参数校核的目的是同时调整管道阻力系数$\mathbf{C}$和节点需水量向量$\mathbf{q}$，使得目标函数最小化。$\mathbf{H}(\mathbf{C},\mathbf{q})$和$\mathbf{Q}(\mathbf{C},\mathbf{q})$的一阶泰勒展开近似表示为：

$$
\begin{cases}
\mathbf{H}(\mathbf{C}+\Delta\mathbf{C},\mathbf{q}+\Delta\mathbf{q}) \approx \mathbf{H}(\mathbf{C},\mathbf{q}) + \left(\Delta\mathbf{C}\dfrac{\partial}{\partial\mathbf{C}} + \Delta\mathbf{q}\dfrac{\partial}{\partial\mathbf{q}}\right)\mathbf{H}(\mathbf{C},\mathbf{q}) \\[4mm]
\mathbf{Q}(\mathbf{C}+\Delta\mathbf{C},\mathbf{q}+\Delta\mathbf{q}) \approx \mathbf{Q}(\mathbf{C},\mathbf{q}) + \left(\Delta\mathbf{C}\dfrac{\partial}{\partial\mathbf{C}} + \Delta\mathbf{q}\dfrac{\partial}{\partial\mathbf{q}}\right)\mathbf{Q}(\mathbf{C},\mathbf{q})
\end{cases}
\tag{3-2}
$$

结合式（3-2），目标函数式（3-1）一阶泰勒近似展开为：

$$f(\mathbf{C}+\Delta\mathbf{C},\mathbf{q}+\Delta\mathbf{q}) \approx \begin{bmatrix} \mathbf{H}^{ob}-\mathbf{H}(\mathbf{C},\mathbf{q})-\left(\dfrac{\partial}{\partial\mathbf{C}}\Delta\mathbf{C}+\dfrac{\partial}{\partial\mathbf{q}}\Delta\mathbf{q}\right)\mathbf{H}(\mathbf{C},\mathbf{q}) \\ \mathbf{Q}^{ob}-\mathbf{Q}(\mathbf{C},\mathbf{q})-\left(\dfrac{\partial}{\partial\mathbf{C}}\Delta\mathbf{C}+\dfrac{\partial}{\partial\mathbf{q}}\Delta\mathbf{q}\right)\mathbf{Q}(\mathbf{C},\mathbf{q}) \end{bmatrix}^{\mathrm{T}} \mathbf{W} \begin{bmatrix} \mathbf{H}^{ob}-\mathbf{H}(\mathbf{C},\mathbf{q})-\left(\dfrac{\partial}{\partial\mathbf{C}}\Delta\mathbf{C}+\dfrac{\partial}{\partial\mathbf{q}}\Delta\mathbf{q}\right)\mathbf{H}(\mathbf{C},\mathbf{q}) \\ \mathbf{Q}^{ob}-\mathbf{Q}(\mathbf{C},\mathbf{q})-\left(\dfrac{\partial}{\partial\mathbf{C}}\Delta\mathbf{C}+\dfrac{\partial}{\partial\mathbf{q}}\Delta\mathbf{q}\right)\mathbf{Q}(\mathbf{C},\mathbf{q}) \end{bmatrix} \quad (3\text{-}3)$$

由于式（3-1）是凸函数，因此，当其一阶偏导数为零时，可以求出目标函数的最小值。即，

$$\begin{cases} \dfrac{\partial f(\mathbf{C}+\Delta\mathbf{C},\mathbf{q}+\Delta\mathbf{q})}{\partial\Delta\mathbf{C}} = -2\begin{bmatrix} \dfrac{\partial\mathbf{H}(\mathbf{C},\mathbf{q})}{\partial\mathbf{C}} \\ \dfrac{\partial\mathbf{Q}(\mathbf{C},\mathbf{q})}{\partial\mathbf{C}} \end{bmatrix}^{\mathrm{T}} \mathbf{W} \begin{bmatrix} \mathbf{H}^{ob}-\mathbf{H}(\mathbf{C},\mathbf{q})-\dfrac{\partial\mathbf{H}(\mathbf{C},\mathbf{q})}{\partial\mathbf{C}}\Delta\mathbf{C}-\dfrac{\partial\mathbf{H}(\mathbf{C},\mathbf{q})}{\partial\mathbf{q}}\Delta\mathbf{q} \\ \mathbf{Q}^{ob}-\mathbf{Q}(\mathbf{C},\mathbf{q})-\dfrac{\partial\mathbf{Q}(\mathbf{C},\mathbf{q})}{\partial\mathbf{C}}\Delta\mathbf{C}-\dfrac{\partial\mathbf{Q}(\mathbf{C},\mathbf{q})}{\partial\mathbf{q}}\Delta\mathbf{q} \end{bmatrix} = 0 \\[6mm] \dfrac{\partial f(\mathbf{C}+\Delta\mathbf{C},\mathbf{q}+\Delta\mathbf{q})}{\partial\Delta\mathbf{q}} = -2\begin{bmatrix} \dfrac{\partial\mathbf{H}(\mathbf{C},\mathbf{q})}{\partial\mathbf{q}} \\ \dfrac{\partial\mathbf{Q}(\mathbf{C},\mathbf{q})}{\partial\mathbf{q}} \end{bmatrix}^{\mathrm{T}} \mathbf{W} \begin{bmatrix} \mathbf{H}^{ob}-\mathbf{H}(\mathbf{C},\mathbf{q})-\dfrac{\partial\mathbf{H}(\mathbf{C},\mathbf{q})}{\partial\mathbf{C}}\Delta\mathbf{C}-\dfrac{\partial\mathbf{H}(\mathbf{C},\mathbf{q})}{\partial\mathbf{q}}\Delta\mathbf{q} \\ \mathbf{Q}^{ob}-\mathbf{Q}(\mathbf{C},\mathbf{q})-\dfrac{\partial\mathbf{Q}(\mathbf{C},\mathbf{q})}{\partial\mathbf{C}}\Delta\mathbf{C}-\dfrac{\partial\mathbf{Q}(\mathbf{C},\mathbf{q})}{\partial\mathbf{q}}\Delta\mathbf{q} \end{bmatrix} = 0 \end{cases} \quad (3\text{-}4)$$

式（3-4）化简得：

$$\begin{cases} \begin{bmatrix} \dfrac{\partial\mathbf{H}(\mathbf{C},\mathbf{q})}{\partial\mathbf{C}} \\ \dfrac{\partial\mathbf{Q}(\mathbf{C},\mathbf{q})}{\partial\mathbf{C}} \end{bmatrix}^{\mathrm{T}} \mathbf{W} \begin{bmatrix} \dfrac{\partial\mathbf{H}(\mathbf{C},\mathbf{q})}{\partial\mathbf{C}} \\ \dfrac{\partial\mathbf{Q}(\mathbf{C},\mathbf{q})}{\partial\mathbf{C}} \end{bmatrix}\Delta\mathbf{C} + \begin{bmatrix} \dfrac{\partial\mathbf{H}(\mathbf{C},\mathbf{q})}{\partial\mathbf{C}} \\ \dfrac{\partial\mathbf{Q}(\mathbf{C},\mathbf{q})}{\partial\mathbf{C}} \end{bmatrix}^{\mathrm{T}} \mathbf{W} \begin{bmatrix} \dfrac{\partial\mathbf{H}(\mathbf{C},\mathbf{q})}{\partial\mathbf{q}} \\ \dfrac{\partial\mathbf{Q}(\mathbf{C},\mathbf{q})}{\partial\mathbf{q}} \end{bmatrix}\Delta\mathbf{q} = \begin{bmatrix} \dfrac{\partial\mathbf{H}(\mathbf{C},\mathbf{q})}{\partial\mathbf{C}} \\ \dfrac{\partial\mathbf{Q}(\mathbf{C},\mathbf{q})}{\partial\mathbf{C}} \end{bmatrix}^{\mathrm{T}} \mathbf{W} \begin{bmatrix} \mathbf{H}^{ob}-\mathbf{H}(\mathbf{C},\mathbf{q}) \\ \mathbf{Q}^{ob}-\mathbf{Q}(\mathbf{C},\mathbf{q}) \end{bmatrix} \\[8mm] \begin{bmatrix} \dfrac{\partial\mathbf{H}(\mathbf{C},\mathbf{q})}{\partial\mathbf{q}} \\ \dfrac{\partial\mathbf{Q}(\mathbf{C},\mathbf{q})}{\partial\mathbf{q}} \end{bmatrix}^{\mathrm{T}} \mathbf{W} \begin{bmatrix} \dfrac{\partial\mathbf{H}(\mathbf{C},\mathbf{q})}{\partial\mathbf{C}} \\ \dfrac{\partial\mathbf{Q}(\mathbf{C},\mathbf{q})}{\partial\mathbf{C}} \end{bmatrix}\Delta\mathbf{C} + \begin{bmatrix} \dfrac{\partial\mathbf{H}(\mathbf{C},\mathbf{q})}{\partial\mathbf{q}} \\ \dfrac{\partial\mathbf{Q}(\mathbf{C},\mathbf{q})}{\partial\mathbf{q}} \end{bmatrix}^{\mathrm{T}} \mathbf{W} \begin{bmatrix} \dfrac{\partial\mathbf{H}(\mathbf{C},\mathbf{q})}{\partial\mathbf{q}} \\ \dfrac{\partial\mathbf{Q}(\mathbf{C},\mathbf{q})}{\partial\mathbf{q}} \end{bmatrix}\Delta\mathbf{q} = \begin{bmatrix} \dfrac{\partial\mathbf{H}(\mathbf{C},\mathbf{q})}{\partial\mathbf{q}} \\ \dfrac{\partial\mathbf{Q}(\mathbf{C},\mathbf{q})}{\partial\mathbf{q}} \end{bmatrix}^{\mathrm{T}} \mathbf{W} \begin{bmatrix} \mathbf{H}^{ob}-\mathbf{H}(\mathbf{C},\mathbf{q}) \\ \mathbf{Q}^{ob}-\mathbf{Q}(\mathbf{C},\mathbf{q}) \end{bmatrix} \end{cases}$$

$$(3\text{-}5)$$

令 $\mathbf{D}_1 = \begin{bmatrix} \dfrac{\partial\mathbf{H}(\mathbf{C},\mathbf{q})}{\partial\mathbf{C}} \\ \dfrac{\partial\mathbf{Q}(\mathbf{C},\mathbf{q})}{\partial\mathbf{C}} \end{bmatrix}^{\mathrm{T}} \mathbf{W} \begin{bmatrix} \dfrac{\partial\mathbf{H}(\mathbf{C},\mathbf{q})}{\partial\mathbf{C}} \\ \dfrac{\partial\mathbf{Q}(\mathbf{C},\mathbf{q})}{\partial\mathbf{C}} \end{bmatrix}$；$\mathbf{B}_1 = \begin{bmatrix} \dfrac{\partial\mathbf{H}(\mathbf{C},\mathbf{q})}{\partial\mathbf{C}} \\ \dfrac{\partial\mathbf{Q}(\mathbf{C},\mathbf{q})}{\partial\mathbf{C}} \end{bmatrix}^{\mathrm{T}} \mathbf{W} \begin{bmatrix} \dfrac{\partial\mathbf{H}(\mathbf{C},\mathbf{q})}{\partial\mathbf{q}} \\ \dfrac{\partial\mathbf{Q}(\mathbf{C},\mathbf{q})}{\partial\mathbf{q}} \end{bmatrix}$；$\mathbf{D}_2 = \begin{bmatrix} \dfrac{\partial\mathbf{H}(\mathbf{C},\mathbf{q})}{\partial\mathbf{q}} \\ \dfrac{\partial\mathbf{Q}(\mathbf{C},\mathbf{q})}{\partial\mathbf{q}} \end{bmatrix}^{\mathrm{T}} \mathbf{W} \begin{bmatrix} \dfrac{\partial\mathbf{H}(\mathbf{C},\mathbf{q})}{\partial\mathbf{C}} \\ \dfrac{\partial\mathbf{Q}(\mathbf{C},\mathbf{q})}{\partial\mathbf{C}} \end{bmatrix}$

$\mathbf{B}_2 = \begin{bmatrix} \dfrac{\partial\mathbf{H}(\mathbf{C},\mathbf{q})}{\partial\mathbf{q}} \\ \dfrac{\partial\mathbf{Q}(\mathbf{C},\mathbf{q})}{\partial\mathbf{q}} \end{bmatrix}^{\mathrm{T}} \mathbf{W} \begin{bmatrix} \dfrac{\partial\mathbf{H}(\mathbf{C},\mathbf{q})}{\partial\mathbf{q}} \\ \dfrac{\partial\mathbf{Q}(\mathbf{C},\mathbf{q})}{\partial\mathbf{q}} \end{bmatrix}$；$\mathbf{X} = \begin{bmatrix} \dfrac{\partial\mathbf{H}(\mathbf{C},\mathbf{q})}{\partial\mathbf{C}} \\ \dfrac{\partial\mathbf{Q}(\mathbf{C},\mathbf{q})}{\partial\mathbf{C}} \end{bmatrix}^{\mathrm{T}} \mathbf{W} \begin{bmatrix} \mathbf{H}^{ob}-\mathbf{H}(\mathbf{C},\mathbf{q}) \\ \mathbf{Q}^{ob}-\mathbf{Q}(\mathbf{C},\mathbf{q}) \end{bmatrix}$；$\mathbf{Y} = \begin{bmatrix} \dfrac{\partial\mathbf{H}(\mathbf{C},\mathbf{q})}{\partial\mathbf{q}} \\ \dfrac{\partial\mathbf{Q}(\mathbf{C},\mathbf{q})}{\partial\mathbf{q}} \end{bmatrix}^{\mathrm{T}} \mathbf{W} \begin{bmatrix} \mathbf{H}^{ob}-\mathbf{H}(\mathbf{C},\mathbf{q}) \\ \mathbf{Q}^{ob}-\mathbf{Q}(\mathbf{C},\mathbf{q}) \end{bmatrix}$

式（3-5）可以写为：

$$
\begin{cases}
\mathbf{D}_1 \Delta \mathbf{C} + \mathbf{B}_1 \Delta \mathbf{q} = \mathbf{X} \\
\mathbf{D}_2 \Delta \mathbf{C} + \mathbf{B}_2 \Delta \mathbf{q} = \mathbf{Y}
\end{cases}
\tag{3-6}
$$

求解方程式（3-6），得：

$$
\begin{cases}
\Delta \mathbf{C} = \left(\mathbf{B}_1^{-1} \mathbf{D}_1 - \mathbf{B}_2^{-1} \mathbf{D}_2 \right)^{-1} \left(\mathbf{B}_1^{-1} \mathbf{X} - \mathbf{B}_2^{-1} \mathbf{Y} \right) \\
\Delta \mathbf{q} = \left(\mathbf{D}_1^{-1} \mathbf{B}_1 - \mathbf{D}_2^{-1} \mathbf{B}_2 \right)^{-1} \left(\mathbf{D}_1^{-1} \mathbf{X} - \mathbf{D}_2^{-1} \mathbf{Y} \right)
\end{cases}
\tag{3-7}
$$

校核过程就是根据每次迭代时计算得到的管道阻力系数调整值 $\Delta \mathbf{C}$ 和节点需水量向量调整值 $\Delta \mathbf{q}$ 同时更新下一次迭代的管道阻力系数和节点需水量向量，计算公式如下：

$$
\begin{cases}
\mathbf{C}^{k+1} = \mathbf{C}^k + \Delta \mathbf{C}^k \\
\mathbf{q}^{k+1} = \mathbf{q}^k + \Delta \mathbf{q}^k
\end{cases}
\tag{3-8}
$$

$$
C_i^{k+1} =
\begin{cases}
C_i^{\min}, & \text{若} C_i^{k+1} < C_i^{\min} \\
C_i^{\max}, & \text{若} C_i^{k+1} > C_i^{\max} \\
C_i^{k+1}, & \text{其他}
\end{cases}
\tag{3-9}
$$

$$
q_j^{k+1} =
\begin{cases}
q_j^{\min}, & \text{若} q_i^{k+1} < q_j^{\min} \\
q_j^{\max}, & \text{若} q_j^{k+1} > q_j^{\max} \\
q_j^{k+1}, & \text{其他}
\end{cases}
\tag{3-10}
$$

C_i^{k+1} 表示管道 i（$i=1,\cdots,np$，np 为管道数目）第 $k+1$ 次迭代的阻力系数；q_j^{k+1} 表示节点 j（$j=1,\cdots,nn$，nn 为节点数目）第 $k+1$ 次迭代的需水量；$C_i^{\min}$ 和 $C_i^{\max}$ 分别表示管道 i 阻力系数的最小和最大值，即 $C_i^{\min}=(1-c) \times C_i^{\text{initial}}$，$C_i^{\max}=(1+c) \times C_i^{\text{initial}}$，$C_i^{\text{initial}}$ 表示管道 i 阻力系数初始值，c 表示管道 i 阻力系数调整范围，一般取 $c=15\%$；$q_j^{\min}$ 和 $q_j^{\max}$ 分别表示节点 j 流量的最小和最大值，即 $q_j^{\min}=(1-d) \times q_j^{\text{initial}}$，$q_j^{\max}=(1+d) \times q_j^{\text{initial}}$，$q_j^{\text{initial}}$ 表示节点 j 流量初始值，d 表示节点 j 流量调整范围，一般取 $d=20\%$。根据式（3-8）~式（3-10）可以求得下一次迭代的管道阻力系数及节点需水量，然后根据 $\mathbf{C}^{k+1}$、$\mathbf{q}^{k+1}$ 计算相关参数进行迭代，逐步逼近目标函数的最小值。需要注意，方程组（3-7）中涉及矩阵的求逆运算。这是由于监测数据的数量小于校核参数数量，可能存在矩阵不可逆，此时需要求解该矩阵的广义逆矩阵，广义逆矩阵的相关理论请参考相关文献（Golub 和 Reinsch，1971）。

3.2.2 雅克比矩阵推导

式（3-5）中的相关参数 $\dfrac{\partial \mathbf{H}(\mathbf{C},\mathbf{q})}{\partial \mathbf{C}}$、$\dfrac{\partial \mathbf{H}(\mathbf{C},\mathbf{q})}{\partial \mathbf{q}}$、$\dfrac{\partial \mathbf{Q}(\mathbf{C},\mathbf{q})}{\partial \mathbf{C}}$、$\dfrac{\partial \mathbf{Q}(\mathbf{C},\mathbf{q})}{\partial \mathbf{q}}$ 需要借助供水管网雅克比矩阵进行求解。在第 2.1.2 节中介绍了基于全局梯度算法的供水管网稳态水力计算方法，对于未知流量的管道和未知压力的节点，管道水头损失方程和节点连续性方程可以写成以下形式：

$$
\begin{cases}
\mathbf{A}_{12} \mathbf{H} + \mathbf{h} + \mathbf{A}_{10} \mathbf{H}_0 = 0 \\
\mathbf{A}_{21} \mathbf{Q} + \mathbf{q} = 0
\end{cases}
\tag{3-11}
$$

式中　$\mathbf{A}_{12}$——管道与节点的关联矩阵，$\mathbf{A}_{21}=\mathbf{A}_{12}^{\mathrm{T}}$；

　　　$\mathbf{H}$——节点压力向量；

　　　$\mathbf{h}$——管道水头损失向量；

　　　$\mathbf{A}_{10}$——管道与水池/水库的关联矩阵；

　　　$\mathbf{H}_0$——水池/水库水头向量；

　　　$\mathbf{Q}$——管道流量向量；

　　　$\mathbf{q}$——节点需水量向量（流出节点为负）。

方程组（3-11）写成微分形式为：

$$\begin{cases} \mathbf{A}_{12}\left(\mathbf{H}+\Delta\mathbf{H}\right)+\left(\mathbf{h}+\Delta\mathbf{h}\right)+\mathbf{A}_{10}\mathbf{H}_0=0 \\ \mathbf{A}_{21}\left(\mathbf{Q}+\Delta\mathbf{Q}\right)+\left(\mathbf{q}+\Delta\mathbf{q}\right)=0 \end{cases} \tag{3-12}$$

联立方程组（3-11）与方程组（3-12）得：

$$\begin{cases} \mathbf{A}_{12}\Delta\mathbf{H}+\Delta\mathbf{h}=0 \\ \mathbf{A}_{21}\Delta\mathbf{Q}+\Delta\mathbf{q}=0 \end{cases} \tag{3-13}$$

忽略管网局部阻力损失，只考虑管道沿程损失，沿程水头损失计算公式采用海曾—威廉公式，即

$$h=H_{\mathrm{s}}-H_{\mathrm{e}}=\frac{10.67L}{D^{4.87}C^{1.852}}Q|Q|^{0.852} \tag{3-14}$$

式中　h——管道沿程水头损失（m）；

　　　H_{s}——管道起始节点水头（m）；

　　　H_{e}——管道终止节点水头（m）；

　　　L——管道长度（m）；

　　　D——管道直径（m）；

　　　C——管道阻力系数；

　　　Q——管道流量（$\mathrm{m^3/s}$）。

由式（3-14）可知，当管道长度L和管道直径D为定值时，管道沿程水头损失h为管道阻力系数C和管道流量Q的函数，其全微分方程为：

$$\Delta h=\frac{\partial h}{\partial C}\Delta C+\frac{\partial h}{\partial Q}\Delta Q \tag{3-15}$$

对C、Q分别求偏导数得：

$$\frac{\partial h}{\partial C}=-1.852\frac{10.67L}{D^{4.87}C^{2.852}}Q|Q|^{0.852}=-1.852\frac{h}{C} \tag{3-16}$$

$$\frac{\partial h}{\partial Q}=1.852\frac{10.67L}{D^{4.87}C^{1.852}}|Q|^{0.852}=1.852\frac{h}{Q} \tag{3-17}$$

将式（3-16）、式（3-17）代入到式（3-15）得：

$$\Delta h = -1.852\frac{h}{C}\Delta C + 1.852\frac{h}{Q}\Delta Q \qquad (3-18)$$

对所有的管道，式（3-18）写成矩阵的形式为

$$\Delta \mathbf{h} = \mathbf{J}_{hC}\Delta \mathbf{C} + \mathbf{J}_{hQ}\Delta \mathbf{Q} \qquad (3-19)$$

式中

$$\mathbf{J}_{hC} = \begin{bmatrix} \dfrac{\partial h_1}{\partial C_1} & & & \\ & \dfrac{\partial h_2}{\partial C_2} & & \\ & & \ddots & \\ & & & \dfrac{\partial h_{np}}{\partial C_{np}} \end{bmatrix} = \begin{bmatrix} \dfrac{-1.852h_1}{C_1} & & & \\ & \dfrac{-1.852h_2}{C_2} & & \\ & & \ddots & \\ & & & \dfrac{-1.852h_{np}}{C_{np}} \end{bmatrix} \qquad (3-20)$$

$$\mathbf{J}_{hQ} = \begin{bmatrix} \dfrac{\partial h_1}{\partial Q_1} & & & \\ & \dfrac{\partial h_2}{\partial Q_2} & & \\ & & \ddots & \\ & & & \dfrac{\partial h_{np}}{\partial Q_{np}} \end{bmatrix} = \begin{bmatrix} \dfrac{1.852h_1}{Q_1} & & & \\ & \dfrac{1.852h_2}{Q_2} & & \\ & & \ddots & \\ & & & \dfrac{1.852h_{np}}{Q_{np}} \end{bmatrix} \qquad (3-21)$$

np 为管道数量，对于水泵，$h = -\omega^2\left(h_0 - r\left(Q/\omega\right)^n\right)$，其中 ω 为转速比，h_0、r、n 为水泵特性曲线相关参数，则矩阵 $\mathbf{J}_{hC}$、$\mathbf{J}_{hQ}$ 中相关元素为 $\dfrac{\partial h}{\partial C} = 0$，$\dfrac{\partial h}{\partial Q} = rn\omega^{2-n}Q^{n-1}$。

根据式（3-13）得：

$$\Delta \mathbf{h} = -\mathbf{A}_{12}\Delta \mathbf{H} \qquad (3-22)$$

将式（3-22）代入到式（3-19）得：

$$\mathbf{A}_{12}\Delta \mathbf{H} = -\mathbf{J}_{hC}\Delta \mathbf{C} - \mathbf{J}_{hQ}\Delta \mathbf{Q} \qquad (3-23)$$

式（3-23）等号两边同乘以 $\mathbf{A}_{21}\mathbf{J}_{hQ}^{-1}$ 得：

$$\mathbf{A}_{21}\mathbf{J}_{hQ}^{-1}\mathbf{A}_{12}\Delta \mathbf{H} = -\mathbf{A}_{21}\mathbf{J}_{hQ}^{-1}\mathbf{J}_{hC}\Delta \mathbf{C} - \mathbf{A}_{21}\Delta \mathbf{Q} \qquad (3-24)$$

根据式（3-13）得：

$$\mathbf{A}_{21}\Delta \mathbf{Q} = -\Delta \mathbf{q} \qquad (3-25)$$

将式（3-25）代入到式（3-24）得：

$$\Delta \mathbf{H} = -\left(\mathbf{A}_{21}\mathbf{J}_{hQ}^{-1}\mathbf{A}_{12}\right)^{-1}\mathbf{A}_{21}\mathbf{J}_{hQ}^{-1}\mathbf{J}_{hC}\Delta \mathbf{C} + \left(\mathbf{A}_{21}\mathbf{J}_{hQ}^{-1}\mathbf{A}_{12}\right)^{-1}\Delta \mathbf{q} \qquad (3-26)$$

式（3-14）写成流量 Q 的形式为：

$$Q = C \left(\frac{D^{4.87}}{10.67L} \right)^{\frac{1}{1.852}} h \left| h \right|^{\frac{1}{1.852}-1} \tag{3-27}$$

由式（3-27）可知，当管道长度L和管道直径D为定值时，管道流量Q为管道沿程水头损失h和管道阻力系数C的函数，其全微分方程为：

$$\Delta Q = \frac{\partial Q}{\partial C} \Delta C + \frac{\partial Q}{\partial h} \Delta h \tag{3-28}$$

对C、h分别求偏导数得：

$$\frac{\partial Q}{\partial C} = \left(\frac{D^{4.87}}{10.67L} \right)^{\frac{1}{1.852}} h \left| h \right|^{\frac{1}{1.852}-1} = \frac{Q}{C} \tag{3-29}$$

$$\frac{\partial Q}{\partial h} = \left(\frac{\partial h}{\partial Q} \right)^{-1} = \frac{1}{1.852} C \left(\frac{D^{4.87}}{10.67L} \right)^{\frac{1}{1.852}} \left| h \right|^{\frac{1}{1.852}-1} = \frac{1}{1.852} \frac{Q}{h} \tag{3-30}$$

将式（3-29）、式（3-30）代入到式（3-28）得：

$$\Delta Q = \frac{Q}{C} \Delta C + \frac{Q}{1.852h} \Delta h \tag{3-31}$$

对所有的管道，式（3-31）写成矩阵的形式为：

$$\Delta \mathbf{Q} = \mathbf{J}_{QC} \Delta \mathbf{C} + \mathbf{J}_{Qh} \Delta \mathbf{h} \tag{3-32}$$

式中

$$\mathbf{J}_{QC} = \begin{bmatrix} \dfrac{\partial Q_1}{\partial C_1} & & & \\ & \dfrac{\partial Q_2}{\partial C_2} & & \\ & & \ddots & \\ & & & \dfrac{\partial Q_{np}}{\partial C_{np}} \end{bmatrix} = \begin{bmatrix} \dfrac{Q_1}{C_1} & & & \\ & \dfrac{Q_2}{C_2} & & \\ & & \ddots & \\ & & & \dfrac{Q_{np}}{C_{np}} \end{bmatrix} \tag{3-33}$$

$$\mathbf{J}_{Qh} = \begin{bmatrix} \dfrac{\partial Q_1}{\partial h_1} & & & \\ & \dfrac{\partial Q_2}{\partial h_2} & & \\ & & \ddots & \\ & & & \dfrac{\partial Q_{np}}{\partial h_{np}} \end{bmatrix} = \begin{bmatrix} \dfrac{Q_1}{1.852h_1} & & & \\ & \dfrac{Q_2}{1.852h_2} & & \\ & & \ddots & \\ & & & \dfrac{Q_{np}}{1.852h_{np}} \end{bmatrix} = \mathbf{J}_{hQ}^{-1} \tag{3-34}$$

np为管道数量；对于水泵，$Q = \left(\dfrac{h_0 \omega^n + h \omega^{n-2}}{r} \right)^{1/n}$，其中$\omega$为转速比，$h_0$、$r$、$n$为水泵特性

曲线相关参数，则矩阵$\mathbf{J}_{QC}$、$\mathbf{J}_{Qh}$中相关元素为$\dfrac{\partial Q}{\partial C}=0$，$\dfrac{\partial Q}{\partial h}=\dfrac{\omega^{n-2}}{rnQ^{n-1}}$。

将式（3-22）代入到式（3-32）得：

$$\Delta\mathbf{Q}=\mathbf{J}_{QC}\Delta\mathbf{C}-\mathbf{J}_{Qh}\mathbf{A}_{12}\Delta\mathbf{H}\tag{3-35}$$

将式（3-26）代入到式（3-35）得：

$$\Delta\mathbf{Q}=\mathbf{J}_{QC}\Delta\mathbf{C}+\mathbf{J}_{Qh}\mathbf{A}_{12}\left(\mathbf{A}_{21}\mathbf{J}_{hQ}^{-1}\mathbf{A}_{12}\right)^{-1}\mathbf{A}_{21}\mathbf{J}_{hQ}^{-1}\mathbf{J}_{hC}\Delta\mathbf{C}-\mathbf{J}_{Qh}\mathbf{A}_{12}\left(\mathbf{A}_{21}\mathbf{J}_{hQ}^{-1}\mathbf{A}_{12}\right)^{-1}\Delta\mathbf{q}\tag{3-36}$$

根据式（3-26）、式（3-36）可得供水管网的雅克比矩阵为：

$$\begin{cases}\dfrac{\partial\mathbf{H}(\mathbf{C},\mathbf{q})}{\partial\mathbf{C}}=\left[-\left(\mathbf{A}_{21}\mathbf{J}_{hQ}^{-1}\mathbf{A}_{12}\right)^{-1}\mathbf{A}_{21}\mathbf{J}_{hQ}^{-1}\mathbf{J}_{hC}\right]_{mo}\\[3mm]\dfrac{\partial\mathbf{H}(\mathbf{C},\mathbf{q})}{\partial\mathbf{q}}=\left[\left(\mathbf{A}_{21}\mathbf{J}_{hQ}^{-1}\mathbf{A}_{12}\right)^{-1}\right]_{mo}\end{cases}\tag{3-37}$$

$$\begin{cases}\dfrac{\partial\mathbf{Q}(\mathbf{C},\mathbf{q})}{\partial\mathbf{C}}=\left[\mathbf{J}_{QC}+\mathbf{J}_{Qh}\mathbf{A}_{12}\left(\mathbf{A}_{21}\mathbf{J}_{hQ}^{-1}\mathbf{A}_{12}\right)^{-1}\mathbf{A}_{21}\mathbf{J}_{hQ}^{-1}\mathbf{J}_{hC}\right]_{mo}\\[3mm]\dfrac{\partial\mathbf{Q}(\mathbf{C},\mathbf{q})}{\partial\mathbf{q}}=\left[-\mathbf{J}_{Qh}\mathbf{A}_{12}\left(\mathbf{A}_{21}\mathbf{J}_{hQ}^{-1}\mathbf{A}_{12}\right)^{-1}\right]_{mo}\end{cases}\tag{3-38}$$

式中，mo表示由监测点对应的行组成的新矩阵，需要注意，方程组（3-37）、方程组（3-38）计算过程中涉及矩阵的求逆运算，当管网中存在流量为零的管道时，矩阵$\mathbf{A}_{21}\mathbf{J}_{hQ}^{-1}\mathbf{A}_{12}$不可逆，此时，需要求解该矩阵的广义逆矩阵。

3.2.3　管道和节点分组

供水管网模型通常由上千个节点和管道组成，压力/流量监测点仅安装在管网中少数的节点/管道上，因此，根据少量的监测点数据校核上千节点需水量和管道阻力系数是不现实的。Kang 和Lansey（2011）指出增加监测点的数量或者减少模型参数数量可以提高模型校核的准确性。考虑到压力/流量监测点的安装及维护成本，管网中监测点数量相对较少，为了减少模型中节点需水量的参数数量，最常用的方法是根据节点用水特性及相对位置，将具有相似特征的节点聚合在一起（Kun等，2015）。因此，模型中的节点可以根据用水特征分为不同的组（例如：工业用水、居民用水、学校用水等），或者是根据地理位置分为不同的组（例如：某个小区内的节点）。每组中所有节点都具有相同的用水量变化特征，在模型校核过程中通过监测数据调整组内节点总的用水量，根据调整后的每组总需水量与节点分组矩阵的乘积，将总需水量分配到各个节点，便可得到每个节点调整后的需水量。与节点需水量类似，为了减少模型中管道阻力系数的参数数量，通常根据管道的特征（管材、管龄、管径）进行分组，每组中所有的管道具有相同的阻力系数，校核过程中，每组中所有管道同时增加相同的调整值。

假设管网模型中节点数量为nn，管道数量（不包含阀门）为np，节点分组数量为l_q，管道分组数量为l_c，则管道分组矩阵$\mathbf{G}_C$大小为$np\times l_c$，$\mathbf{G}_C$中的元素可以表示为：

$$G_{\mathrm{C}}(i,j)=\begin{cases}1,\ 管道i\in管道分组j\\0,\ 其他\end{cases} \tag{3-39}$$

节点分组矩阵$\mathbf{G}_{\mathrm{q}}$大小为$nn\times l_{\mathrm{q}}$，$\mathbf{G}_{\mathrm{q}}$中的元素可以表示为：

$$G_{\mathrm{q}}(i,j)=\begin{cases}q_i/q_{\mathrm{s}}^j,\ 节点i\in节点分组j\\0,\ 其他\end{cases} \tag{3-40}$$

式中　q_i——节点i的基本需水量；

　　　q_{s}^j——节点分组j中所有节点的基本需水量总和。

联立式（3-37）~式（3-40），式（3-37）、式（3-38）、式（3-8）修订为：

$$\begin{cases}\dfrac{\partial \mathbf{H}(\mathbf{C},\mathbf{q})}{\partial \mathbf{C}}=\left[-\left(\mathbf{A}_{21}\mathbf{J}_{\mathrm{hQ}}^{-1}\mathbf{A}_{12}\right)^{-1}\mathbf{A}_{21}\mathbf{J}_{\mathrm{hQ}}^{-1}\mathbf{J}_{\mathrm{hC}}\right]_{\mathrm{mo}}\times \mathbf{G}_{\mathrm{C}}\\[2mm]\dfrac{\partial \mathbf{H}(\mathbf{C},\mathbf{q})}{\partial \mathbf{q}}=\left[\left(\mathbf{A}_{21}\mathbf{J}_{\mathrm{hQ}}^{-1}\mathbf{A}_{12}\right)^{-1}\right]_{\mathrm{mo}}\times \mathbf{G}_{\mathrm{q}}\end{cases} \tag{3-41}$$

$$\begin{cases}\dfrac{\partial \mathbf{Q}(\mathbf{C},\mathbf{q})}{\partial \mathbf{C}}=\left[\mathbf{J}_{\mathrm{QC}}+\mathbf{J}_{\mathrm{Qh}}\mathbf{A}_{12}\left(\mathbf{A}_{21}\mathbf{J}_{\mathrm{hQ}}^{-1}\mathbf{A}_{12}\right)^{-1}\mathbf{A}_{21}\mathbf{J}_{\mathrm{hQ}}^{-1}\mathbf{J}_{\mathrm{hC}}\right]_{\mathrm{mo}}\times \mathbf{G}_{\mathrm{C}}\\[2mm]\dfrac{\partial \mathbf{Q}(\mathbf{C},\mathbf{q})}{\partial \mathbf{q}}=\left[-\mathbf{J}_{\mathrm{Qh}}\mathbf{A}_{12}\left(\mathbf{A}_{21}\mathbf{J}_{\mathrm{hQ}}^{-1}\mathbf{A}_{12}\right)^{-1}\right]_{\mathrm{mo}}\times \mathbf{G}_{\mathrm{q}}\end{cases} \tag{3-42}$$

$$\begin{cases}\mathbf{C}^{k+1}=\mathbf{C}^k+\mathbf{G}_{\mathrm{C}}\times \Delta \mathbf{C}^k\\\mathbf{q}^{k+1}=\mathbf{q}^k+\mathbf{G}_{\mathrm{q}}\times \Delta \mathbf{q}^k\end{cases} \tag{3-43}$$

校核过程就是根据式（3-41）、式（3-42）和式（3-7）计算管道阻力系数调整值$\Delta \mathbf{C}$和节点需水量向量调整值$\Delta \mathbf{q}$，然后根据式（3-43）、式（3-9）和式（3-10）更新下一次迭代的管道阻力系数和节点需水量向量，逐步逼近目标函数的最小值。

3.2.4　计算流程

供水管网阻力系数和节点需水量同时快速校核计算流程如图3-1所示。供水管网阻力系数快速校核计算主要分为9个过程：（1）输入相关参数：压力监测点观测值$\mathbf{H}^0$、流量监测点观测值$\mathbf{Q}^0$、管道阻力系数调整容许误差ε_1、节点需水量调整容许误差ε_2、最大迭代次数$I_{\max}$、管道阻力系数调整范围c、节点需水量调整范围d；（2）初始化模型管道阻力系数和节点需水量；（3）运行管网水力模拟，计算压力监测点和流量监测点的观测值与模拟值残差、流量监测点观测值与模拟值残差；（4）根据式（3-37）、式（3-38）计算管网的雅克比矩阵；（5）计算节点需水量分组矩阵$\mathbf{G}_{\mathrm{q}}$、管道阻力系数分组矩阵$\mathbf{G}_{\mathrm{C}}$；（6）根据式（3-41）、式（3-42）和式（3-7）计算模型参数修正值$\Delta \mathbf{C}^k$、$\Delta \mathbf{q}^k$；（7）判断参数修正值是否在设定的误差范围内，即$\left\|\Delta \mathbf{C}^k\right\|_2<\varepsilon_1$且$\left\|\Delta \mathbf{q}^k\right\|_2<\varepsilon_2$，若满足条件或者迭代次数达到设定值，则停止迭代，输出最终计算结果；若不满足要求，则进入下个过程；（8）根据式（3-43）、式（3-9）和式（3-10）计算下一次迭代

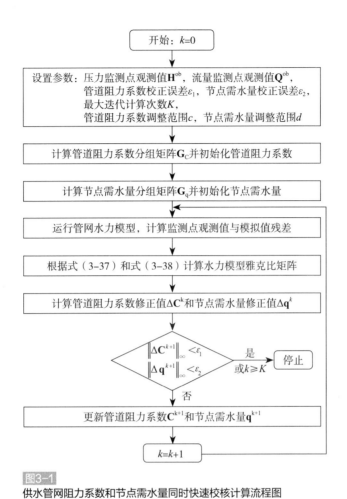

图3-1
供水管网阻力系数和节点需水量同时快速校核计算流程图

时的管道阻力系数$\mathbf{C}^{k+1}$及节点需水量$\mathbf{q}^{k+1}$；（9）将计算得到的管道阻力系数$\mathbf{C}^{k+1}$及节点需水量$\mathbf{q}^{k+1}$赋予模型中对应的管道及节点，更新管网模型，然后跳转至过程（3）。过程（3）～（9）重复执行，直至满足终止条件。

3.2.5　简单算例

这里使用一个简单的供水管网模型来演示管道阻力系数和节点需水量同时快速校核的计算过程，管网模型拓扑结构如图3-2所示。该示例管网模型由5个需水量节点、6根管道和1个水库组成，为了计算简便，假设所有节点的高程为0，水库水位为24m，管道长度、管径参数见图3-2。图3-2（a）中节点需水量和管道阻力系数假定为真实值，节点J3和J4为压力监测点，观测值分别为23m和23.2m；管道P_1为流量监测点，观测值为74L/s。图3-2（b）中的节点需水量和管道阻力系数为初始分配值，需要利用监测点的观测值对其进行校核，具体的校核计算过程如下所示。

（1）设置相关的校核参数：压力监测点观测值$\mathbf{H}^{ob}=\left[H_3^{ob},H_4^{ob}\right]^{T}=\left[23.0,23.2\right]^{T}$；流量监测

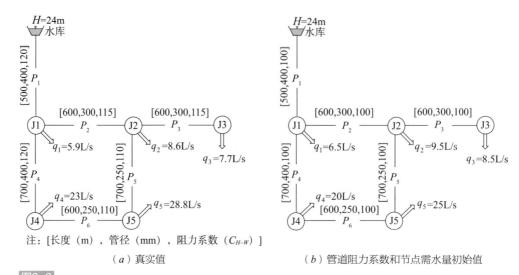

注：[长度（m），管径（mm），阻力系数（C_{H-W}）]

（a）真实值   （b）管道阻力系数和节点需水量初始值

图3-2
示例管网拓扑结构图

点观测值 $\mathbf{Q}^{ob} = \left[Q_1^{ob} \right]^T = [74.0]^T$；管道阻力系数校正误差 $\varepsilon_1=0.1$；节点需水量校正误差 $\varepsilon_2=0.1$；最大迭代计算次数 $K=20$；管道阻力系数调整范围 $c=20\%$；节点需水量调整范围 $d=15\%$。

（2）管道阻力系数分组及初始化。所有管道假定具有相同的材质和管龄，所有管道的阻力系数（海森–威廉值）初始化为100。基于管道直径，将管道划分为3组：$G_C^1=\{P1,P4\}$，$G_C^2=\{P2,P3\}$ 和 $G_C^3=\{P5,P6\}$。根据式（3-39），管道阻力系数分组矩阵为：

$$\mathbf{G}_c = \begin{bmatrix} 1 & 0 & 0 & 1 & 0 & 0 \\ 0 & 1 & 1 & 0 & 0 & 0 \\ 0 & 0 & 0 & 0 & 1 & 1 \end{bmatrix}^T \tag{3-44}$$

（3）节点需水量分组及初始化。节点需水量初始值分配如图3-2（b）所示，基于用水性质，将节点需水量划分为两组：$G_q^1=\{J1,J2,J3\}$，$G_q^2=\{J4,J5\}$。基于初始分配的节点需水量，根据式（3-40），需水量分组矩阵为

$$\mathbf{G}_q = \begin{bmatrix} 0.265 & 0.388 & 0.347 & 0 & 0 \\ 0 & 0 & 0 & 0.444 & 0.556 \end{bmatrix}^T \tag{3-45}$$

（4）将初始节点需水量和管道阻力系数设置到管网水力模型，运行模型进行水力计算，计算监测点观测值与模拟值残差。初始迭代（$k=0$）时，节点J1，…，J5的压力计算值分别为[23.3, 22.8 22.7, 23.1, 22.6]（m），节点需水量分别为[6.5, 9.5, 8.5, 20.0, 25.0]（L/s）；管道 P_1，…，P_6 的流量计算值分别为[69.5, 27.2, 8.5, 35.9, 9.2, 15.9]（L/s），管道沿程水头损失计算值分别为[0.66 0.56 0.07 0.27 0.21 0.50]（m）。因此，压力和流量监测点处的模拟值分别为 $\mathbf{H}\left(\mathbf{C}^{k=0}, \mathbf{q}^{k=0}\right) = [22.7, 23.1]^T$、$\mathbf{Q}\left(\mathbf{C}^{k=0}, \mathbf{q}^{k=0}\right) = [69.50]^T$。压力监测点和流量监测点的观测值与模拟

值残差计算为 $\mathbf{H}^{ob} - \mathbf{H}\left(\mathbf{C}^{k=0}, \mathbf{q}^{k=0}\right) = [0.3, 0.1]^{T}$ 和 $\mathbf{Q}^{ob} - \mathbf{Q}\left(\mathbf{C}^{k=0}, \mathbf{q}^{k=0}\right) = [4.5]^{T}$。

（5）计算水力模型雅克比矩阵。首先计算式（3-37）、式（3-38）中的对角矩阵 $\mathbf{J}_{hC}$、$\mathbf{J}_{QC}$ 和 $\mathbf{J}_{Qh}$。以 $\mathbf{J}_{hC}$ 第一个元素 $\mathbf{J}_{hC}(1,1)$ 为例，计算过程为

$$\mathbf{J}_{hC}(1,1) = -1.852 h_1 / C_1 = -1.852 \times 0.66 / 100 = -0.012$$

类似，$\mathbf{J}_{hC}$、$\mathbf{J}_{QC}$ 和 $\mathbf{J}_{Qh}$ 的计算值分别为

$$\mathbf{J}_{hC} = -10^{-2} \times \mathrm{diag}\left([1.21, 1.04, 0.12, 0.50, 0.39, 0.93]\right)$$

$$\mathbf{J}_{QC} = 10^{-1} \times \mathrm{diag}\left([6.95, 2.72, 0.85, 3.59, 0.92, 1.59]\right)$$

$$\mathbf{J}_{Qh} = \mathrm{diag}\left([57.23, 26.16, 70.37, 71.85, 23.31, 17.02]\right); \quad \mathbf{J}_{Qh} = \mathbf{J}_{hQ}^{-1}$$

水力模型节点与管道之间的拓扑结构关联矩阵 $\mathbf{A}_{21}$ 为

$$\mathbf{A}_{21} = \begin{bmatrix} 1 & -1 & 0 & -1 & 0 & 0 \\ 0 & 1 & -1 & 0 & -1 & 0 \\ 0 & 0 & 1 & 0 & 0 & 0 \\ 0 & 0 & 0 & 1 & 0 & -1 \\ 0 & 0 & 0 & 0 & 1 & 1 \end{bmatrix}$$

其次，基于 $\mathbf{A}_{21}$、$\mathbf{J}_{hC}$、$\mathbf{J}_{QC}$、$\mathbf{J}_{Qh}$，公式（3-37）、公式（3-38）中 $\left(\mathbf{A}_{21}\mathbf{J}_{hQ}^{-1}\mathbf{A}_{12}\right)^{-1}\mathbf{A}_{21}\mathbf{J}_{hQ}^{-1}\mathbf{J}_{hC}$、$\left(\mathbf{A}_{21}\mathbf{J}_{hQ}^{-1}\mathbf{A}_{12}\right)^{-1}$、$\mathbf{J}_{QC} + \mathbf{J}_{Qh}\mathbf{A}_{12}\left(\mathbf{A}_{21}\mathbf{J}_{hQ}^{-1}\mathbf{A}_{12}\right)^{-1}\mathbf{A}_{21}\mathbf{J}_{hQ}^{-1}\mathbf{J}_{hC}$ 和 $\mathbf{J}_{Qh}\mathbf{A}_{12}\left(\mathbf{A}_{21}\mathbf{J}_{hQ}^{-1}\mathbf{A}_{12}\right)^{-1}$ 计算如下：

$$\left(\mathbf{A}_{21}\mathbf{J}_{hQ}^{-1}\mathbf{A}_{12}\right)^{-1}\mathbf{A}_{21}\mathbf{J}_{hQ}^{-1}\mathbf{J}_{hC} = -10^{-2} \times \begin{bmatrix} 1.21 & 0 & 0 & 0 & 0 & 0 \\ 1.21 & 0.78 & 0 & 0.12 & -0.10 & 0.23 \\ 1.21 & 0.78 & 0.12 & 0.12 & -0.10 & 0.23 \\ 1.21 & 0.09 & 0 & 0.45 & 0.04 & -0.08 \\ 1.21 & 0.49 & 0 & 0.26 & 0.19 & 0.49 \end{bmatrix}$$

$$\left(\mathbf{A}_{21}\mathbf{J}_{hQ}^{-1}\mathbf{A}_{12}\right)^{-1} = 10^{-2} \times \begin{bmatrix} 1.75 & 1.75 & 1.75 & 1.75 & 1.75 \\ 1.75 & 4.62 & 4.62 & 2.09 & 3.55 \\ 1.75 & 4.62 & 6.04 & 2.09 & 3.55 \\ 1.75 & 2.09 & 2.09 & 3.01 & 2.48 \\ 1.75 & 3.55 & 3.55 & 2.48 & 5.58 \end{bmatrix}$$

$$\mathbf{J}_{QC} + \mathbf{J}_{Qh}\mathbf{A}_{12}\left(\mathbf{A}_{21}\mathbf{J}_{hQ}^{-1}\mathbf{A}_{12}\right)^{-1}\mathbf{A}_{21}\mathbf{J}_{hQ}^{-1}\mathbf{J}_{hC} = 10^{-2} \times \begin{bmatrix} 0 & 0 & 0 & 0 & 0 & 0 \\ 0 & 6.75 & 0 & -3.24 & 2.55 & -6.05 \\ 0 & 0 & 0 & 0 & 0 & 0 \\ 0 & -6.75 & 0 & 3.24 & -2.55 & 6.05 \\ 0 & 6.75 & 0 & -3.24 & 2.55 & -6.05 \\ 0 & -6.75 & 0 & 3.24 & -2.55 & 6.05 \end{bmatrix}$$

$$\mathbf{J}_{Qh}\mathbf{A}_{12}\left(\mathbf{A}_{21}\mathbf{J}_{hQ}^{-1}\mathbf{A}_{12}\right)^{-1}=\begin{bmatrix}1 & 1 & 1 & 1 & 1\\0 & 0.75 & 0.75 & 0.09 & 0.47\\0 & 0 & 1 & 0 & 0\\0 & 0.25 & 0.25 & 0.91 & 0.53\\0 & -0.25 & -0.25 & 0.09 & 0.47\\0 & 0.25 & 0.25 & -0.09 & 0.53\end{bmatrix}$$

最后，基于式（3-37）、式（3-38），得到水力模型雅克比矩阵为

$$\frac{\partial\mathbf{H}\left(\mathbf{C}^{k=0},\mathbf{q}^{k=0}\right)}{\partial\mathbf{C}}=10^{-2}\times\begin{bmatrix}1.21 & 0.78 & 0.12 & 0.12 & -0.10 & 0.23\\1.21 & 0.09 & 0 & 0.45 & 0.04 & -0.08\end{bmatrix}\cdot\mathbf{G}_C=\begin{bmatrix}0.013 & 0.009 & 0.001\\0.017 & 0.001 & -0.001\end{bmatrix}$$

$$\frac{\partial\mathbf{H}\left(\mathbf{C}^{k=0},\mathbf{q}^{k=0}\right)}{\partial\mathbf{q}}=10^{-2}\times\begin{bmatrix}1.75 & 4.62 & 6.04 & 2.09 & 3.55\\1.75 & 2.09 & 2.09 & 3.01 & 2.48\end{bmatrix}\cdot\mathbf{G}_q=\begin{bmatrix}0.044 & 0.029\\0.020 & 0.027\end{bmatrix}$$

$$\frac{\partial\mathbf{Q}\left(\mathbf{C}^{k=0},\mathbf{q}^{k=0}\right)}{\partial\mathbf{C}}=10^{-2}\times\begin{bmatrix}0 & 0 & 0 & 0 & 0 & 0\end{bmatrix}\cdot\mathbf{G}_C=\begin{bmatrix}0 & 0 & 0\end{bmatrix}$$

$$\frac{\partial\mathbf{Q}\left(\mathbf{C}^{k=0},\mathbf{q}^{k=0}\right)}{\partial\mathbf{q}}=\begin{bmatrix}-1 & -1 & -1 & -1 & -1 & -1\end{bmatrix}\cdot\mathbf{G}_q=\begin{bmatrix}-1 & -1\end{bmatrix}$$

（6）计算管道阻力系数修正值$\Delta\mathbf{C}^k$和节点需水量修正值$\Delta\mathbf{q}^k$。式（3-1）中权重矩阵对角元素计算为$W(1,1)=\left(1/H_3^{ob}\right)^2=1.89\times10^{-3}$，$W(2,2)=\left(1/H_4^{ob}\right)^2=1.85\times10^{-3}$，$W(3,3)=\left(1/Q_1^{ob}\right)^2=1.83\times10^{-4}$。因此，得到权重矩阵

$$\mathbf{W}=\mathrm{diag}\left(\begin{bmatrix}1.89\times10^{-3},1.85\times10^{-3},1.83\times10^{-4}\end{bmatrix}\right)$$

根据式（3-7），$\Delta\mathbf{C}^k$和$\Delta\mathbf{q}^k$计算值为

$$\Delta\mathbf{C}^{k=0}=\left(\mathbf{B}_1^{-1}\mathbf{D}_1-\mathbf{B}_2^{-1}\mathbf{D}_2\right)^{-1}\left(\mathbf{B}_1^{-1}\mathbf{X}-\mathbf{B}_2^{-1}\mathbf{Y}\right)=\begin{bmatrix}17.78\\6.88\\0.72\end{bmatrix}$$

$$\Delta\mathbf{q}^{k=0}=\left(\mathbf{A}_1^{-1}\mathbf{D}_1-\mathbf{A}_2^{-1}\mathbf{D}_2\right)^{-1}\left(\mathbf{A}_1^{-1}\mathbf{X}-\mathbf{A}_2^{-1}\mathbf{Y}\right)=\begin{bmatrix}-2.25\\-2.25\end{bmatrix}$$

由于$\left\|\Delta\mathbf{C}^{k=0}\right\|_\infty=17.78>\varepsilon_1$、$\left\|\Delta\mathbf{q}^{k=0}\right\|_\infty=2.25>\varepsilon_2$或$k=0<K$，未满足终止条件，因此，需要进行下一次迭代，更新参数$k=k+1$。

（7）更新下一次迭代的管道阻力系数$\mathbf{C}^{k=1}$和节点需水量$\mathbf{q}^{k=1}$，即

$$\mathbf{C}^{k=1}=\mathbf{C}^{k=0}+\mathbf{G}_c\times\Delta\mathbf{C}^{k=0}=\begin{bmatrix}118,107,107,118,101,101\end{bmatrix}^{\mathrm{T}}$$

$$\mathbf{q}^{k=1}=\mathbf{q}^{k=0}+\mathbf{G}_q\times\left(-\Delta\mathbf{q}^{k=0}\right)=\begin{bmatrix}7.1,10.4,9.3,21.0,26.3\end{bmatrix}^{\mathrm{T}}$$

检查$\mathbf{C}^{k=1}$和$\mathbf{q}^{k=1}$是否在允许调整范围内，若超出范围，需根据公式（3-9）、公式（3-10）

进行调整，调整后的$\mathbf{C}^{k=1}$和$\mathbf{q}^{k=1}$为

$$\mathbf{C}^{k=1} = [118,107,107,118,101,101]^\mathrm{T}; \quad \mathbf{q}^{k=1} = [7.1,10.4,9.3,21.0,26.3]^\mathrm{T}$$

（8）重复过程（4）~（7），直至满足迭代终止条件。本示例经过6次迭代之后满足终止条件，节点需水量和管道阻力系数校正值与真实值对比如表3-1、表3-2所示。

节点需水量真实值与校正值对比 表3-1

节点ID	节点需水量（L/s）			节点压力（m）		
	真实值	校正值	相对误差(%)	真实值	模拟值	绝对误差
J1	5.9	6.9	16.94	23.5	23.4	−0.1
J2	8.6	10.1	17.44	23.0	23.0	0
J3	7.7	9.0	16.88	23.0	23.0	0
J4	23.0	21.3	−7.39	23.2	23.2	0
J5	28.8	26.6	−7.64	22.8	22.7	−0.1

管道阻力系数真实值与校正值对比 表3-2

管道ID	海森-威廉系数			管道流量（L/s）		
	真实值	校正值	相对误差（%）	真实值	模拟值	相对误差（%）
P1	120	114	−5.00	74.0	74.0	0
P2	115	120	4.35	27.9	29.1	4.30
P3	115	120	4.35	7.7	9.0	16.88
P4	120	114	−5.00	40.2	38.0	−5.47
P5	110	118	7.27	11.6	9.9	−14.66
P6	110	118	7.27	17.2	16.7	−2.91

如表3-1、表3-2所示，监测点（J3、J4和P1）处节点压力和管道流量的模拟值与实际值吻合很好，其余节点的压力和管道流量计算值与实际值吻合较好，压力最大绝对误差为0.1m，流量最大相对误差为16.88%。节点需水量校正值和真实值吻合较好，平均相对误差为13.58%，最大相对误差为16.88%；管道阻力系数真实值也校正值模拟很好，平均相对误差为5.54%，最大相对误差为7.27%。这表明所提出的方法能够以可接受的精度有效地同时校准管道阻力系数和节点需水量。

3.3　节点需水量在线校核

由于管道阻力系数仅与管道特性有关，短期内阻力系数变化不大，可以视为固定值。上一节选取用水高峰时段对管道阻力系数和节点需水量同时进行校核，管道阻力系数校正之后，可以认为短期内阻力系数固定不变，每个时刻需水量变化较大，因此，需要考虑每个时刻节点需水量的快速校核，以满足管网在线优化调度、漏损监控等应用中水力模型精度的要求。

节点需水量校核的目标函数与供水管网阻力系数校核的目标函数类似，只是假定管道阻力系数为常数，因此目标函数式（3-1）修改为：

$$
\begin{aligned}
\min \quad f(\mathbf{q}) &= \sum_{i=1}^{NH} w_{\mathrm{H}}^{i} \left[H_{i}^{\mathrm{ob}} - H_{i}(\mathbf{q}) \right]^{2} + \sum_{j=1}^{NF} w_{\mathrm{q}}^{i} \left[Q_{j}^{\mathrm{ob}} - Q_{j}(\mathbf{q}) \right]^{2} \\
&= \begin{bmatrix} \mathbf{H}^{\mathrm{ob}} - \mathbf{H}(\mathbf{q}) \\ \mathbf{Q}^{\mathrm{ob}} - \mathbf{Q}(\mathbf{q}) \end{bmatrix}^{\mathrm{T}} \mathbf{W} \begin{bmatrix} \mathbf{H}^{\mathrm{ob}} - \mathbf{H}(\mathbf{q}) \\ \mathbf{Q}^{\mathrm{ob}} - \mathbf{Q}(\mathbf{q}) \end{bmatrix}
\end{aligned}
\tag{3-46}
$$

式中　　　　$\mathbf{q}$——节点需水量向量；

NH、NF——压力监测点、流量监测点的数量；

w_{H}^{i}、w_{q}^{j}——压力监测点i和流量监测点j的权重系数；

H_{i}^{ob}、$H_{i}(\mathbf{q})$——压力监测点i的观测值、模拟值；

Q_{j}^{ob}、$Q_{j}(\mathbf{q})$——流量监测点j的观测值、模拟值；

$\mathbf{H}^{\mathrm{ob}}$、$\mathbf{H}(\mathbf{q})$——压力监测点观测值向量、模拟值向量；

$\mathbf{Q}^{\mathrm{ob}}$、$\mathbf{Q}(\mathbf{q})$——流量监测点观测值向量、模拟值向量；

$\mathbf{W}$——权重系数矩阵。

$\mathbf{H}(\mathbf{q})$和$\mathbf{Q}(\mathbf{q})$的一阶泰勒展开近似表示为：

$$
\begin{cases}
\mathbf{H}(\mathbf{q} + \Delta \mathbf{q}) \approx \mathbf{H}(\mathbf{q}) + \dfrac{\partial \mathbf{H}(\mathbf{q})}{\partial \mathbf{q}} \Delta \mathbf{q} \\[2mm]
\mathbf{Q}(\mathbf{q} + \Delta \mathbf{q}) \approx \mathbf{Q}(\mathbf{q}) + \dfrac{\partial \mathbf{Q}(\mathbf{q})}{\partial \mathbf{q}} \Delta \mathbf{q}
\end{cases}
\tag{3-47}
$$

结合式（3-47），目标函数式（3-46）一阶泰勒近似展开为：

$$
f(\mathbf{q} + \Delta \mathbf{q}) \approx \begin{bmatrix} \mathbf{H}^{\mathrm{ob}} - \mathbf{H}(\mathbf{q}) - \dfrac{\partial \mathbf{H}(\mathbf{q})}{\partial \mathbf{q}} \Delta \mathbf{q} \\[2mm] \mathbf{Q}^{\mathrm{ob}} - \mathbf{Q}(\mathbf{q}) - \dfrac{\partial \mathbf{Q}(\mathbf{q})}{\partial \mathbf{q}} \Delta \mathbf{q} \end{bmatrix}^{\mathrm{T}} \mathbf{W} \begin{bmatrix} \mathbf{H}^{\mathrm{ob}} - \mathbf{H}(\mathbf{q}) - \dfrac{\partial \mathbf{H}(\mathbf{q})}{\partial \mathbf{q}} \Delta \mathbf{q} \\[2mm] \mathbf{Q}^{\mathrm{ob}} - \mathbf{Q}(\mathbf{q}) - \dfrac{\partial \mathbf{Q}(\mathbf{q})}{\partial \mathbf{q}} \Delta \mathbf{q} \end{bmatrix}
\tag{3-48}
$$

根据多元函数极值理论，当目标函数式（3-48）取得极小值时，应满足：

$$\frac{\partial f(\mathbf{q}+\Delta\mathbf{q})}{\partial \Delta\mathbf{q}} = -2\begin{bmatrix}\dfrac{\partial \mathbf{H(q)}}{\partial \mathbf{q}}\\[2mm]\dfrac{\partial \mathbf{Q(q)}}{\partial \mathbf{q}}\end{bmatrix}^{\mathrm{T}}\mathbf{W}\begin{bmatrix}\mathbf{H}^{ob}-\mathbf{H(q)}-\dfrac{\partial \mathbf{H(q)}}{\partial \mathbf{q}}\Delta\mathbf{q}\\[2mm]\mathbf{Q}^{ob}-\mathbf{Q(q)}-\dfrac{\partial \mathbf{Q(q)}}{\partial \mathbf{q}}\Delta\mathbf{q}\end{bmatrix}=0 \tag{3-49}$$

求解方程式（3-49）得：

$$\Delta\mathbf{q}=\left(\begin{bmatrix}\dfrac{\partial \mathbf{H(q)}}{\partial \mathbf{q}}\\[2mm]\dfrac{\partial \mathbf{Q(q)}}{\partial \mathbf{q}}\end{bmatrix}^{\mathrm{T}}\mathbf{W}\begin{bmatrix}\dfrac{\partial \mathbf{H(q)}}{\partial \mathbf{q}}\\[2mm]\dfrac{\partial \mathbf{Q(q)}}{\partial \mathbf{q}}\end{bmatrix}\right)^{-1}\begin{bmatrix}\dfrac{\partial \mathbf{H(q)}}{\partial \mathbf{q}}\\[2mm]\dfrac{\partial \mathbf{Q(q)}}{\partial \mathbf{q}}\end{bmatrix}^{\mathrm{T}}\mathbf{W}\begin{bmatrix}\mathbf{H}^{ob}-\mathbf{H(q)}\\[2mm]\mathbf{Q}^{ob}-\mathbf{Q(q)}\end{bmatrix} \tag{3-50}$$

然后，根据$\Delta\mathbf{q}$更新节点需水量，即

$$\mathbf{q}^{k+1}=\mathbf{q}^{k}+\mathbf{G}_{q}\times\Delta\mathbf{q} \tag{3-51}$$

$$q_{j}^{k+1}=\begin{cases}q_{j}^{\min},若q_{i}^{k+1}<q_{j}^{\min}\\q_{j}^{\max},若q_{j}^{k+1}>q_{j}^{\max}\\q_{j}^{k+1},其他\end{cases} \tag{3-52}$$

式中，$\mathbf{G}_q$为节点需水量分组矩阵。根据式（3-51）和式（3-52）可以求得下一次迭代的节点需水量，然后根据$\mathbf{q}^{k+1}$计算相关参数进行迭代，逐步逼近目标函数的最小值，计算流程与图3-1一致（管道阻力系数固定）。需要注意，方程组（3-50）中涉及矩阵的求逆运算，当矩阵不可逆时，需要求解该矩阵的广义逆矩阵，广义逆矩阵的相关理论请参考相关文献（Golub和Reinsch，1971）。

3.4 实际工程应用

第3.2.4节给出了一个简单的算例演示管网阻力系数和节点需水量同时快速校核的计算过程。节点需水量实时校核与阻力系数校核计算过程类似，因此，本节不使用简单算例进行演示，只使用一个实际供水管网模型来评估管道阻力系数快速校核和节点需水量实时校核方法。管网模型拓扑结构如图3-3所示。该系统为65000人每天提供大约15万t的饮用水，服务面积超过700km²，对应的管网模型包含2189个需水节点和2416根管道，模型现有30个压力监测点和24个流量监测点，除此之外，还有16个临时测压点，用于模拟校核精度验证。

节点需水量实时校核之前，需要定期（每季度或每年）校正管网阻力系数，在保证管道阻力系数准确的情况下，能够提高节点需水量实时校正的准确度。因此，本案例首先使用第3.2节中提出的方法进行管道阻力系数校核，然后，再使用本节提出的方法进行节点需水量校核。

（1）管道阻力系数校核。首先，对管道阻力系数进行分组，每组中所有的管道具有相同的阻力系数，校核过程中，每组中所有管道同时增加相同的调整值。本案例根据管道特征（管材、管龄、管径）将所有管道分为25组，管道阻力系数初始值如表3-3所示，管道阻力系数调

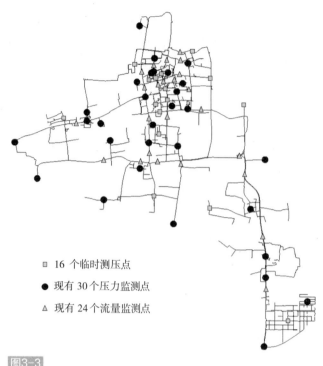

　□　16 个临时测压点

　●　现有 30 个压力监测点

　△　现有 24 个流量监测点

图3-3
实际配水管网模型拓扑结构图

整范围如表3-4所示。由于本案例管网所在城市用水高峰为上午9：00，因此，选取9：00时刻的高峰用水时段校核管道阻力系数，对应时刻的监测点压力/流量观测值如表3-5、表3-6所示。本案例管网需水量节点根据用户用水特性及相对位置分为30组，每组中所有节点都具有相同的用水量变化特征，每个节点需水量取值范围为该节点初始需水量的85% ~ 125%。

　　本章节计算使用的处理器参数为：3.00-GHz Intel Core i7，16G内存，16核32线程CPU，管道阻力系数调整误差ε_1=0.1、节点需水量调整误差ε_2=0.01、最大迭代次数I_{max}=50。经过17次迭代计算后，得出管道阻力系数的校正结果，如表3-7所示，整个计算过程耗时19.94s。监测点残差无穷范数（监测点观测值与模拟值残差绝对值的最大值）与迭代次数的变化曲线如图3-4所示。

管道阻力系数初始值

表3-3

管材		管径DN（mm）						
		<25	25 ~ 100	100 ~ 200	200 ~ 300	300 ~ 600	600 ~ 1200	>1200
铸铁管	1970 ~ 1979		69	75	82			
	1980 ~ 1989		82	85	93	101	105	107
	1990 ~ 1999		99	105	112	115	118	120
	2000 ~ 2013		120	125	128	130	132	134

续表

管材		管径DN（mm）						
		<25	25~100	100~200	200~300	300~600	600~1200	>1200
钢管	1950~1999	95	95	95	95	95	95	95
	2000~2013	105	105	105	105	105	105	105
塑料			135	135	135	135	135	135
石棉				145	145	145	145	145

管道阻力系数调整范围　　　　表3-4

管材		管径DN（mm）						
		<25	25~100	100~200	200~300	300~600	600~1200	>1200
铸铁管	1970~1979		60~80	65~85	70~90			
	1980~1989		70~90	75~95	80~100	85~105	95~115	100~120
	1990~1999		90~110	95~115	100~120	105~125	110~130	110~130
	2000~2013		110~130	115~135	115~135	120~140	120~140	125~145
钢管	1950~1999	85~105	85~105	85~105	85~105	85~105	85~105	85~105
	2000~2013	95~115	95~115	95~115	95~115	95~115	95~115	95~115
塑料		130~150	130~150	130~150	130~150	130~150	130~150	130~150
石棉			135~155	135~155	135~155	135~155	135~155	135~155

监测点压力观测值（m）　　　　表3-5

编号	观测值	编号	观测值	编号	观测值	编号	观测值
26207	20.24	38447	26.59	36891	25.57	26141	25.33
28592	25.26	3798	24.64	39022	25.89	32669	25.17
23697	24.97	33463	26.02	22618	26.72	29582	24.74
36484	24.58	27788	25.39	36830	26.48	48218	25.74
37752	25.15	42925	24.66	48403	30.39	38901	26.04
45004	25.50	45576	26.21	28530	25.38	23859	28.55
25363	26.28	32136	22.03	36857	25.79		
25306	27.41	32178	24.03	36120	25.95		

监测点流量观测值（m） 表3-6

编号	观测值	编号	观测值	编号	观测值	编号	观测值
156042	127.97	158137	7.71	158618	12.97	159158	291.66
156065	45.36	158140	89.02	159035	15.02	159161	753.6
156710	−26.18	158152	−158.69	159105	−200.08	159163	6.21
157779	72.18	158330	146.13	159117	1186.59	159172	7.55
157990	1046.19	158516	−111.7	159135	15.34	159181	6.63
158000	86.27	158600	−0.92	159154	55.28	159187	533.59

管道阻力系数校正值 表3-7

管材		管径DN（mm）						
		<25	25~100	100~200	200~300	300~600	600~1200	>1200
铸铁管	1970~1979		72	65	70			
	1980~1989		80	85	90	85	100	105
	1990~1999		100	105	110	115	120	128
	2000~2013		123	125	125	130	130	135
钢管	1950~1999	98	98	98	98	98	98	98
	2000~2013	112	112	112	112	112	112	112
塑料		141	141	141	141	141	141	141
石棉				139	139	139	139	139

图3-4（a）为压力监测点残差无穷范数与迭代次数之间的关系，图3-4（b）为流量监测点残差无穷范数与迭代次数之间的关系。从图中可以看出，经过一次迭代之后，模型误差迅速降低，后面的几次迭代是为了更好的逼近最优解。

（2）节点需水量实时校核。管道阻力系数校正准确之后，便可以对管网模型节点需水量进行校核，校正之后的模型可以进行在线应用，例如：管网运行状态评估、泵站/阀门在线实时调度、爆管/漏损定位。节点需水量校核具体实施过程如下：

1）节点需水量分组，本案例将管网需水量节点分为30组，每组中所有节点都具有相同的用水量变化特征，每个节点需水量取值范围为该节点初始需水量的85%~125%。

2）设置节点需水量调整误差ε=0.01、最大迭代次数I_{max}=50。

3）从SCADA系统中获取当前时刻压力监测点观测值和流量监测点观测值。

4）选择合适的需水量分配方法初始化节点需水量。根据本案例管网的特点及基础设施情况，先将单独计量的大用户和居民用水量根据点分布原则分配到对应的节点，然后，剩余水量

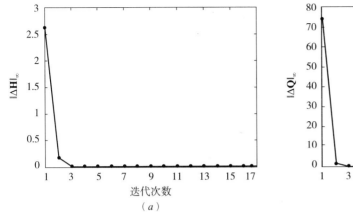
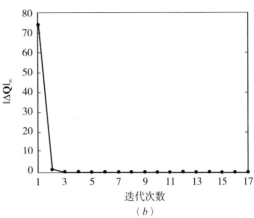

图3-4
监测点残差无穷范数与迭代次数之间的关系

（包括未单独计量居民用水量和漏损量）根据面分布原则按管线长度分配到对应的节点。

5）使用本节提出的节点需水量校核方法进行计算，并保存当前时刻计算结果。使用管道阻力系数校核相同的处理器进行计算，平均经过11次迭代计算后，便可得出节点需水量的校正结果，计算平均耗时10.53s。

相应地点压力现场监测值与模型模拟值对比　　表3-8

序号	仪器号	管径	观测值与计算值误差(m)
1	044	DN400	0.47
2	020	DN300	−0.48
3	008	DN600	−0.34
4	041	DN600	0.38
5	043	DN300	−0.73
6	044	DN300	−0.57
7	028	DN300	−0.07
8	036	DN300	−0.03
9	037	DN150	−0.08
10	007	DN300	0.80
11	021	DN600	0.96
12	006	DN200	1.06
13	045	DN200	1.40
14	004	DN300	0.45
15	030	DN300	0.01
16	042	DN300	1.02

　　为了验证本章提出的快速校核方法的可行性，在当前时刻，在管网中另选取16个地点（压力监测点除外）进行现场测试压力（图3-3）。压力计均安装在消火栓出口处，相应位置压力观测值与模型计算值对比如表3-8所示。

　　从表3-8可知，在额外选取的16个压力测试点处，压力现场观测值与模型模拟值之间误差较小，都在模型规定的误差精度范围内（±2m）。另外，需要注意误差与许多因素有关，例如：模型拓扑结构、节点需水量分组。管网水力模型只是对实际供水管网系统的一种近似数学模拟，产生误差在所难免。可以通过检查管网拓扑结构、增加用户远传水表数量、检查并修复管网中已有漏损等措施，结合本章提出的快速校核方法进一步提高水力模型精度，使模型更好地为供水企业服务，在节约能源、降低产销差的同时，提高了供水的服务水平。

3.5　本章小结

　　本章研究了供水管网水力模型管道阻力系数和节点需水量的快速校核。目的是克服传统遗传算法校核存在的不足，提高管网水力模型校核的速度，满足管网压力优化分区、漏损区域识别和泵站/阀门实时调度的精度要求。本章研究内容总结如下：

　　（1）提出了一种管网模型管道阻力系数和节点需水量同时快速校核方法。该方法基于全局梯度算法推导供水管网雅克比矩阵，然后计算节点需水量分组矩阵和管道阻力系数分组矩阵，最后对目标函数进行迭代求解，满足目标函数最小化，得出管道阻力系数的校正值。

　　（2）提出了一种管网节点需水量实时校核方法。该方法与管道阻力系数校核方法类似，将校正后的阻力系数作为已知量，只调节每个时刻的节点需水量，实现管网水力模型的实时模拟。

　　使用实际供水管网对管道阻力系数快速校核和节点需水量实时校核方法进行了评估，计算结果表明，经过有限迭代次数之后，算法迅速收敛到目标函数最小值。另外，在管网中另选取16个地点（压力监测点除外）在对应时刻进行现场测试压力，对比结果表明：压力现场观测值与模型模拟值之间误差较小，均在模型规定的误差精度范围内（±2m）。本案例整个计算耗时仅仅几十秒，与传统的遗传算法校核相比（计算时间需要几小时甚至几天），本章提出的快速校核方法能够满足模型在线实时应用的要求。

第4章

基于机器学习的漏损区域定位技术

4.1　引言

供水管网漏损除了造成水资源的严重浪费，还会引发其他的问题，如影响饮用水的正常供应、造成管道周围土质疏松、地面坍塌、破坏建筑物等问题。由此可见，进行管网漏损控制尤为重要，而其重点则在于及时、准确地定位管网漏损区域（叶健，2015）。以前面章节为基础（供水管网水力模型在线校核技术），本章侧重于研究供水管网漏损区域定位的关键技术。

管网中漏点数量与单个漏点漏损量之间的关系主要分为两类：（1）管网中存在大量的漏点，单个漏点漏损量很小，这部分漏损称为背景漏损。考虑到社会和环境成本，检测和修复这些漏损将不再经济，需要采取压力控制来降低漏损量，即，对供水管网进行压力分区，然后在分区边界管线上安装减压阀，对每个分区实行压力管理。（2）管网中存在少量的漏点，单个漏点漏损量较大，这部分漏损主要由爆管或较大漏损异常事件引起，需要对这些漏点进行主动检测并及时修复。有很多方法可以用于漏损的检测，包括音听检漏法和逐步测试法。这两种方法工作量大，十分耗时。其他的检漏方法包括在整个管网或特定区域安装噪声记录仪，从设备维修费用和布置数量来说，该方法检测成本昂贵。为了降低工作量、减少漏损检测成本，需要更为高效的漏损检测方法来识别可能的漏损区域。本章节主要介绍该类漏损检测方法。

漏损事故报警之后，为了尽快对漏损区域进行定位，本章提出了一种基于多类别支持向量机（M-SVMs）的漏损区域定位技术。该技术主要分为4个过程：（1）使用K-means算法对管网节点进行聚类，将管网划分为K个漏损区域，每个漏损区域编号作为M-SVMs的类别标签；（2）使用蒙特卡洛方法随机生成漏损事件，结合水力模型分析，将漏损事件计算结果作为训练样本；（3）基于生成的训练样本，训练M-SVMs，确定其相关参数，建立漏损区域识别模型；（4）当供水系统中发生漏损/爆管时，将压力监测点现场观测数据输入到训练好的M-SVMs中，识别可能的漏损区域。

4.2　管网节点聚类

多类别支持向量机（M-SVMs）的计算效率和分类准确度与样本类别的数量有关。假设管网节点数量为N，样本的类别数量等于管网节点的数量N，M-SVMs计算方法采用一对一法（one-versus-one，简称1-v-1 SVMs），因此N个类别的样本就需要设计$N(N-1)/2$个SVM。随着管网规模的增加，即节点数N的增加，M-SVMs的计算效率和分类准确度将大大降低。因此，为了提高M-SVMs的计算速度和分类准确性，需要降低样本类别的数量，即将特征相似的节点聚为一类。这里采用的是K-means聚类算法（Bui等，1996），它将具有N个类别的样本聚类为具有K（$K<N$）个类别的样本。管网节点聚类过程如图4-1所示。

假设管网模型节点总数为m，压力监测点总数为n，管网节点聚类分为5个步骤：（1）运行

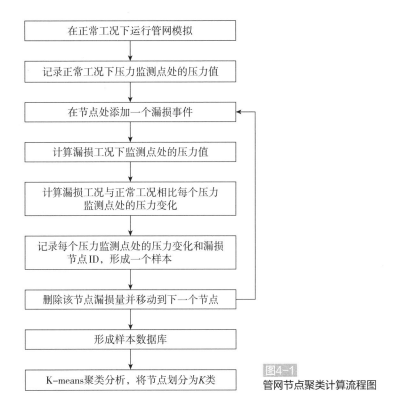

图4-1
管网节点聚类计算流程图

水力模拟，计算正常工况下压力监测点处的压力$P^0=\{P_1^0, P_2^0, \cdots, P_n^0\}$，$P_j^0$表示正常工况下压力监测点$j$处的压力；（2）在节点$i$处设置新增需水量以模拟漏损事件，节点漏损量设定有两种方法：一种是直接在节点处添加漏损流量，另一种是在节点处设置喷射系数，利用公式$q=\alpha H^\beta$（q为节点漏损流量，H为节点压力，α为喷射系数，β为压力指数）计算节点漏损流量。然后，运行水力模拟，计算存在漏损时监测点处的压力$P^L=\{P_{i1}^L, P_{i2}^L, \cdots, P_{in}^L\}$，$P_{ij}^L$表示节点$i$存在漏损的工况下压力监测点$j$处的压力；（3）对于每个漏损事件，分别计算监测点处压力的变化值$\Delta P_i=\{P_{i1}^L-P_1^0, P_{i2}^L-P_2^0, \cdots, P_{in}^L-P_n^0\}$，$\Delta P_i$中的元素$\Delta P_{ij}=P_{ij}^L-P_j^0$表示与正常工况相比，节点$i$处存在漏损时，压力监测点$j$处的压力变化。本研究定义$S_i=\{\Delta P_i \cup i\}$为节点$i$的一个样本；（4）删除节点$i$的新增漏损量，并移动到下一个节点，重复步骤（2）~（3），直到遍历所有节点。最终，得到样本数据库：

$$S=\{S_1, S_2, \cdots, S_m\}=\begin{bmatrix} P_{11}^L-P_1^0 & P_{12}^L-P_2^0 & \cdots & P_{1n}^L-P_n^0 & 1 \\ P_{21}^L-P_1^0 & P_{22}^L-P_2^0 & \cdots & P_{2n}^L-P_n^0 & 2 \\ \vdots & \vdots & \ddots & \vdots & \vdots \\ P_{m1}^L-P_1^0 & P_{m2}^L-P_2^0 & \cdots & P_{mn}^L-P_n^0 & m \end{bmatrix} \tag{4-1}$$

（5）最后，利用K-means聚类，将样本数据库S中的前n列数据聚类为K类，即，管网节点就被分为K类。

简单数据库示例   表4-1

压力变化	监测点1	监测点2	监测点3	节点ID
漏损事件1	−0.13	−0.11	−0.12	J−1
漏损事件2	−0.13	−0.14	−0.14	J−2
漏损事件3	−0.08	−0.08	−0.15	J−3
漏损事件4	−0.06	−0.07	−0.13	J−5
漏损事件5	−0.07	−0.07	−0.12	J−4
漏损事件6	−0.04	−0.04	−0.17	J−6
漏损事件7	−0.11	−0.11	−0.04	J−7

使用一个简单的样本数据库（表4-1）来演示节点聚类的计算过程，假设K=2，即，将节点分为2类。K-means聚类计算过程如下：

（1）初始化聚类中心：选取数据库前2个行向量作为聚类中心，即

$\mathbf{m}_1 = \mathbf{x}_1 = (-0.13, -0.11, -0.12)$，$\mathbf{m}_2 = \mathbf{x}_2 = (-0.13, -0.14, -0.14)$

（2）更新样本对应的类标签，即，根据相似度准则，将样本逐个分配到距离其最近的聚类中。首先，计算任意两点之间的距离：

$$d(\mathbf{x}_1, \mathbf{m}_1) = \frac{1}{2}[(-0.13 - (-0.13))^2 + (-0.11 - (-0.11))^2 + (-0.12 - (-0.12))^2] = 0;$$

$$d(\mathbf{x}_1, \mathbf{m}_2) = \frac{1}{2}[(-0.13 - (-0.13))^2 + (-0.11 - (-0.14))^2 + (-0.12 - (-0.14))^2] = 6.5 \times 10^{-4};$$

同理，$d(\mathbf{x}_2, \mathbf{m}_1) = 6.5 \times 10^{-4}$，$d(\mathbf{x}_2, \mathbf{m}_2) = 0$，$d(\mathbf{x}_3, \mathbf{m}_1) = 0.0022$；$d(\mathbf{x}_3, \mathbf{m}_2) = 0.0031$；$d(\mathbf{x}_4, \mathbf{m}_1) = 0.0033$；$d(\mathbf{x}_4, \mathbf{m}_2) = 4.5 \times 10^{-4}$；$d(\mathbf{x}_5, \mathbf{m}_1) = 0.0026$；$d(\mathbf{x}_5, \mathbf{m}_2) = 5.5 \times 10^{-4}$；$d(\mathbf{x}_6, \mathbf{m}_1) = 0.0078$；$d(\mathbf{x}_6, \mathbf{m}_2) = 0.0018$；$d(\mathbf{x}_7, \mathbf{m}_1) = 0.0034$；$d(\mathbf{x}_7, \mathbf{m}_2) = 0.0069$。

然后，将每个样本分配到最近的聚类中心：

$C_1 = \{\mathbf{x}_p : d(\mathbf{x}_p, \mathbf{m}_1) \leq d(\mathbf{x}_p, \mathbf{m}_j) \forall_j, 1 \leq j \leq 2\} = \{\mathbf{x}_1, \mathbf{x}_3, \mathbf{x}_7\}$；

$C_2 = \{\mathbf{x}_p : d(\mathbf{x}_p, \mathbf{m}_2) \leq d(\mathbf{x}_p, \mathbf{m}_j) \forall_j, 1 \leq j \leq 2\} = \{\mathbf{x}_2, \mathbf{x}_4, \mathbf{x}_5, \mathbf{x}_6\}$。

（3）更新聚类中心：

$$\mathbf{m}_1 = \frac{1}{3}(\mathbf{x}_1 + \mathbf{x}_3 + \mathbf{x}_7) = (-0.106, -0.10, -0.103);$$

$$\mathbf{m}_2 = \frac{1}{4}(\mathbf{x}_2 + \mathbf{x}_4 + \mathbf{x}_5 + \mathbf{x}_6) = (-0.075, -0.08, -0.14)。$$

（4）重复过程（2）~（3），直到聚类中心不再发生变化。

最后，将样本分为两类：$C_1 = \{\mathbf{x}_1, \mathbf{x}_3, \mathbf{x}_7\}$，$C_2 = \{\mathbf{x}_2, \mathbf{x}_4, \mathbf{x}_5, \mathbf{x}_6\}$，即，管网节点根据相似度准则被分为两类，如表4-2所示。

节点聚类结果　　　　　　　　　　　　　　　　表4-2

节点ID	类别标识
J-1	1
J-2	2
J-3	1
J-4	2
J-5	2
J-6	2
J-7	1

在本章中，每个类中的所有节点当作一个漏损区域，每一个漏损区域被当作M-SVMs中的一个类。管网中的节点经过聚类之后，下一步需要利用蒙特卡洛方法分别在每个漏损区域随机模拟漏损事件生成训练集，监测点压力变化值作为训练数据，区域编号作为类别标签，用于训练M-SVMs，训练好的M-SVMs便可以进行漏损区域的检测。

4.3　训练样本建立

选择训练样本需要考虑三个因素：（1）真实性。所选的训练样本能够真实地反映供水系统的运行规律；（2）均衡性。所选的训练样本应尽可能涵盖供水系统中的所有运行工况；（3）样本规模。训练样本的大小决定了M-SVMs的分类精度，与神经网络（ANN）和贝叶斯方法相比，M-SVMs显著减少了训练样本大小的限制。

然而，实际供水管网系统中只有为数不多的历史漏损/爆管记录，并且漏损事件的时间间隔往往很长。虽然，历史漏损/爆管数据已经满足样本真实性的要求，但是，没有满足样本均衡性和样本规模的要求。因此，需要借助管网模型人工模拟一些漏损事件，虽然这些数据没有真实性，但它可以大致代表真实的漏损。训练样本生成之前，需要选择管网的正常工况，正常工况定义为管网中没有出现新增漏损/爆管时的管网运行状态，可以是一天连续24h，也可以是连续好几天。因此，正常工况下，监测点压力为一天中对应时刻的压力或者是连续几天对应时刻的平均压力。

更值得一提的是，管网节点需水量和压力在不同时刻会出现波动，每个监测点压力都存在一个波动范围。为了区分正常工况下压力监测点的"正常"波动和漏损工况下引起的压力监测点的"异常"波动，需要为每个压力监测点在每个时刻设定一个压力波动阈值。只有当一个或多个压力监测点的压力波动超过其阈值时，才能确定为异常事件。每个压力监测点的压力波动阈值通常由工程师根据正常工况下的历史观测数据波动规律设定。除此之外，还需要考虑压力记录仪的测量误差，若压力波动值小于仪器的测量精度，则将压力波动值设置为零。

在本章中，蒙特卡罗方法用于随机产生漏损事件，所有事件均通过水力模型进行分析模拟。例如，以某个时刻为例，训练样本生成流程图如图4-2所示。

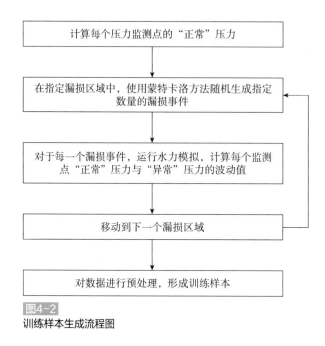

图4-2
训练样本生成流程图

假设将管网节点聚类为k类，即，将管网划分为k个漏损区域，假设管网中有n个压力监测点。训练样本生成过程分为5个步骤：（1）通过管网水力模拟，计算正常工况下压力监测点处的压力$P^0=\{P_1^0, P_2^0, \cdots, P_n^0\}$，$P_j^0$表示正常工况下压力监测点$j$处的压力；（2）在漏损区域$i$内，使用蒙特卡洛方法随机生成$L_i$个漏损事件（在每个漏损区域内，随机生成的漏损事件总数L_i可以相同，也可以不同）。漏损事件的生成方法为：在区域i内随机选取1~2个节点，并分别在每个节点处添加一个随机的漏损流量，模拟一次漏损事件；（3）对于漏损区域i中的每个漏损事件，分别运行水力模拟，计算每个监测点"正常"压力与"异常"压力的波动值；（4）移动到下一个漏损区域，并重复步骤（2）~（3），直到遍历所有的漏损区域；（5）对数据进行预处理。若一个漏损事件，所有监测点都监测不到，则将该事件去除。经过预处理的数据形成样本训练集T，定义为

$$T = \begin{bmatrix} P_{11}^1-P_1^0 & P_{12}^1-P_2^0 & \cdots & P_{1n}^1-P_n^0 & 1 \\ P_{21}^1-P_1^0 & P_{22}^1-P_2^0 & \cdots & P_{2n}^1-P_n^0 & 1 \\ \vdots & \vdots & \ddots & \vdots & \vdots \\ P_{L_11}^1-P_1^0 & P_{L_12}^1-P_2^0 & \cdots & P_{L_1n}^1-P_n^0 & 1 \\ \vdots & \vdots & \vdots & \vdots & \vdots \\ P_{11}^k-P_1^0 & P_{12}^k-P_2^0 & \cdots & P_{1n}^k-P_n^0 & k \\ P_{21}^k-P_1^0 & P_{22}^k-P_2^0 & \cdots & P_{2n}^k-P_n^0 & k \\ \vdots & \vdots & \ddots & \vdots & \vdots \\ P_{L_k1}^k-P_1^0 & P_{L_k2}^k-P_2^0 & \cdots & P_{L_kn}^k-P_n^0 & k \end{bmatrix} \qquad (4-2)$$

T 中第 i 行第 j（$j \le n$）列的元素 $P_{ij}^k - P_j^0$ 表示在漏损区域 k，漏损事件 i 中，第 j 个监测点的压力波动值。T 中最后一列表示样本数据标签，即漏损事件发生的区域。表4-3为一个简单的训练样本示例。

简单训练样本示例（预处理之前）   表4-3

漏损事件编号：漏损节点ID	监测点1	监测点2	监测点3	漏损区域标签
1 : J-3	-0.16	-0.12	-0.08	1
2 : J-1, J-4	-0.14	-0.14	-0.11	1
3 : J-7	-0.11	-0.16	-0.16	2
4 : J-32	-0.04	-0.01	-0.02	2
5 : J-11, J-15	-0.09	-0.08	-0.35	3
6 : J-17	-0.05	-0.13	-0.15	3

例如，压力记录器的测量精度设置为0.1mH$_2$O，每个监测点的压力波动阈值均设置为0.15mH$_2$O。对于表4-3所示的漏损事件2和4，任何监测点的压力波动绝对值均小于0.15mH$_2$O，即，任何一个监测点都不会监测到这两个漏损事件。因此，从训练样本中移除漏损事件2和4。预处理后的训练样本如表4-4所示。

简单训练样本示例（预处理之后）   表4-4

漏损事件编号：漏损节点ID	监测点1	监测点2	监测点3	漏损区域标签
1 : J-3	-0.16	-0.12	0	1
3 : J-7	-0.11	-0.16	-0.16	2
5 : J-11, J-15	0	0	-0.35	3
6 : J-17	0	-0.13	-0.15	3

训练样本建立之后，接下来需要使用训练样本训练M-SVMs，确定其核函数及相关参数值。训练好的M-SVMs就可以进行管网漏损区域检测。

4.4 漏损区域识别模型建立

4.4.1 多类别支持向量机（M-SVMs）

本章提出的漏损区域识别方法属于模式识别问题，即，多类别分类问题。对于具有 l 个训练样本的多类别分类问题可以描述为：

$$S = \left\{ \left(x_1, y_1 \right), \left(x_2, y_2 \right), \cdots, \left(x_l, y_l \right) \right\} = \begin{bmatrix} x_{11} & x_{12} & \cdots & x_{1d} & y_1 \\ x_{21} & x_{22} & \cdots & x_{2d} & y_2 \\ \vdots & \vdots & \ddots & \vdots & \vdots \\ x_{l1} & x_{l2} & \cdots & x_{ld} & y_l \end{bmatrix} \qquad (4\text{-}3)$$

式中 $x_i=(x_{i1}, x_{i2}, \cdots, x_{id})$ —— d个输入参数组成的向量；

$\quad\quad$ $y_i \in \{1,2,\cdots,k\}$ —— 样本的类标签。

然后，使用该l个训练样本构造一个分类函数，使对未知样本**X**进行分类时的错误概率最小。本章主要基于支持向量机求解模式识别问题。

支持向量机（SVM）理论最早是由Boser等人（Boser等，1992）提出，并由Cortes等人（Cortes等，1995）进一步完善。SVM主要用于求解二分类问题。SVM的分类原理示意图如图4-3所示。

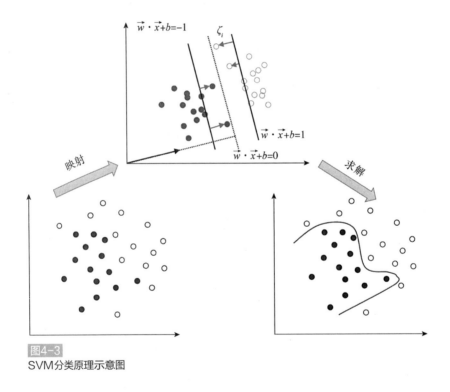

图4-3
SVM分类原理示意图

SVM的核心思想是将样本的非线性特征映射到一个高维特征空间，在高维特征空间中对样本（样本标签$y \in \{-1,1\}$）进行二分类。SVM用于寻找一个非线性分类函数：

$$y = f(x) = \left(\boldsymbol{w}^{\mathrm{T}} \boldsymbol{x} \right) + b \qquad (4\text{-}4)$$

式中 $\boldsymbol{w}$——权重向量；

$\quad\quad$ $\boldsymbol{w}^{\mathrm{T}}$——$\boldsymbol{w}$的转置向量；

$\quad\quad$ $\boldsymbol{x}$——样本输入参数向量；

$\quad\quad$ b——阈值。

非线性分类函数需要满足以下目标函数最小化：

$$\min \frac{1}{2}\left(\boldsymbol{w}^{\mathrm{T}}\boldsymbol{w}\right)+C\sum_i \xi_i \tag{4-5}$$

式中　C——误差惩罚因子；

　　$\sum_i \xi_i$——训练误差。

将参数 $w=\sum_{i=1}^{l}\alpha_i y_i x_i$ 代入式（4-5），可以将目标函数写成对偶的形式：

$$\min \frac{1}{2}\sum_{i,j=1}^{l} y_i y_j \alpha_i \alpha_j K\left(x_i,x_j\right)-\sum_{i=1}^{l}\alpha_i \tag{4-6}$$

约束条件：

$$\sum_{i=1}^{l} y_i \alpha_i = 0 \tag{4-7}$$

$$0 \leqslant \alpha_i \leqslant C \tag{4-8}$$

式（4-4）所示的非线性分类函数转化为以下形式：

$$f\left(x\right)=\mathrm{sgn}\left\{\left[\sum_{i=1}^{l}\alpha_i y_i K\left(x,x_i\right)\right]+b\right\} \tag{4-9}$$

式中　$\mathrm{sgn}\{x\}$——符号函数（$x>0$，sgn{}=1；$x=0$，sgn{}=0；$x<0$，sgn{}=-1）；

　　　y_i——样本 i 的类别标签；

　　　α_i——样本 i 的拉格朗日乘子；

　　$K(x,y)$——核函数；

　　　C——误差惩罚因子；

　　　b——阈值。

综上所述，SVM 只适用于求解两个类别的分类问题，为了求解多类别分类问题，相关文献（Weston 等，1998；Chamasemani 等，2011）提出了许多求解方法，这些方法统称为多类别支持向量机（M-SVMs）。

如图4-4所示，M-SVMs 计算方法主要分为两大类：（1）直接方法。该方法直接在原始目标函数上进行修改，将多个分类面的参数合并到一个最优化问题中，然后，通过求解该最优化问题"一次性"实现多类别分类。这种方法看似简单，但在最优化问题求解过程中的变量多余间接法，训练速度不如间接法，而且在分类精度上也不占优，当训练样本数量较多时，其计算复杂度较高，实现起来比较困难，只适用于小型问题中。（2）间接法。通过组合多个 SVM 来实现多类别分类器的构造，常见的方法有"一对一"法和"一对多"法两种。

"一对一"法通过对任意两个类别的样本分别构建 SVM 实现对样本的多类别分类，因此，需要构建 $K(K-1)/2$ 个 SVM（假设样本有 K 个类别标签）。分类时，分别将测试样本代入到每个 SVM，并统计每个类别的得票数，选取得票最多的类别作为该测试样本的类别。

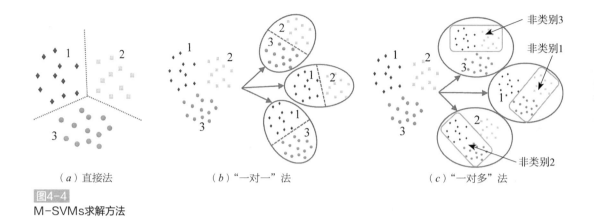

（a）直接法　　　　　　　　（b）"一对一"法　　　　　　　（c）"一对多"法

图4-4
M-SVMs求解方法

"一对多"法通过构建K个SVM（假设样本有K个类别标签）实现对样本的多类别分类。每个SVM用于区分某个类别和其余所有类别的样本，分类时分别将测试样本代入到每个SVM，然后选取最大分类函数值所对应的类别。

Milgram等人（Milgram等，2006）对"一对一"法和"一对多"法进行了比较，结果表明，当样本类别数量较多时，与"一对多"法相比，"一对一"法具有更快的训练速度，并且具有更准确的分类结果。考虑到供水管网可能划分为许多个漏损区域，因此，本章使用"一对一"法构建M-SVMs，用于漏损区域识别。

以一个简单的例子说明"一对一"法的计算原理。假设一个训练样本具有3个类别（类别标签$y \in \{class_1, class_2, class_3\}$），首先，将具有同一类别标签的样本归在一起，将训练样本划分为3组：$train_1$，$train_2$，$train_3$。"一对一"法计算过程分为3个步骤：（1）对任意两个类别的样本分别构建SVM。使用样本$train_1$和$train_2$构建二分类模型SVM_1，使用样本$train_2$和$train_3$构建二分类模型SVM_2，使用样本$train_1$和$train_3$构建二分类模型SVM_3；（2）将测试样本分别代入到SVM_1，SVM_2，SVM_3进行分类，并记录分类结果。

$$flag\_data = [num\_class_1, num\_class_2, num\_class_3]$$

（3）统计每个类别的得票数量，选取得票最多的类别作为该测试样本的类别。例如：测试样本使用SVM_1分类属于类别$class_2$，使用SVM_2分类属于类别$class_3$，使用SVM_3分类属于类别$class_1$，flag_data=[2,0,1]，因此，测试样本属于类别$class_1$。另外，当$num\_class_1 = num\_class_2 = num\_class_3$时，测试样本位于$class_1$、$class_2$和$class_3$的边界交叉点上，测试样本可以属于任意一类，通常，将该测试样本归为第一类$class_1$。

4.4.2　模型参数优化

相关研究（Chamasemani等，2011；Mashford等，2012）表明：M-SVMs性能的优劣主要取决于核函数的类型、核参数和惩罚系数C的选择，它决定了分类器的类型和复杂程度。核函数类型及参数的正确选取依赖于实际分类问题的特点，因为不同的实际问题对相似程度有着不同的度量，核函数可以看作一个特征提取的过程，选择正确的核函数有助于提高分类准确率。

目前，SVM研究和应用最多的核函数主要有四类：

（1）线性核函数：$K(x, x_i)=x^{\mathrm{T}}x_i$；

（2）多项式核函数：$(\gamma x^{\mathrm{T}}x_i+r)^{\mathrm{p}}$，$\gamma>0$；

（3）径向基核函数（RBF）：$\exp(-\gamma\parallel x-x_i\parallel^2)$，$\gamma>0$；

（4）Sigmoid核函数：$\tanh(\gamma x^{\mathrm{T}}x_i+r)$。

在本章中，分别选择4个核函数使用M-SVMs对样本进行多类别分类，然后通过比较分类结果确定适当的核函数。使用SVM做分类预测时，需要优化调整相关的参数才能得到比较理想的分类准确率。

模型参数的优化调整方法主要分为两种：一种是常用的交叉验证法（Chapelle等，2002），另一种是梯度下降法（Refaeilzadeh等，2009）。虽然梯度下降法具有明确的物理意义，但其优化结果在很大程度上取决于样本的噪声含量，当样本噪声含量较多时，会存在较大的理论误差。考虑到管网监测点压力/流量信号的噪声，为了避免产生较大的理论误差，本章使用交叉验证方法优化调整核参数和惩罚系数。

采用交叉验证的方法可以在某种意义下得到最优的参数，交叉验证是用来验证M-SVMs分类性能的一种统计分析方法。本章选用的交叉验证方法为k-CV方法。将数据集分成k组（一般是均分），轮流将其中$k-1$组作为训练数据，1组作为测试数据，进行分类。每次分类都会得出相应的正确率。k次结果正确率的平均值作为M-SVMs分类性能的指标。k-CV可以有效地避免过拟合问题，使得最后得到的分类结果更具有说服力。

另外，漏损区域划分数量也会影响M-SVMs的计算效率和分类精度。假设漏损区域的数量等于网络节点的数量，随着管网规模的增大，计算效率和分类精度将大大降低。因此，如前几节所述，本章首先使用K-means聚类算法对管网节点进行聚类，将管网划分为不同的漏损区域，以减少样本类别的数量。漏损区域划分数量的选择将在案例中进行详细阐述。

在本章中，漏损区域识别模型基于MATLAB程序开发平台，借助EPANET和LibSVM工具箱（Chang等，2011）进行编程计算。EPANET是水力模型计算工具箱，用于模拟管网漏损事件。LibSVM是M-SVMs工具箱，用于多类别分类。K-means聚类算法通过调用MATLAB内置函数"kmeans"实现。漏损区域识别模型计算框架如图4-5所示。

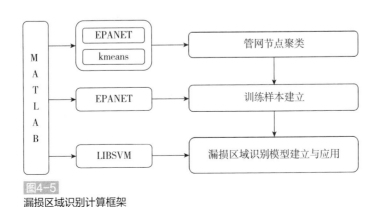

图4-5
漏损区域识别计算框架

4.5　案例应用分析

本章使用三个实际供水管网案例检验漏损区域识别方法的性能。第一个案例主要用来评估漏损区域识别方法的性能，分为三个方面：漏损区域划分数量、核函数类型、压力监测点数量及位置；第二个案例是漏损区域识别方法在实际未分区供水管网系统中的应用，用于评估该方法在大型供水管网系统应用中的有效性；第三个案例是漏损区域识别方法在实际管网某个分区中的应用，用于评价该方法在分区管网应用中的有效性。

4.5.1　案例1：模型参数选取

正如前文所述，M-SVMs的计算效率和分类准确度与样本类别的数量（管网漏损区域划分的数量）、核函数的类型、压力监测点的数量和位置有关。因此，为了评估本章提出的漏损区域识别方法的性能，采用以下三个因素对该方法进行评估验证：

（1）管网漏损区域划分的数量；

（2）核函数的类型；

（3）压力监测点的数量和位置。

该管网模型拓扑结构如图4-6所示。该管网模型包括375个节点、469根管道、1个水库和3个水泵。节点需水量、管长、管径等参数的信息可以从WaterGEMsV8i软件所给的例子中找到（该算例可公开使用）。

该供水管网系统最小总需水量为127L/s（457.2m³/h），最大总需水量为154L/s（554.4m³/h），日均需水量约为145L/s（522m³/h）。关于漏损流量的设定，目前还没有漏损量设定范围的标准。漏损流量最小值取决于压力监测点的压力波动阈值，应确保漏损引起的压力变化可以与正常压力波动区分开。漏损流量最大值不能设置太大，因漏损量过大时，用户热线电话便会及时报警，不需要进行漏损区域检测。因此，漏损流量设置范围应根据具体城市管网系统的相关运行数据进行设定，在本案例中，漏损流量设定为平均需水量的3%左右，最小漏损量设定为2.84L/s（10.2m³/h），而最大漏损量设定为4.73L/s（17.03m³/h）。

该案例从以下两种情况对管网漏损区域识

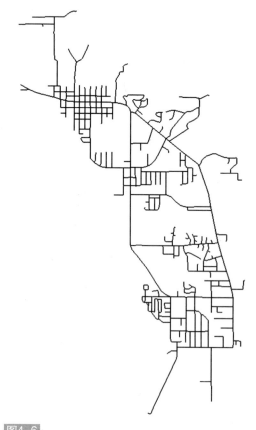

图4-6
案例1管网模型拓扑结构

别模型进行评估：

（1）压力监测点的数量和位置已被优化。监测点优化布置的方法采用张清周（2017）所提出的方法，针对该案例，计算过程为：首先设置参数生成10000个漏损事件，相应的参数设置如下：

1）压力监测点的检测精度设置为0.1mH$_2$O；

2）对于每个漏损事件，随机选取1～2个节点作为漏损节点，分别向每个漏损节点添加2.84～4.73L/s的漏损流量

然后，压力监测点的数量分别设置为5个、10个、15个、20个和25个，针对每种情况，分别计算压力监测点的优化布置方案，计算结果如图4-7所示。

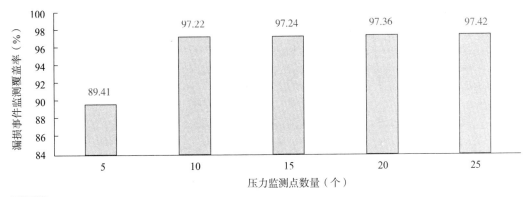

图4-7
压力监测点优化计算结果

如图4-7所示，当压力监测点的数量为10个时，能够监测到95%以上的漏损事件，当监测点大于10个时，漏损事件监测覆盖率增长缓慢，考虑到监测点的布置总成本，本案例中，最优的压力监测点数量为10个。除此之外，核函数的类型分别选择为线性、RBF、多项式和Sigmoid，根据上一章提出的方法分别将管网划分为10个、15个、20个、25个漏损区域。监测点优化布置及管网漏损区域划分如图4-8所示。

（2）压力监测点的数量和位置没有被优化。与第一种情况类似，在管网中布置10个压力监测点，只是压力监测点根据高程、大用水户完全凭经验人工选取，其他条件都与第一种情况相同。监测点相应布置及管网漏损区域划分如图4-9所示。

对于每一种情况，分别使用上一章提出的方法生成2000个样本。对于每个漏损事件，在漏损区域中随机选取1～2个节点，分别向每个漏损节点添加2.84～4.73L/s的漏损流量。每个漏损区域的样本数量根据漏损区域的大小确定。以第一种情况10个漏损区域为例，每个区域节点总数的比例为103：16：45：35：14：37：24：60：10：31。因此，每个区域的有效样本数量近似等于550个、85个、240个、187个、75个、197个、128个、320个、53个和165个。对于2000个样本，随机选择1600个样本作为训练样本，而剩余的400个样本作为测试样本。两种情

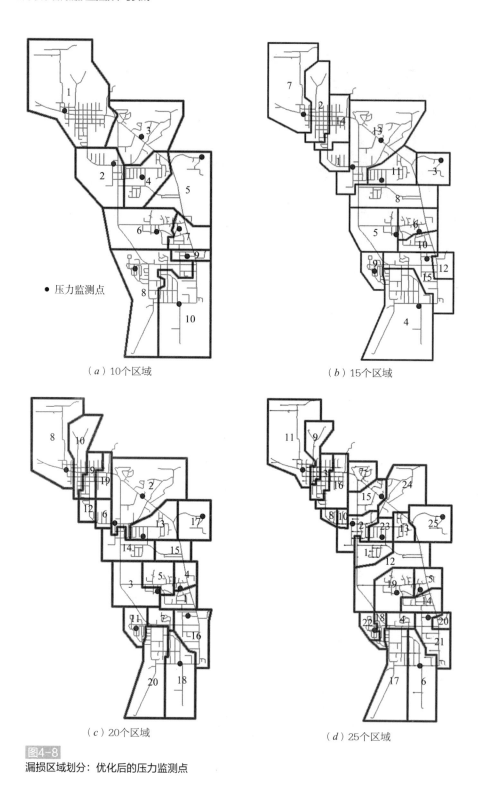

（a）10个区域

（b）15个区域

（c）20个区域

（d）25个区域

图4-8
漏损区域划分：优化后的压力监测点

况下，M-SVMs训练结果如表4-5、表4-6所示。

如表4-5、表4-6所示，M-SVMs的分类准确度随着漏损区域数量的增加而降低。同时，使用线性或RBF核函数的分类准确度大于使用多项式或Sigmoid核函数。当核函数的类型为线性

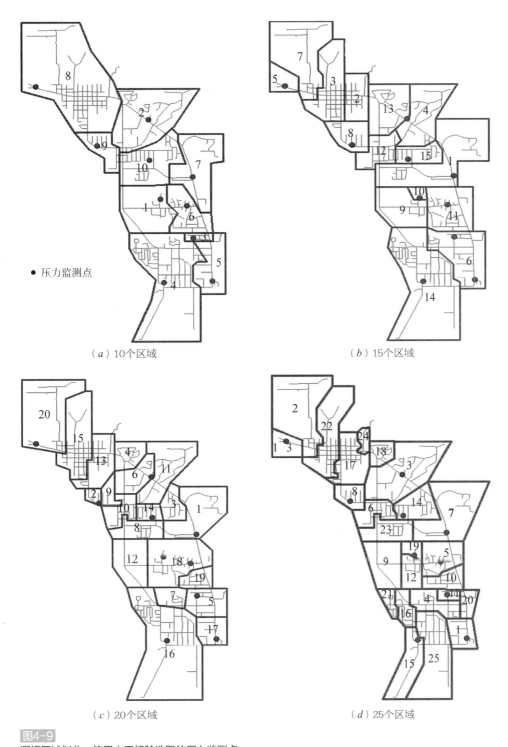

（a）10个区域

（b）15个区域

（c）20个区域

（d）25个区域

图4-9

漏损区域划分：使用人工经验选取的压力监测点

或RBF时，第一种情况的分类准确度优于第二种情况。因此，为了提高模型的识别准确度，在使用本章提出的漏损区域识别模型之前，需要对压力监测点进行优化。使用M-SVMs进行漏损区域识别时，应选择线性或RBF核函数。管网漏损区域划分数量与M-SVMs分类准确率是相互制约的。漏损区域划分数量越多，每个区域的范围就会越小，现场进行漏损检测所需时间就会越短。但是，模型计算准确率就会下降，如果实际漏损区域与模型计算的漏损区域不同，反而会增加现场漏损检测所需的时间。因此，针对不同的实际管网模型，在保证模型计算准确率的前提下，应尽可能将管网分为更多的区域。在本案例中，当管网划分为20个漏损区域，核函数类型为线性或RBF时，两种情况下，漏损区域识别模型均可以达到95%以上的识别准确率。

不同核函数、漏损区域数量对应的M-SVMs分类准确率（监测点已优化）　　表4-5

核函数	漏损区域数量（个）	模型参数优化调整值	分类准确率（%）
Linear	10	$c=3565.78$	99.25
	15	$c=2702.35$	97.75
	20	$c=10809.41$	97.25
	25	$c=5404.70$	95.00
RBF	10	$c=152, \gamma=1$	99.50
	15	$c=1552.09, \gamma=0.189$	98.25
	20	$c=8192, \gamma=0.435$	97.50
	25	$c=6208.38, \gamma=0.109$	94.00
Polynomial	10	$c=16384, p=3, \gamma=194.0117, r=0.25$	99.00
	15	$c=2702.35, p=3, \gamma=0.000977, r=0.15$	97.00
	20	$c=14263.1, p=3, \gamma=0.015625, r=0.15$	96.50
	25	$c=7131.55, p=3, \gamma=0.015625, r=0.12$	93.75
Sigmoid	10	$c=16384, \gamma=0.000488, r=0.015$	93.25
	15	$c=2702.35, \gamma=0.000244, r=0.05$	92.00
	20	$c=891.44, \gamma=0.003906, r=0.002$	91.25
	25	$c=5404.70, \gamma=0.007813, r=0.015$	84.75

不同核函数、漏损区域数量对应的M-SVMs分类准确率（监测点未优化）　　表4-6

核函数	漏损区域数量（个）	模型参数优化调整值	分类准确率（%）
Linear	10	$c=14263$	98.75
	15	$c=10809$	97.75
	20	$c=4705.07$	96.00
	25	$c=3565.78$	90.75

续表

核函数	漏损区域数量（个）	模型参数优化调整值	分类准确率（%）
RBF	10	$c=152, \gamma=1$	98.25
	15	$c=388.02, \gamma=0.758$	95.75
	20	$c=4705.07, \gamma=0.435$	96.75
	25	$c=675.59, \gamma=1.741$	87.50
Polynomial	10	$c=14263, p=3, \gamma=0.000977, r=0.2$	98.75
	15	$c=8192, p=3, \gamma=0.000977, r=0.15$	94.75
	20	$c=6208.38, p=3, \gamma=0.000977, r=0.23$	94.25
	25	$c=5404.70, p=3, \gamma=0.000488, r=0.15$	81.50
Sigmoid	10	$c=16384, \gamma=0.000488, r=0.015$	96.50
	15	$c=6208.38, \gamma=0.000977, r=0.02$	81.50
	20	$c=4096, \gamma=0.000977, r=0.012$	90.75
	25	$c=8192, \gamma=0.000977, r=0.015$	87.25

4.5.2　案例2：未分区实际管网应用

该案例是某城市实际供水管网系统，该系统为一个整体的系统，尚未进行分区改造。管网模型拓扑结构如图4-10所示，该系统为65000人每天提供大约15万t的饮用水，服务面积超过700km²，对应的管网模型包含2189个需水节点和2416根管道，模型现有30个压力监测点，监测点数据每30min收集 次。

根据30个压力监测点收集的历史数据以及漏损/爆管历史记录，本案例使用本章提出的漏损区域识别方法和压力相关漏损检测（PDLD）方法（Wu等，2007）对历史漏损进行检测，用于验证本章提出的漏损区域识别方法在大型未分区管网应用中的有效性。在本案例中，漏损区域识别方法用于确定漏损发生的区域，PDLD方法用于在漏损区域内确定漏损点，将漏损范围缩小至某几个节点及其相连接的管道。根据漏损历史记录，在2014年12月1日～2014年12月31日期间，共记录了4次

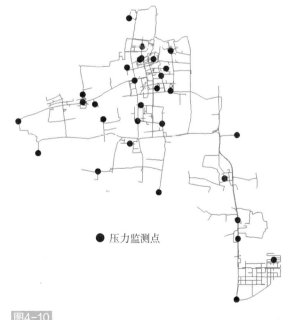

图4-10
案例2管网模型拓扑结构图

● 压力监测点

漏损量超过6.3L/s（22.68m³/h）的大的漏损事件。分别发生在12月5日凌晨4：00、12月18日夜间1：17、12月22日夜间1：43和12月29日凌晨3：23。图4-11显示了2014年12月1日～2014年12月31日夜间2：00、3：00、4：00和5：00对应的每个压力监测点的压力。在本案例中，选取12月5日凌晨4：00、12月18日夜间1：30、12月22日夜间2：00和12月29日凌晨3：30压力监测点的观测值作为输入参数，分别输入到对应的上一个时刻训练好的M-SVMs中，用以识别可能的漏损区域。

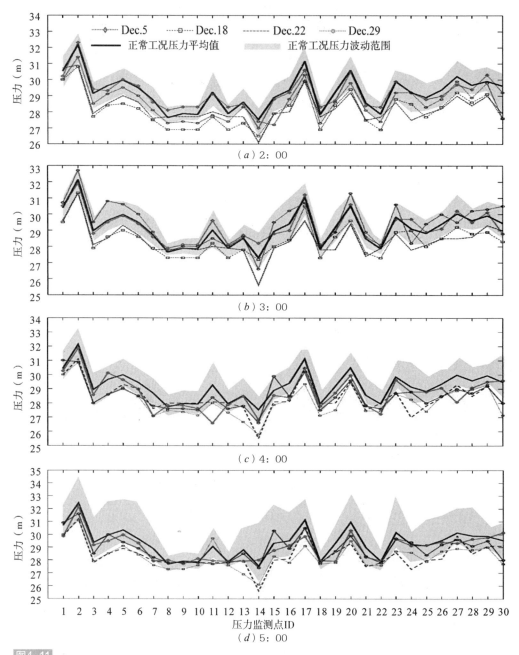

图4-11
2014年12月1日～2014年12月31日监测点压力值（彩图见附页）

为了提高漏损区域识别的准确性，需要事先对模型进行校核，满足模型应用的精度要求。本案例使用第3章提出的快速校核方法，使用12月5日凌晨3：30、12月18日夜间1：00、12月22日夜间1：30和12月29日凌晨3：00管网实际运行边界条件和监测点观测数据，分别对模型进行校核。模型校核准确之后，按照以下三个步骤建立漏损区域识别模型：

（1）使用K-means算法对管网节点进行聚类，将管网分别划分为5个、10个、15个、20个、25个漏损区域。

（2）对于每种漏损区域划分方案，基于对应时刻的校正模型，分别生成10000个样本，样本生成方法与案例1相同，针对每个漏损节点，喷射系数在0.5～1.2之间随机选取。然后，随机选取8500个样本作为训练样本，其余的1500个样本作为测试样本，用于训练M-SVMs。

（3）训练样本用于确定训练M-SVMs，测试样本用于根据M-SVMs计算结果确定核函数类型和漏损区域划分数量。根据案例1的分析结果，本案例核函数选择为线性和RBF类型。

模型训练结果如图4-12所示，在本案例中，当供水管网系统划分为15个漏损区域，选择线性核函数时，M-SVMs能够达到95%以上的漏损区域识别率。图4-13显示了使用K-means算法划分的15个漏损区域。

漏损区域识别模型建立之后，便可以实际进行漏损区域检测。如图4-11所示，由于漏损导致监测点产生不同程度的压降变化，导致某些监测点压力超出正常波动范围。例如：12月15日发生的漏损事件，导致监测点P7、P11、P22和P27的压降明显大于其他监测点。然而，四个监测点并不在同一个漏损区域（P7和P22位于区域12；P11位于区域9；P27位于区域5），因此，仅仅依靠监测点压力波动变化很难确定漏损发生在哪个区域，需要使用漏损区域识别模型确定可能的漏损区域。选取12月5日凌晨4：00、12月18日夜间1：30、12月22日夜间2：00和12月29日凌晨3：30压力监测点的观测值作为输入参数，分别输入到对应的上一个时刻训练好的M-SVMs中，分别识别可能的漏损区域，计算结果如表4-7所示。

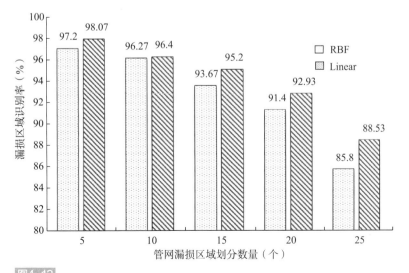

图4-12

M-SVMs模型训练结果

●压力监测点

图4-13
使用K-means算法划分的15个漏损区域

漏损区域识别模型计算结果　　　　　　　　　　　　　　表4-7

漏损事件编号	漏损发生时刻	实际漏损区域	M-SVMs识别的漏损区域
1	12月5日凌晨4：00	区域5	区域5
2	12月18日夜间1：17	区域1	区域1
3	12月22日夜间1：43	区域11	区域11
4	12月29日凌晨3：23	区域13	区域13

　　如表4-7所示，实际泄漏区域与M-SVMs计算的泄漏区域完全一致。基于识别的漏损区域，可以使用压力相关漏损检测（PDLD）方法（Wu等，2010）在漏损区域内确定漏损点，将漏损范围进一步缩小至某几个节点及其相连接的管道。PDLD方法通过优化漏损区域节点的喷射系数确定可能的漏损点，使用PDLD方法计算的最优漏损点与实际漏损位置的对比如图4-14所示。

　　如图4-14所示，使用PDLD方法可以将漏损区域缩小至某几个漏损点及其相连接的附近管道，在这些可疑区域采用音听检漏设备或者相关噪声记录仪可以快速地确定实际漏损的位置。当使用PDLD方法时，不需要搜索管网系统中的所有节点，只需要搜索漏损区域识别模型确定的漏损区域内的节点即可，有效解决了PDLD方法在大型供水管网应用求解过程中搜索空间过大的缺陷。因此，将本章提出的漏损区域识别模型与PDLD方法结合使用，不仅可以提高PDLD模型的计算效率和精度，而且可以缩短大型供水管网系统漏损检测的时间。

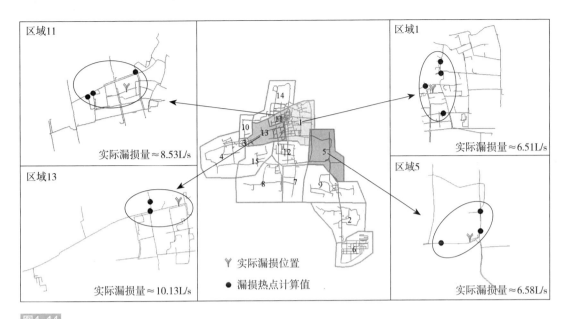

图4-14
使用PDLD方法计算的最优漏损点与实际漏损位置的对比

4.5.3 案例3：分区实际管网应用

　　该案例管网是某城市分区管网系统中的某个分区，分区管网拓扑结构如图4-15所示，该分区包含118个节点和170根直径大于300mm的管道，该分区日均最小流量和最大流量分别为60L/s、178L/s，该分区原有1个流量计和1个压力计，用于实时监测该分区的运行状态，流量计安装在分区的入口处，压力计安装在分区管网控制点处（节点高程最高处）。本案例在原有压力监测点的基础上，使用监测点优化方法（张清周，2017）又新增了两个压力监测点。监测点压力/流量数据每30min采集一次，并通过SCADA系统进行传输。

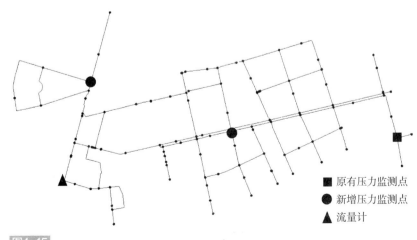

■ 原有压力监测点
● 新增压力监测点
▲ 流量计

图4-15
分区管网拓扑结构

图4-16显示了2014年3月8日～2014年3月28日的历史流量数据。从图中可以看出，自3月22日以来的夜间最低流量时段，系统流入量增加了约10L/s，并且持续了3天以上，使用漏损事故预警方法（张清周，2017）对流量进行分析，可以得出该分区内发生了漏损。

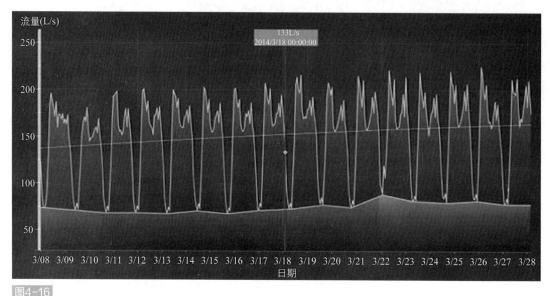

图4-16
2014年3月8日～2014年3月28日的历史流量数据（彩图见附页）

为了提高漏损检测的准确度，首先根据3月20日凌晨4：00的管网运行数据，使用第3章提出的快速校核方法对水力模型进行单时段校核，然后根据以下三个步骤建立漏损区域识别模型：

（1）使用K-means算法对管网节点进行聚类，将管网分别划分为3个、4个、5个、6个、7个漏损区域。

（2）对于每种漏损区域划分方案，基于对应时刻的校正模型，分别生成2500个样本，样本生成方法与案例1相同，针对每个漏损节点，喷射系数在0.5～1.2之间随机选取。然后，随机选取2000个样本作为训练样本，其余的500个样本作为测试样本，用于训练M-SVMs。

（3）训练样本用于确定训练M-SVMs，测试样本用于根据M-SVMs计算结果确定核函数类型和漏损区域划分数量。根据案例1的分析结果，本案例核函数选择为线性和RBF类型。

模型训练结果如图4-17所示，在本案例中，当供水管网系统划分为5个漏损区域，选择RBF核函数时，M-SVMs能够达到95%以上的漏损区域识别率。图4-18显示了使用K-means算法划分的5个漏损区域。漏损区域识别模型建立之后，便可以实际进行漏损区域检测。将3月22日凌晨4：00的监测点压力值作为输入参数输入到M-SVMs中，对漏损区域进行识别，计算结果如图4-19所示。

据图4-19可知，漏损发生在区域2的概率最大，在该区域使用PDLD方法可以进一步将漏损区域缩小至某几个漏损点及其相连接的附近管道。图4-20显示了使用PDLD方法计算得到的3个最优解（图4-20a～c），每个解代表一种可能的漏损区域（漏损点及其相连接的管道）。然后，

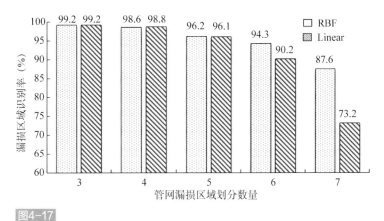

图4-17
M-SVMs模型训练结果

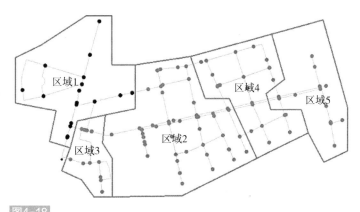

图4-18
使用K-means算法划分的5个漏损区域

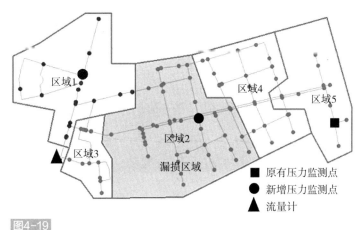

图4-19
漏损区域识别模型计算结果

使用音听检漏设备或者相关噪声记录仪对这些漏损点及其连接管道进行漏损检测,确定了漏损的实际位置。图4-20(d)显示了实际漏损位置与三个最优解之间的对比。漏损修复之后的流量数据如图4-21所示。

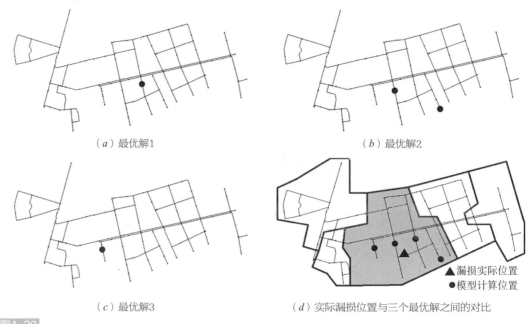

（a）最优解1   （b）最优解2

（c）最优解3   （d）实际漏损位置与三个最优解之间的对比

图4-20
PDLD模型计算结果

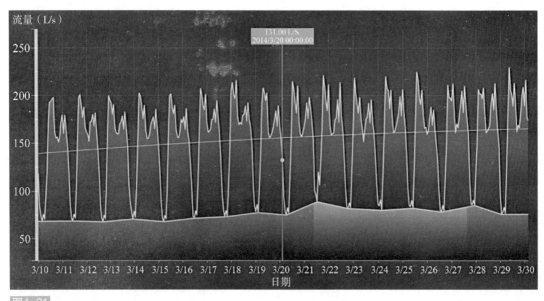

图4-21
漏损修复之后的流量曲线（彩图见附页）

　　从图4-21可以看出，漏损于3月28日修复之后，夜间最小流量降低，恢复至历史水平。分区管网系统漏损检测流程如下：（1）使用漏损事故预警方法（张清周，2017）对分区管网运行状态进行实时监控，对出现的漏损事件及时报警；（2）使用本章提出的方法，基于M-SVMs建立漏损区域识别模型；（3）将现场监测点观测值作为输入参数，代入到M-SVMs，预测可能的漏损区域；（4）使用PDLD方法在漏损区域内计算漏损点；（5）现场利用相关仪器设备对这些漏损点及其连接管道进行漏损检测，精确定位漏损并及时修复漏损。本章提出的漏损区域识别模型与PDLD方法结合使用，不仅可以提高PDLD模型的计算效率和精度，而且可以缩短大型供水管网系统漏损检测的时间。

4.6　本章小结

本章提出了一种基于多类别支持向量机（M-SVMs）的漏损区域识别方法，以便于在漏损事故报警之后，尽快对漏损区域进行定位。本章研究内容总结如下：

（1）首先，简要介绍该方法的步骤。即，使用K-means算法对节点进行聚类，将管网划分为不同的漏损区域，再使用蒙特卡洛方法随机生成漏损事件并建立训练样本；接着，基于生成的训练样本，训练M-SVMs，确定其相关参数，建立漏损区域识别模型。当供水系统中发生漏损/爆管时，将压力监测点现场观测数据输入到训练好的M-SVMs中，识别可能的漏损区域。

（2）其次，使用了3个管网案例来验证该方法的有效性。案例1从三个方面评估该方法的性能：漏损区域划分数量、核函数类型、压力监测点数量和位置。计算结果表明，使用线性或RBF核函数和优化的压力监测点可以比使用其他核函数和未优化的压力监测点获得更好的结果。案例2和案例3是将漏损区域识别方法与PDLD方法结合应用于未分区和分区实际管网。计算结果表明，漏损区域识别方法能够有效解决PDLD方法在大型供水管网应用求解过程中搜索空间过大的缺陷，将本章提出的漏损区域识别方法与PDLD方法结合使用，不仅可以提高PDLD模型的计算效率和精度，而且可以缩短大型供水管网系统漏损检测的时间。

（3）最后，根据案例分析得出总结。在实际工程应用中，管网漏损区域划分数量与M-SVMs分类准确率是相互制约的。漏损区域划分数量越多，每个区域的范围就会越小，现场进行漏损检测所需时间就会越短。但是，模型计算准确率就会下降，如果实际漏损区域与模型计算的漏损区域不同，反而会增加现场漏损检测所需的时间。因此，在保证模型计算准确率的前提下，尽可能将管网分为更多的区域，然后，使用PDLD方法进一步缩小漏损区域。

第5章

基于阀门调度的主动漏损定位技术

5.1　引言

前面的章节已经提到，供水管网中漏损不仅会引起水资源的浪费，同时也会增加不必要的运行能耗，甚至会给系统带来潜在的水质健康风险，如在低压状态下污染物质从漏点处入侵管网（Besner等，2011）。因此，供水管网漏损管理非常重要，漏损的检测定位已成为供水公司改善管网运行管理的优先和关键任务之一。

供水管网中的真实漏损通常分为背景漏损和破裂/爆管漏损（Puust等，2010）。背景漏损在管网中分散分布，往往概率较小，检测难度大。因此，目前已开发的漏损定位方法主要针对破裂/爆管漏损。这些方法总体上可以分为两类：基于设备的方法和基于模型的方法（Qi等，2018）。基于设备的方法从20世纪80年代中期的传统听漏棒逐步发展为近年来出现的新设备，如漏损噪声记录仪、地面雷达探测仪和红外热成像仪等（Mutikanga等，2013；Chan等，2018；Gupta和Kulat，2018）。这些基于设备的方法技术极大地提高了供水管网中漏损定位的有效性。然而，它们的实际应用仍面临着明显挑战，主要原因是效率低、成本高，以及在实施时需要大量的专业知识或经验（Farah和Shahrour，2017）。因此，基于设备的方法通常用于识别供水管网中小范围局部区域的漏损（Rajeswaran等，2018）。

基于模型的漏损定位方法通常借助于供水管网水力模型、数据分析方法或优化技术进行（Zheng等，2016；Zheng等，2017）。这些方法可以进一步划分为基于瞬态的方法、基于优化的方法（稳态水力模型为基础）和数据驱动的方法。基于瞬态的方法通常使用信号处理技术来分析由漏损引起的瞬变流状态（如Colombo等，2009；Wang等，2020）；基于优化的方法通常将漏点检测问题归结为一个用水量校核问题（如Sanz等，2015；Zhang等，2016；Sophocleous等，2019）；数据驱动方法通过分析来自监测站点（如流量和压力监测点）的数据来定位漏损（如Romano等，2014；Zhou等，2019）。第4章所提方法即是一种基于优化的漏损定位方法。需要注意的是，尽管基于模型的方法在识别漏损方面是高效且经济的（Duan等，2011），但在实际应用中这些方法往往表现出低可靠性的问题，尤其是对于高度环状和复杂的管网（Sophcleous等，2019）。

在过去的几十年里，人们开始使用分区计量（district meter area，DMA）来提高复杂供水管网的漏损管理效率（Mutikanga等，2013）。这种漏损管理通常是通过分析夜间时段DMA的入口和出口处的监测流量来进行的（即夜间流量分析）（Covas等，2006）。虽然这种基于DMA的方法可以有效确定在DMA区域内是否存在漏损（即区域定位），但仍然难以确定DMA中漏点的准确位置。对于一些大型城市，由于DMA的空间尺度很大，这种问题尤其突出。例如，在英国的DMA规模一般是1000~2000户居民，而在我国的一些城市可能会包含更多的用户（Qi等，2018b）。

为了解决上述漏损定位方法的潜在挑战，本章提出了一种新的基于主动阀门操作和智能水表计量的多阶段方法，用以定位DMA管网中的漏损。该方法具备可行性的现实基础是，近年来很多供水企业开始越来越多地使用智能技术用于供水管网的运行管理，如智能水表、远控阀门和先进的信息技术等（Nguyen等，2018；Creaco等，2019）。这些智能设施为开发创新型技术提供了机遇，提升了供水管网的运营管理（Farah和Shahrour，2017）。例如，很多供水企业开始使用智能水表设备以提供接近实时的终端用户用水量数据，从而从供水管网的精准建模（Creaco等，2016；Nguyen等，2018）和高效漏损管理（Nguyen等，2018；Bragalli等，2019）成为可能。在这种背景下，本书首次提出将阀门操作和智能水表相结合的DMA漏损定位理论和技术。

　　本章提出了一种多阶段二分优化方法来定位DMA中的漏损，其中通过迭代执行阀门操作和基于智能水表计量的水平衡分析以逐步缩小与漏损相关的空间区域。该方法采用一种基于图论的方法来识别可以分割DMA的优化阀门操作策略，以提高方法应用效率。此外，该方法需要使用水力模型来评估阀门操作后DMA的水力状态。下面详细介绍所提出的多阶段漏损定位方法，并以真实供水管网中的两个DMA来说明该方法的可行性和实施步骤。

5.2　多阶段漏损定位理论

5.2.1　基本原理

　　该方法采取阀门操作和水平衡分析相结合的策略来定位DMA中的漏损管道或区域。更具体地说，假设初始状态下DMA中所有管道都是潜在漏损管道（Potential leaking pipes，PLP），该方法利用阀门操作（即关闭一些阀门）将DMA分割为两个子区域，同时将DMA中的PLP标记管道划分为两部分。然后，对这两个子区域进行水平衡分析以判定两个子区域中是否存在漏损，即是确定两部分PLP标记管道中是否存在漏损。重复实施这种阀门操作和水平衡分析相结合的策略，以缩小PLP标记管道的空间区域，直至没有更多阀门操作可以缩小该区域。最终识别出的包含PLP标记管道的区域，代表了DMA中与漏损相关的最小区域。

5.2.2　技术框架

　　根据上述基本原理，该方法可分为两个过程实施，如图5-1所示。过程一识别出可将DMA分割为两个子区域的可行阀门操作策略集合，只需要执行一次。过程二是多阶段漏损定位过程，需分阶段重复执行以定位漏损。在过程一，采用一种基于图论的方法来识别对DMA分割的阀门操作策略，包括：（1）将原始DMA管网图转换为Segment-Valve图（S-V图）；（2）识别S-V图的割集，作为阀门操作策略集合。

　　在过程二，利用下述多阶段过程来定位漏损。初始状态下DMA中所有管道都是潜在漏损管道（PLP），形成**PLP**集合。考虑任一阶段k，首先确定优化的阀门操作策略，将DMA分割为两个子区域。这是通过将DMA分割问题构建为对**PLP**集合的二分优化问题来实现的，即应采用最少的阀门操作次数将DMA中的**PLP**集合中管道尽可能均分至两个子区域中。选择这种二分方法的原理是，在没有漏损位置的先验知识的情况下，二分查找方法在统计学上是最高效的。这类问题在工程实践中很常见（Ferrari等，2014）。然后，基于所定义的二分优化问题从过程一

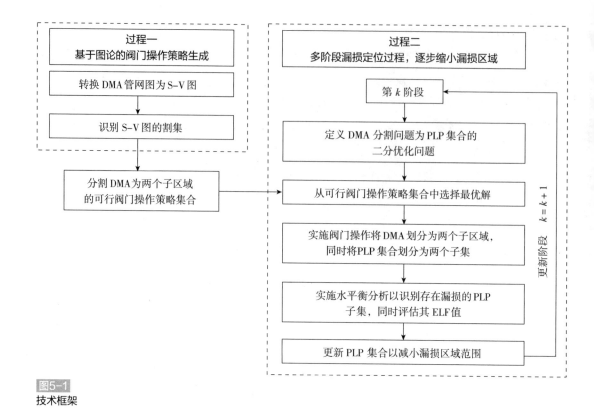

图5-1
技术框架

所识别出的可行阀门操作策略集合中选择最优解。紧接着，在DMA中应用所选择的最优阀门操作策略，将DMA分割为两个子区域，同时将PLP集合分割为两个PLP子集合。接下来，对这两个子区域实施水平衡分析，以识别两个PLP子集合中是否存在漏损，并且评估其估计漏损流量（Estimated leak flowrates，ELF）。基于水平衡分析结果，移除PLP集合中已被识别为无漏损的管道，由此缩小DMA的漏损区域。然后，漏损定位过程进入下一阶段（即$k=k+1$），重复多阶段执行直到没有阀门操作可以进一步缩小漏损区域。

水平衡分析可能会识别出两个子区域都存在漏损，这表明DMA中存在多处漏损。对于这种情况，首先集中于对具有更大的ELF值的PLP子集进行漏损区域识别（即定位相对更大的漏损点），而暂时将另一个PLP子集作为候选的PLP集合（称之为CPLP集合）。当具有更大ELF值的PLP子集被完全识别后（即定位至最小漏损区域），将CPLP集合重新设为PLP集合，进一步应用该方法定位其他漏损，直至DMA中所有的漏损都被识别。

需要注意的是，由于阀门操作可能会干扰甚至中断DMA内部分区域的供水，该方法一般在最小夜间流量时段实施（如凌晨2:00～5:00）。这时的居民用水通常可以忽略不计（Mutikanga等，2013），因此居民用水的短时间中断被认为是可以接受的。但是，仍然应该保证商业用户或大用户的水量供应，这可以通过在这些用户的相关节点处增加压力约束来实现。

为了使该方法能够进行有效的漏损定位，每个阶段的水平衡分析应该（接近）实时进行。这要求DMA中所有用户使用智能水表以提供在线水量信息，至少应提供与DMA的出入口处的流量计相同的时间分辨率数据（如每5min一次）。大部分管网中可能尚未安装如此大量的智能水表，但是在线准确计量用户水量是一种重要的发展趋势（Bragalli等，2019）。事实上，由于近年来物联网技术的快速发展，世界各地的管网中正安装越来越多的智能水表（Zheng等，2018）。这些实时水量数据已被用于各种不同的工程目的，如用户水量需求分析和实时漏损分析（Bragalli等，2019；Creaco等，2016）。这种情况在我国尤为突出，因为我国明确要求到2020年供水管网的漏损率应降至10%以下（"水十条"规定），从而推动了智能水表在我国水务行业的广泛应用。因此，该方法有望在不久的将来具有实际应用前景。

5.3　基于图论的阀门操作策略生成（过程一）

将DMA管网看作是一个连接图，以$G(V, E)$表示，其中节点和线段分别表示顶点(V)和边(E)。管网中的阀门可以在图中表示为顶点或边，这取决于阀门在管网模型中的形式。例如，在广泛应用的管网建模软件EPANET中（Rossman，2000），阀门被当作线段元素，因此在图中可表示为边。将DMA划分为两个子区域的阀门操作策略可以看作是相应图的割集，其中割边/割点对应于关闭的阀门。因此，在确定阀门操作策略时只需考虑与阀门对应的边/顶点来分割DMA，而不考虑其他类型的边/顶点。为实现这一目标，所提方法将原始DMA管网图转换为一种Segment-Valve图（S-V图），图中只有阀门被当作边。由此，S-V图的割集可以被识别为DMA分割的阀门操作策略。

5.3.1　转换DMA管网图为S-V图

Segment的概念通常用来表示管网中可以通过关闭阀门隔离的最小区域（Walski，1993）。这里采用一种非常简单的基于图论的方法来识别管网中的Segment（Giustolisi和Savic，2010）。原始DMA管网图转换为S-V图需要三个步骤：（1）移除DMA管网图$G(V, E)$中的所有表示阀门的边，生成一个新的图$G_{new}(V_{new}, E_{new})$；（2）利用深度优先搜索算法识别新图$G_{new}(V_{new}, E_{new})$的所有连接组件，其中每个连接组件对应于DMA管网的一个Segment；（3）将所识别的Segment作为顶点(V_s)和连接的阀门作为边(E_s)，构建S-V图G_s (V_s, E_s)。以图5-2为例说明这一过程。图5-2中展示了一个包含5个阀门的虚拟DMA转换为S-V图$G_s = (V_s, E_s)$的过程，其中图5-2（c）中的$V_s = \{S1, S2, S3, S4, S5\}$是图$G_s$的顶点，图5-2（d）中的$E_s = \{V1, V2, V3, V4, V5\}$是图$G_s$的边。

5.3.2　识别阀门替代图割集

在S-V图中，由于只有阀门被当作图的边，一个割集中的边即是代表了一组阀门，通过关闭这些阀门可将DMA分割为两个子区域。因此，可以推断S-V图的不同割集代表了分割DMA的不同关阀策略。换句话说，在每个阶段，这些割集可以被认为是图5-1所示的二分优化问题的可行解。基于这一点，枚举S-V图的所有割集即可得到分隔DMA的可行阀门操作策略集合。

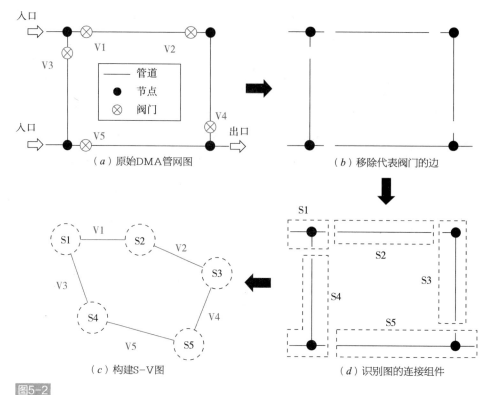

图5-2
DMA管网图转换为S-V图示例

　　然而，基于图论理论，理论上S-V图$G_s(V_s, E_s)$具有$2^{|V_s|-1}-1$个割集（Karger，1993）。对于大型图（如具有大量阀门的DMA）找到所有的割集的计算量非常庞大，甚至不可行。例如，对于一个30个顶点的无向图，理论上大约有5.37亿个割集，找出如此巨量的割集的工作量大大超出了通常可用的时间成本。为解决这一挑战，本书采用Karger算法来识别足够数量的阀门操作策略用于DMA分割。这些阀门操作策略被用于识别二分优化问题的近似最优解。用于割集识别的Karger算法的伪代码如图5-3所示。识别出的阀门操作策略（即割集）将被用作过程二的二分优化问题的可行解。

算法1：识别S-V图的割集

Input: the S-V graph $G_s = (V_s, E_s)$

Output: the cut-sets *Cuts*

1　n ← 1

2　**Repeat**

3　　$G_{new} = (V_{new}, E_{new}) \leftarrow G_s$

4　　**while** $|V_{new}| > 2$ **do**

5　　　randomly select $e \in E_{new}$

6　　　merge the two vertices of e

7　　　remove e from E_{new}

8　　**end while**

9　　$Cuts(n) \leftarrow$ the edges in G_{new}

10　　$n \leftarrow n + 1$

11　**until** n > $|V_s|^4 \log|V_s|$

12　Remove duplicate cut-sets in *Cuts*

13　**return** *Cuts*

图5-3
S-V图割集识别过程的伪代码

5.4　多阶段漏损定位方法（过程二）

5.4.1　DMA分割的二分优化问题

在过程二，重复执行阀门操作和水平衡分析，移除潜在漏损管道集合（PLP集合）中的无漏损管道（non-leaking pipes，NLP），以逐渐缩小DMA中的漏损区域。具体来说，在每一个阶段，通过求解二分优化问题来确定将DMA分割为两个子区域的最优阀门操作策略。所提二分优化问题定义如下：

最小化：

$$F^{k} = w\frac{\sum_{n=1}^{N}\left|v_{n}^{k} - v_{n}^{k-1}\right|}{N} + (1-w)\frac{\left|\sum_{m=1, m\in \mathbf{PLP}_{1}^{k}}^{M}L_{m} - \sum_{m=1, m\in \mathbf{PLP}_{2}^{k}}^{M}L_{m}\right|}{\sum_{m=1}^{M}L_{m}} \tag{5-1}$$

约束条件：

$$\mathbf{V}^{k} \in \{0,1\}^{N} \tag{5-2}$$

$$G = G_{1}(\mathbf{V}^{k}) \cup G_{2}(\mathbf{V}^{k}) \tag{5-3}$$

$$\mathbf{PLP}^{k} = \mathbf{PLP}_{1}^{k} \cup \mathbf{PLP}_{2}^{k} \tag{5-4}$$

$$\mathbf{CPLP} \subseteq G_{1}(\mathbf{V}^{k}) \text{ or } \mathbf{CPLP} \subseteq G_{2}(\mathbf{V}^{k}) \tag{5-5}$$

$$\mathbf{H}_{u}(\mathbf{V}^{k}) \geqslant \mathbf{h}_{u}^{\min} \tag{5-6}$$

式中，上标k表示第k个阶段，F^{k}表示目标函数值；$v_{n}^{k} \in \{0,1\}$表示第k阶段阀门状态，$v=0$和1分别代表阀门关闭和打开，$n=1,2,\cdots,N$表示第n个阀门，N是DMA中可操作的阀门总数；$\mathbf{V}^{k} = \{v_{1}^{k},\dots,v_{N}^{k}\}$是第$k$阶段的阀门状态集合；$L_{m}$是管道$m$的长度，$M$是DMA中管道总长。公式（5-3）中，$G_{1}(\mathbf{V}^{k})$和$G_{2}(\mathbf{V}^{k})$表示通过阀门操作$\mathbf{V}^{k}$所分割的两个子图（即DMA的子区域）。集合$\mathbf{PLP}$和$\mathbf{CPLP}$分别表示潜在漏损管道集合和候选的潜在漏损管道集合。式（5-4）代表DMA分割的结果，即潜在漏损管道集合（$\mathbf{PLP}^{k}$）被两个子图分割为两个子集$\mathbf{PLP}_{1}^{k} \subseteq G_{1}(\mathbf{V}^{k})$和$\mathbf{PLP}_{2}^{k} \subseteq G_{2}(\mathbf{V}^{k})$。

式（5-1）右侧第一项（即$\sum_{n=1}^{N}\left|v_{n}^{k}-v_{n}^{k-1}\right|$）表示第$k$阶段的阀门操作数，相对于上一阶段结束时的阀门状态。式（5-1）右侧第二项（即$\left|\sum_{m=1, m\in \mathbf{PLP}_{1}^{k}}^{M}L_{m} - \sum_{m=1, m\in \mathbf{PLP}_{2}^{k}}^{M}L_{m}\right|$）表示第$k$阶段的阀门操作所分割的两个子区域中潜在漏损管道的长度差值。这两项数值分别除以阀门总数（N）和管道总长（$\sum_{m=1}^{M}L_{m}$）以在0~1范围内归一化。因此，式（5-1）的最小化可以理解为在每个阶段，使用最少的阀门操作次数将PLP集合划分为两个PLP子集，且两个PLP子集的管道总长差异最小，从而实现在统计学上高效的漏损定位（如前所述）。式（5-1）中的w是权重系数，表示公式右侧两项的相对重要性。本书中使用$w=0.5$以表示这两项同等重要，但是不同w数值对优化结果的影响将在后续的案例中研究。

如前所述，$\mathbf{CPLP}$集合是在水平衡分析发现两个PLP子集中均存在漏损时从PLP集合中暂时移除的一组管道。式（5-5）定义了一个约束条件，以确保DMA被分割后CPLP集合中所有管道都始终在一个子区域中。换句话说，这些管道在被重置为**PLP**进行漏损定位之前，阀门操作不能把**CPLP**集合中的管道分割在两个子区域中。这是因为漏损定位过程中必须使用**CPLP**集合的ELF值进行水平衡分析。

式（5-6）表示管网中需要在夜间时段持续供水的用户（称之为不可断水用户，如敏感用户或关键用户）的压力约束条件。对于这类用户，要求阀门操作后相关节点处的压力（$\mathbf{H}_u(\mathbf{V}^k)$）不低于最小允许值（$\mathbf{h}_u^{min}$）。为了得到这些节点处的压力数值（$\mathbf{H}_u(\mathbf{V}^k)$），采用EPANET的水力计算功能对整个操作阶段的水力状态进行模拟计算。

5.4.2 子区域的水平衡分析

在漏损定位的每个阶段，执行由式（5-1）~式（5-6）所确定的最优阀门操作策略，将DMA分割为两个子区域（即$G = G_1 \cup G_2$），同时也将**PLP**集合划分为两个子集（即**PLP** = **PLP**$_1$ ∪ **PLP**$_2$）。然后，通过水平衡分析来确定两个子集（即**PLP**$_1$或/和**PLP**$_2$）是否存在漏损，由此移除不存在漏损的管道以更新**PLP**集合。一般来说，DMA的水平衡分析是根据该区域边界处所记录的流入/流出流量、存储水塔处的容积变化以及区域内用户的计量水量来评估其非收益水量（non-revenue water，NRW）（Mutikanga等，2013）。如果一个区域在最小夜间流量时段的NRW值过高（比如说，超过预定阈值），则该区域管网很可能产生了新的漏损（Covas等，2006）。

该方法中，对水平衡分析做出了两种假设：（1）NRW的主要成分是管道破裂/爆管漏损（即漏损定位所考虑的漏损类型），而不是背景漏损或计量误差，因为后两者通常要低得多（Covas等，2006）；（2）在最小夜间流量时段，阀门操作造成的压力波动对漏损流量的影响很小（Wright等，2015）。基于这两种合理的假设，可以将水平衡分析所得到的NRW近似视为估计漏损流量(ELF)，即ELF≈NRW。相应地，将ELF（G）定义为整个DMA的估计漏损流量，ELF(G_1)和ELF(G_2)分别定义为两个子区域的估计漏损流量，ELF（**PLP**$_1$）、ELF（**PLP**$_2$）和ELF（**CPLP**）分别定义为子集**PLP**$_1$、子集**PLP**$_2$和CPLP集合的估计漏损流量。这些数值是通过对DMA和子区域应用水平衡分析得到。考虑系统中存在背景漏损和计量误差，还定义了一个阈值参数ELF$_{tol}$用来判定是否存在漏损，即如果ELF（**PLP**$_i$) > ELF$_{tol}$($i \in \{1,2\}$)，则说明**PLP**$_i$集合中存在漏损，反之亦然。注意，这里所定义的ELF$_{tol}$类似于DMA的最小夜间流量分析中用于考虑背景漏损和计量误差的阈值（Alkasseh等，2013；Farah和Shahrour，2017）。

水平衡分析的目的是估计两个**PLP**子集的估计漏损流量，据此判别这两个子集中的管道是否存在漏损。为实现这一目标，需要采取下述步骤：

（1）在漏损定位之前，对整个DMA进行水平衡分析，得到ELF(G)。

（2）评估ELF(G_1)和ELF(G_2)。可能存在两种情况（见图5-4）：①两个子区域都有入流流量，即两个子区域都包含至少一个DMA入口，如图5-4（a）所示；②一个子区域有入流流量，而另一个子区域没有，即一个子区域包含了DMA所有入口，而另一个子区域被关阀完全隔离，如图5-4（b）所示。对于第①种情况，分别对两个子区域均进行水平衡分析以确定估计漏损流量，即图5-4（a）中的ELF(G_1)和ELF(G_2)。对于第②种情况，对具有入流流量的子区域进行水平衡分析以计算估计漏损流量，即图5-4（b）中的ELF(G_1)；另一个子区域的估计漏损流量是整个DMA的估计漏损流量与具有入流流量的子区域的估计漏损流量的差值，即图5-4（b）中的ELF(G_2)。

（3）评估ELF（$\mathbf{PLP}_1$）和ELF（$\mathbf{PLP}_2$）。可能存在两种情况：①如果分析的子区域中不存在标记为CPLP的管道，如图5-4（b）中的子区域G_1，则ELF（$\mathbf{PLP}_i$）= ELF(G_i)，$i \in \{1,2\}$；②如果分析的子区域中存在标记为CPLP的管道，如图5-4（b）中的子区域G_2），则ELF（$\mathbf{PLP}_i$）= ELF(G_i) – ELF（$\mathbf{CPLP}$），$i \in \{1,2\}$。上述过程的伪代码如图5-5所示。

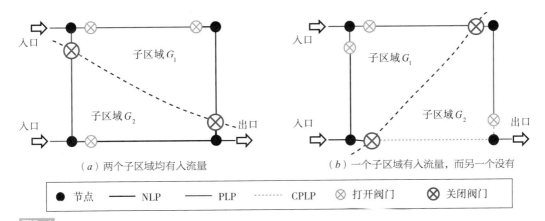

（a）两个子区域均有入流量　　　　　　（b）一个子区域有入流量，而另一个没有

● 节点　　—— NLP　　—— PLP　　······ CPLP　　⊗ 打开阀门　　⊗ 关闭阀门

图5-4

DMA分割结果的两种情况

算法2：评估ELF($\mathbf{PLP}_1$)和ELF($\mathbf{PLP}_2$)

Input: G, G_1, G_2, **PLP**, $\mathbf{PLP}_1$, $\mathbf{PLP}_2$, **CPLP**, ELF(**CPLP**)

Output: ELF($\mathbf{PLP}_1$), ELF($\mathbf{PLP}_2$)

```
1   conduct WBA for G to obtain ELF(G)
2   if G₁ and G₂ have inflows              //图5-4（a）
3       conduct WBAs for G₁ and G₂ to obtain ELF(G₁) and ELF(G₂)
4   else if G₁ has inflows and G₂ is isolated   //图5-4（b）
5       conduct WBA for G₁ to obtain ELF(G₁)
6       ELF(G₂) = ELF(G) – ELF(G₁)
7   end if
8   if CPLP=∅                              //图5-4（a）
9       ELF(PLP₁) = ELF(G₁)
10      ELF(PLP₂) = ELF(G₂)
11  else if CPLP⊆G₁
12      ELF(PLP₁) = ELF(G₁) – ELF(CPLP)
13      ELF(PLP₂) = ELF(G₂)
14  else if CPLP⊆G₂                        //图5-4（b）
15      ELF(PLP₁) = ELF(G₁)
16      ELF(PLP₂) = ELF(G₂) – ELF(CPLP)
17  end if
18  return ELF(PLP₁), ELF(PLP₂)
```

图5-5

评估ELF（$\mathbf{PLP}_1$）和ELF（$\mathbf{PLP}_2$）过程的伪代码

5.4.3　更新潜在漏损管道

通过在每个阶段实施水平衡分析，可以得到两个PLP子集的估计漏损流量，即ELF（**PLP**$_1$）和ELF（**PLP**$_2$）。它们可以用来判定两个PLP子集是否存在漏损，进一步移除不包含漏损的**PLP**子集，由此减小漏损范围。如前所述，水平衡分析可能存在两种不同的情况：①只有1个**PLP**子集中包含漏损；②两个**PLP**子集均存在漏损，这意味着DMA中存在多个漏点。对于第①种情况，包含漏损的**PLP**子集移至下一阶段进行进一步划分，而从**PLP**集合中移除另一个**PLP**子集，由此减少漏损管道数量，即漏损区域大小。对于第②种情况，选择具有更大ELF值的**PLP**子集来进一步识别漏损，而将另一个ELF值较低的**PLP**子集转换为候补的潜在漏损管道（CPLP）。这些标记为CPLP的管道被临时添加到CPLP集合中，相应地也更新了ELF（**CPLP**），具体细节见图5-6的伪代码。

算法3：更新PLP集合

Input: PLP$_1$, PLP$_2$, CPLP, NLP, ELF(PLP$_1$), ELF(PLP$_2$), ELF(CPLP), ELF$_{tol}$
Output: PLP, NLP, CPLP, ELF(CPLP)

```
1   if ELF(PLP₁)>ELF_tol and ELF(PLP₂)≤ELF_tol              //第①种情况
2       PLP=PLP₁
3       NLP=NLP ∪ PLP₂
4   else if ELF_tol<ELF(PLP₂)<ELF(PLP₁)                     //第②种情况
5       PLP=PLP₁
6       CPLP=CPLP ∪ PLP₂
7       ELF(CPLP)+=ELF(PLP₂)
8   end if
9   return PLP, NLP, CPLP, ELF(CPLP)
```

图5-6

更新潜在漏损管道过程的伪代码

5.5　多阶段漏损定位技术实施流程

多阶段漏损定位方法的步骤如图5-7所示，每个步骤的细节如下所示：

步骤1：漏损定位进程初始化，包括标记DMA中所有管道为PLP（即**PLP**集合），设置集合**NLP**=Φ和集合**CPLP**=Φ，预先指定阈值ELF$_{tol}$；

步骤2：使用第5.3节所述方法识别足够数量的阀门操作策略；

步骤3：通过求解二分优化问题，即5.4.1节中的式（5-1）～式（5-6），确定将DMA分割为两个子区域的最优阀门操作策略；

步骤4：实施最优阀门操作策略，将DMA分割为两个子区域，同时将**PLP**集合划分为两个**PLP**子集合（即$G=G_1 \cup G_2$和**PLP**=**PLP**$_1$ $\cup$ **PLP**$_2$）；

步骤5：对两个子区域执行水平衡分析以评估两个**PLP**子集合的估计漏损流量（即ELF（**PLP**$_1$）和ELF（**PLP**$_2$）），具体细节见第5.4.2节；

步骤6：按照第5.4.3节描述的方法更新**PLP**集合（即移除步骤5中确定的无漏损管道）、**NLP**集合和**CPLP**集合；

步骤7：如果有更多的阀门操作可以进一步划分**PLP**集合（即进一步缩小漏损区域），则移至步骤3，开始下一阶段；否则，**PLP**集合中的管道是最终识别出的漏损管道，该方法继续执行至步骤8；

步骤8：如果DMA中存在标记为CPLP的管道（即**CPLP**$\neq \Phi$），则更新CPLP集合为PLP集合，移至步骤3；否则，说明DMA中所有漏损都已找到，该方法的漏损定位进程结束。

注意，该方法不能处理这样一种情况：多个漏点的总漏损流量大于ELF_{tol}，但每一个漏点的估计漏损流量都小于ELF_{tol}。这种情况说明管网中存在很多非常小的漏点，用水平衡分析法是无法检测到的。此外，如果步骤5的水平衡分析识别出两个**PLP**子集均存在漏损（即图5-7中所示的第②种情况），该方法将首先定位具有较大的ELF值的**PLP**子集中的漏损。当这些存在漏损的管道被处理后（如隔离或修复），另一个具有较小的ELF值的**PLP**子集（即CPLP集合中的管道）将被重新考虑，并再次执行所提方法。

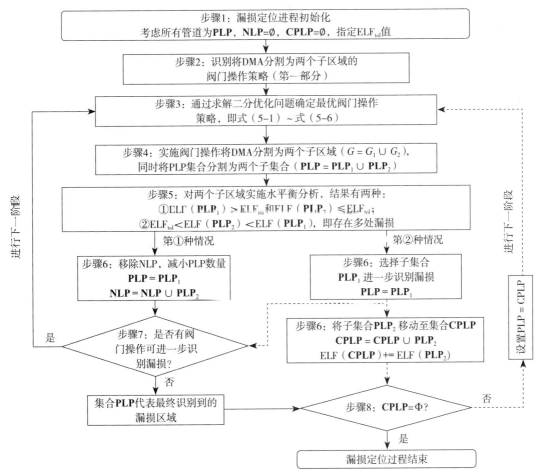

图5-7

多阶段漏损定位方法实施的总体流程

5.6　案例应用

5.6.1　案例描述

采用我国南方J市的真实供水管网中的两个DMA（DMA1和DMA2）来验证所提方法的有效性，如图5-8所示。该供水管网服务人口约120万人，日最大需水量为47万m³。所选的两个DMA具有不同的结构复杂性和规模。根据当地水司提供的管网水力模型，DMA1具有高度环状的管网拓扑结构，包含171根管道（总长58.7km）、208个节点和51个可操作阀门；DMA2包含113根管道（总长70.8km）、140个节点和32个可操作阀门。DMA1具有两个入口和一个出口，主要服务约38000户居民用户和一个供水不可中断的大用户（需要平均51.2m³/h的连续供水）。DMA2位于城市边缘地区，通过两个入口向约26700户居民提供用水。当地水司通过在线监测系统实时计量两个DMA的入口和出口处的流量，每5min测量一次流量数据。基于在线监测所收集到的数据，DMA1和DMA2的用水量分别约为270～1200m³/h和180～800m³/h。

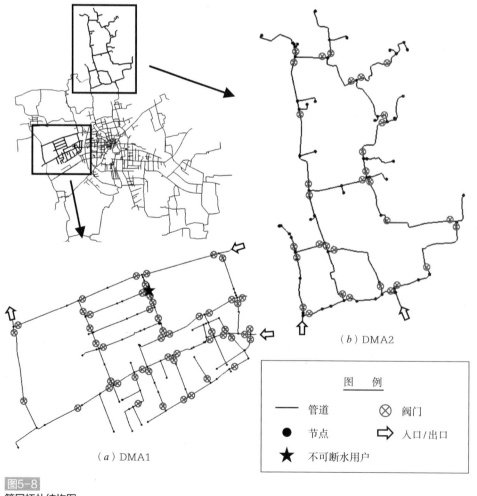

（a）DMA1

（b）DMA2

图　例	
——　管道	⊗　阀门
●　节点	⇨　入口/出口
★　不可断水用户	

图5-8
管网拓扑结构图

过去几年内，随着智能计量技术的快速发展，例如越来越便宜的水表和更先进的网络数据传输技术的推广（Zheng等，2018），以及政府对于漏损控制的政策驱动，当地水司在这两个DMA中安装了大量的智能水表用以进行漏损管理。DMA1中约40%的用户已安装了智能水表，由此可以得到这些水表相关联节点的用水量。而对于其他尚未安装智能水表的用户，其关联节点的用水量可以利用已监测数据（如流量、压力和已知节点用水量）校核得到。在对这些未知节点用水量进行校核之前，根据工程经验为这些节点分配节点水量变化的时间模式，从而确保校核结果具有实际意义。具体校核工作已由当地水司完成，这里不再给出。对于DMA2，近年来当地水司将其选为智能漏损控制的试点，DMA区域中所有用户都已安装了智能水表进行在线水量计量。在案例研究中，以DMA1作为假设案例来展示该方法在定位单个和多个漏点时的应用过程，以DMA2作为该方法在漏损定位领域的实际应用案例。

5.6.2　基于图论的阀门操作方案生成

图5-9给出了该方法的过程一中两个DMA的S-V图。其中，DMA1的S-V图是由40个顶点（表示Segment）和51条边（表示阀门）组成，DMA2的S-V图是由29个顶点和32条边组成。然后，通过图5-3所示的割集识别方法得到可行阀门操作策略。最终，分别得到DMA1和DMA2的S-V图的4963和410个割集（即可行阀门操作策略集合）。这部分计算程序是在一台配置为12核英特尔酷睿i9-7980XE（2.6 GHz）的处理器上运行，计算时间分别为35min和9min左右。如前所述，该方法的过程一只需在实施多阶段漏损定位进程（即过程二）之前执行一次。这也意味着即使对于拓扑结构高度复杂的DMA（如DMA1），过程一实施也不会影响该方法的效率。

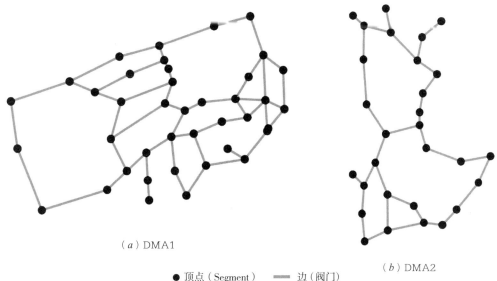

（a）DMA1

（b）DMA2

● 顶点（Segment）　━━ 边（阀门）

图5-9
转换后的S-V图

5.6.3　案例1：定位DMA1中的虚拟漏点

如前所述，DMA1被用作一个假设案例，以演示所提漏损定位方法的步骤及有效性。对于DMA1中尚未安装智能水表的部分用户节点，这里采用已校准的节点用水量作为其在线计量水表。这些节点用水量与DMA1边界处的流量（流入流量和流出流量）相结合，用于水平衡分析。在DMA1的校准水力模型中，通过在一些管道上添加具有固定水量的节点作为虚拟漏损点，用以模拟DMA1中的漏损情况。另外，本假设案例中忽视了背景漏损和计量误差，即阈值$ELF_{tol}=0$。因此，某一区域的NRW值可以直接当作该区域的ELF值，ELF>0表示该区域存在漏损。但是应该注意，在实际情况中ELF_{tol}的数值应该谨慎确定，因为它代表了背景漏损和计量误差对漏损定位的影响，后续将深入讨论。对于DMA1中不可断水用户，如图5-8（a）所示，漏损定位过程中应确保其水压不低于15.0m，以维持足够的供水量。

1. 单漏点

假设DMA1中出现一个流量为15.0m³/h的漏点（约占最小夜间流量的5.6%），这导致DMA1的最小夜间流量出现明显增加。假设该漏点位于DMA1的一根管道上，如图5-10（a）所示。采用该方法对这个虚拟漏点进行定位。具体地，对于这个虚拟漏点，首先通过水力模型模拟关阀操作，然后根据关阀后DMA1的入口流量、出口流量和节点水量进行水平衡分析，来逐步定位漏点。图5-10展示了漏损定位各阶段的优化阀门操作和管道识别结果，表5-1给出了各阶段相应的水平衡分析和管道更新结果。在图5-10和表5-1中，G代表整个DMA，G_1和G_2分别表示被分割的两个子区域，PLP_1和PLP_2分别是位于两个子区域G_1和G_2的PLP子集合。

在第1阶段，如图5-10（a）所示，关闭3个阀门将整个DMA分割为两个子区域，同时将PLP集合（即DMA中的所有管道）分为两个子集。这两个子集中的管道总长差异为0.7km，说明了基于图论的优化方法的有效性。然后，利用水平衡分析（见表5-1）可以判断出在子区域G_1中的PLP子集中存在漏损，即图5-10（a）中粗线标记管道，这是因为虚拟漏点位于该子区域。由此，漏损管道的空间区域从58.7km减小到29.0km。在接下来的第2、3和4阶段，利用该方法所确定的优化阀门操作策略，将更新后的PLP集合进一步划分为具有相似管道总长度的子集。这使得第2、3和4阶段的漏损区域分别从29.0km减小到14.7km、6.8km和4.3km。在第4阶段，由于没有更多的阀门操作可以进一步缩小漏损区域，该方法定位到虚拟漏点所在的最小漏损区域。

定位单个漏点时各阶段的ELF结果　　　　　　　　　　表5-1

阶段	水平衡分析结果（m³/h）					更新结果（m³/h）	
	ELF（G）	ELF（G_1）	ELF（G_2）	ELF（PLP_1）	ELF（PLP_2）	ELF（PLP）	ELF（CPLP）
1	15	15	0	15	0	15	–
2	15	0	15	0	15	15	–
3	15	15	0	15	0	15	–
4	15	15	0	15	0	15	–

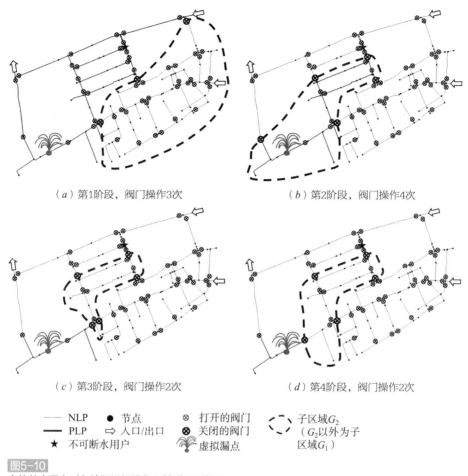

（a）第1阶段，阀门操作3次　　　　　（b）第2阶段，阀门操作4次

（c）第3阶段，阀门操作2次　　　　　（d）第4阶段，阀门操作2次

—— NLP	● 节点	⊗ 打开的阀门	⬛⬛ 子区域G_2
—— PLP	⇨ 入口/出口	⊗ 关闭的阀门	（G_2以外为子
★ 不可断水用户		⊗ 虚拟漏点	区域G_1）

图5-10
定位单个漏点时各阶段阀门操作和管道识别结果

综上所述，在假设DMA1中存在单个虚拟漏点的情景下，该方法通过4个阶段的16次阀门操作（8个不同阀门）来定位该漏点所在区域。这包括对DMA进行分割的11次阀门操作和最终打开所有关闭阀门以恢复系统初始状态的5次阀门操作。在这个案例中，该方法成功地将漏损区域从58.7km缩小至4.3km。因此，该方法可以显著提高漏损定位效率，因为后续可采用探漏设备在所识别的小范围区域精确查找漏点位置，而不用在整个DMA区域内查找漏点。

2. 多漏点

考虑DMA1中存在3个不同漏点位置的假设案例（图5-11），以进一步证明所提方法在处理多漏点情况时的有效性。在这个假设案例中，漏点1与前一种情况相同（即具有漏损流量为15.0m³/h的单个漏点），另外新增两个漏损流量分别为10.0m³/h和5.0m³/h的漏点，因此DMA的总估计漏损流量为30.0m³/h。应用该方法来定位这些虚拟漏点。图5-11给出了每个阶段所确定的优化阀门操作策略和管道标识结果，表5-2列出了相应的估计漏损流量和管道更新结果。

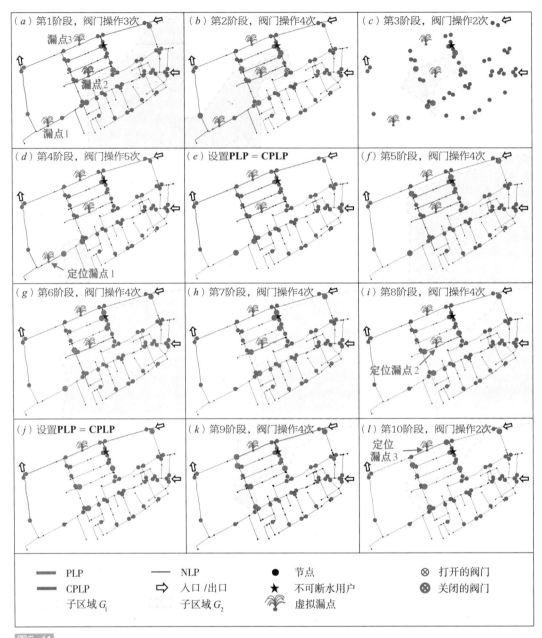

图5-11
定位3个不同漏点时各阶段的阀门操作和管道识别结果（彩图见附页）

定位3个不同漏点时各阶段的ELF结果   表5-2

阶段	水平衡分析结果（m³/h）					更新结果（m³/h）	
	ELF（G）	ELF（G₁）	ELF（G₂）	ELF（PLP₁）	ELF（PLP₂）	ELF（PLP）	ELF（CPLP）
1	30	30	0	30	0	30	–
2	30	5	25	5	25	25	5
3	30	20	10	15	10	15	15

续表

阶段	水平衡分析结果（m³/h）					更新结果（m³/h）	
	ELF（G）	ELF（G_1）	ELF（G_2）	ELF（PLP_1）	ELF（PLP_2）	ELF（PLP）	ELF（CPLP）
4	30	30	0	15	0	15	15
识别漏点1所在漏损区域，设置PLP = CPLP						15	–
5	15	5	10	5	10	10	5
6	15	5	10	0	10	10	5
7	15	5	10	0	10	10	5
8	15	5	10	0	10	10	5
识别漏点2所在漏损区域，设置PLP = CPLP						5	–
9	5	0	5	0	5	5	–
10	5	5	0	5	0	5	–
识别漏点3所在漏损区域，漏损定位进程结束							

如图5-11和表5-2所示，识别DMA1中的3个漏点所在漏损区域需要10个阶段。由于漏点1具有最大的漏损流量，第1~4阶段被执行用于识别与漏点1相关的漏损区域，即图5-11（a）~图5-11（d）。特别地，在第2和3阶段，水平衡分析结果会识别出两个子集合PLP_1和PLP_2均存在漏损，如表5-2所示。以第2阶段为例，由于ELF（PLP_1）＜ELF（PLP_2），PLP集合被更新为 **PLP = PLP₂**以进一步分割，即图5-11（b）中红色标记管道，而将**PLP_1**集合视为CPLP集合，即如图5-11（b）中蓝色标记管道，且ELF（CPLP）= 5.0m³/h（见表5-2中第2阶段）。

在第4阶段之后，由于存在标记为CPLP的管道（即**CPLP ≠ Φ**），重设PLP=CPLP以进一步识别漏损区域，由此图5-11（d）中的蓝色标记管道转换为图5-11（e）中的红色标记管道。在重新执行该方法进一步定位漏损之前，假设所识别的漏点1已被修复，因此整个DMA的ELF（G）减小为15.0m³/h，如表5-2所示。进一步实施第5~8阶段以定位与漏点2相关的漏损区域，如图5-11（f）~图5-11（i）所示。第5阶段的水平衡分析识别出两个PLP子集合均存在漏损。由于ELF（PLP_1）＜ELF（PLP_2）（见表5-2），子集合PLP_1中的管道被标记为CPLP，即图5-11（f）中蓝色标记管道。最后，对图5-11（j）中**PLP**集合再次应用所提方法（即第9和10阶段），以识别包含漏点3的第三个漏损区域。

综上，所提方法利用10个阶段和对18个阀门的42次操作（包括6次阀门操作以恢复系统状态）定位了DMA中的3个漏点。最终识别到的漏损区域分别是4.3km、2.3km和1.9km，远远小于DMA1的管道总长度（即58.7km）。这一结果表明，该方法在理论上对多漏点定位也是有效的。

5.6.4　案例2：定位DMA2中的真实漏点

将该方法应用于定位DMA2中的真实漏损事件，以验证该方法在实际应用中的有效性。

DMA2的两个入口处的流量计和所有用户处的智能水表具有5min的计量分辨率。根据2019年6月收集的数据，该DMA在2：00~5：00的夜间最小流量增大至约180.0 m^3/h，而相应的智能水表计量的总用水量为151.8 m^3/h。因此，该DMA在夜间的非收益水量为28.2 m^3/h（占总入流量的15.7%），这意味着该DMA极有可能存在漏损。由于供水公司未收到爆管报告，可推断产生的漏损可能是不可见的（如漏损水流未流出地面）。因此，在得到当地水司的批准后，采用多阶段漏损定位方法来定位DMA2中的漏点。

由该DMA的夜间非收益水量可知，其估计漏损流量约为ELF(G)=28.2 m^3/h，其中G代表整个DMA区域。同时，当地水司的工作人员根据工程经验（基于DMA中流量和用水量的历史数据）推荐了阈值 ELF_{tol} =7.2 m^3/h（即2.0 L/s），这近似代表了DMA2的背景漏损和计量误差的大小。 ELF_{tol} 取值的影响将在后续深入讨论。从2019年7月5日凌晨2：00开始实施漏损定位。在漏损定位的每个阶段，由当地水司的工作人员实施阀门操作。为了避免引起严重的瞬态压力波动，阀门操作缓慢进行，速度控制在3~10min。然后，在阀门操作之后的一段时间（如15~30min），进行实时水平衡分析，以得到稳定可靠的漏损流量估计结果。漏损定位结果在图5-12和图5-13给出，其中图5-12展示了每个阶段的阀门操作情况和管道识别结果，图5-13展示了水平

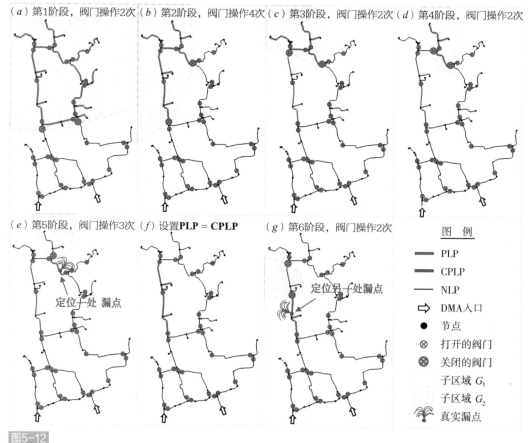

图5-12

定位DMA2中真实漏损时各阶段的阀门操作和管道识别结果（彩图见附页）

衡分析过程。

如图5-12所示，该方法利用6个阶段的阀门操作识别出了DMA2中的两个漏点。更具体地说，所提方法采用了5个阶段（即第1~5阶段）识别出一个漏损区域（管道总长2.3km），如图5-12（e）中红色标记管道所示。在第3阶段，即图5-12（c），水平衡分析结果显示ELF

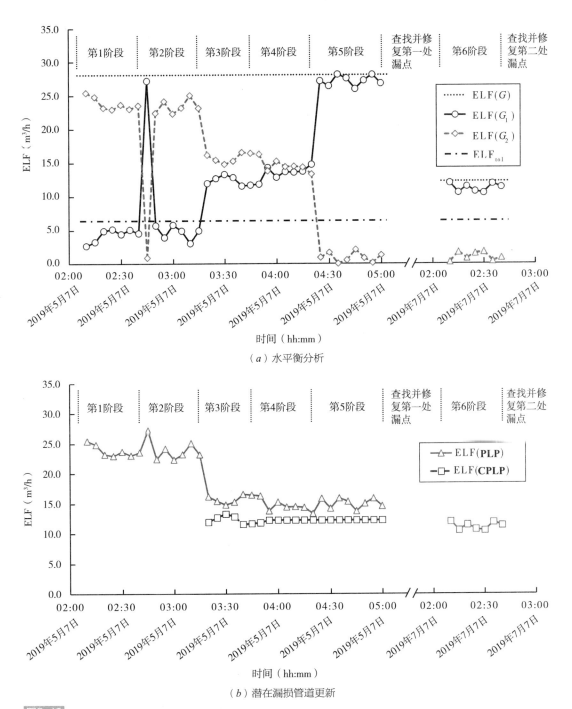

（a）水平衡分析

（b）潜在漏损管道更新

图5-13

定位DMA2中真实漏损时各阶段的ELF结果

（G_1）和ELF（G_2）的平均值分别为12.2m³/h和15.8m³/h，如图5-13所示。考虑到ELF（PLP_1）= ELF(G_1)和ELF（PLP_2）=ELF(G_2)，两个PLP子集合的ELF均大于ELF_{tol}。这意味着两个PLP子集合中均存在漏损，即DMA2中存在多个漏点。由于ELF（PLP_1）<ELF（PLP_2），PLP_1集合被暂时转换为CPLP集合，即图5-12（c）中蓝色标记管道。因此，当第5阶段后识别出一个漏损区域时，DMA中存在CPLP集合，其ELF（CPLP）= 12.2m³/h，如图5-13所示。因此，需要继续进行漏损定位以识别其他漏点，但这是在对已识别的漏损管道处理后进行的。

在第5阶段后，对所识别出的漏损区域内的漏点进行探测修复。由此，整个DMA的估计漏损流量变为ELF（G）=ELF（CPLP）=12.2m³/h（图5-13）。随后，在2019年7月7日夜间，通过设置PLP=CPLP，再次应用所提方法定位其他漏损，如图5-12（f）和图5-13所示。在这次实施中，只需要进行包含2次阀门操作的一个阶段（即第6阶段）即可识别出另一个管道总长度为4.2km的漏损区域，如图5-12（g）中的红色标记管道。考虑到DMA中不存在标记为CPLP的管道，漏损定位进程终止。随后再次对所识别的漏损区域进行漏点探测修复，如图5-12（g）所示。

综上，对于夜间最小流量时段的ELF值为28.2m³/h的DMA2，该方法通过对8个不同阀门的18次操作识别出两个漏损区域。这两个漏损区域的管道总长度分别为2.3km和4.2km，由此相对于整个DMA2区域（总管长为70.8km），漏损区域的空间范围缩小了90.8%。这极大地减少了后续使用基于设备的漏损定位方法来确定漏点位置的工作量。

根据水平衡分析结果（即第5和6阶段的ELF（PLP）），两个识别出的漏点的漏损流量约为15.0m³/h和10.0m³/h。据此可以近似评估所提方法进行漏损定位与使用传统探漏设备在节水方面的效果对比。以供水公司中经常使用的听漏棒设备为例，使用听漏棒设备定位漏损一般需要遍历整个DMA2区域。根据实践经验，该过程大约需要3周时间（21天）。而该方法可以在两个夜晚内定位这两个漏点（2天）。相应地，所建议方法的节水量可以粗略估计为19天漏损流量为25.0 m³/h时的总漏损水量，总计约11400m³（大约是2.5万户家庭一天的用水量）。

5.6.5　工程应用讨论

1. 阀门操作对水力状态的影响

上述虚拟漏损和真实漏损的案例均表明，该方法可以通过将潜在的漏损区域从整个DMA范围缩小至小范围区域（如，空间尺度的10%左右）来有效地定位DMA中的漏损。该方法只需利用阀门操作和水平衡分析即可实现，因此对于安装了智能水表的供水管网，该方法是非常高效和易于实施的。然而，该方法也存在一定的缺陷，即通过阀门操作分割DMA可能会导致对DMA中部分区域的供水干扰甚至是中断。为了缓和这种影响，该方法应在夜间流量时段实施。这里借助于水力模拟方法进一步对漏损定位实施过程中阀门操作导致的水力状态变化（即节点压力和管道流量）进行调查分析。表5-3总结了不同案例中DMA中所有节点的平均和最大压力波动以及产生反向流量的管道总长度占比（相对于DMA的总管长）。

不同案例中阀门操作所引起的水力波动情况　　　　表5-3

案例	阀门操作次数	压力波动（m）		逆流管道占比（%）
		平均值	最大值	
DMA1中单漏点	16	0.4	0.5	2.2
DMA1中多漏点	42	1.4	2.8	21.7
DMA2中真实漏点	18	1.3	2.3	2.4

从表5-3的结果中可以看出，除了那些在短时段内被阀门操作所完全隔离的区域外，节点和管道的水力状态并没有受到阀门操作的显著影响，尤其是DMA1的单漏点案例和DMA2的真实案例。这意味着阀门操作对DMA的水力影响相当有限。此外，对于DMA1，随着阀门操作次数从16次增加至42次，产生反向流量的管道比例也从2.2%增加至21.7%。管道中产生反向流量可能会导致水质问题（Qi等，2018b），在进行大量的阀门操作之前应该深刻认识到这一点。

2. 阀门密度的影响

考虑到DMA中可用阀门的数量是可变的，进一步调查DMA1中不同数量的可操作阀门对该方法的漏损定位性能的影响。考虑了4种不同的阀门密度场景，分别是51个、40个、30个、20个阀门，如图5-14所示。对于每一种阀门数量场景，考虑DMA1中任意一根管道中存在一个漏点的情况，即171根管道产生171个假设案例。这些案例代表了DMA1中所有可能出现的漏损位置。该方法应用于所有这些案例来进行漏损定位。

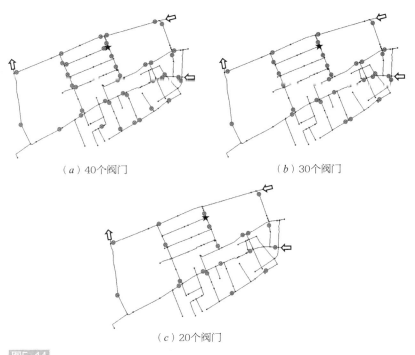

（a）40个阀门　　　　　（b）30个阀门

（c）20个阀门

图5-14
DMA1中不同阀门数量案例

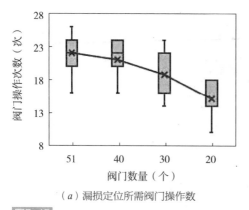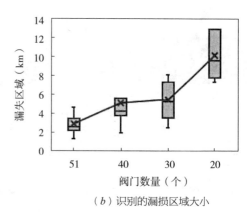

（a）漏损定位所需阀门操作数　　　　　　　　（b）识别的漏损区域大小

图5-15
4种不同阀门数量方案统计结果

图5-15以箱形图的形式显示了4种阀门数量场景下用于漏损定位的阀门操作次数和所识别的漏损区域大小（以管线长度表示）的统计结果，其中交叉点表示平均值。如图5-15所示，该方法能够在10～25次阀门操作范围内将漏损定位至1.0～13.0km的漏损区域（即相对于整个DMA空间尺度减小了98.3%～77.9%）。这表明该方法对于漏损定位是有效的，即使在阀门数量非常有限的情况下（如20个阀门）。从图5-15中还可以观察到一个明显的趋势，即随着可操作阀门数从51个减少至20个，用于漏损定位的阀门操作次数减少，所识别出的漏损区域范围增大。这表明了该方法在漏损定位成本（与阀门操作次数有关）与漏损定位效率之间存在一种权衡关系，从业者在实际应用中应予以考虑。

3. 二分优化中权重系数的影响

如前所述，式（5-1）中权重系数w的数值可能会对优化结果产生影响，这里做一个详细的调查研究。考虑5种不同的w数值，即$w = 0.1, 0.3, 0.5, 0.7, 0.9$。对于每一种权重系数值，考虑利用该方法定位DMA1中所有可能的漏点位置。这是通过假设DMA1中任意一根管道上存在漏点作为一个假设案例来实现的，即共计171个假设案例。图5-16以箱形图的形式展示了每一种w数值情况下所有假设漏损案例的阀门操作次数的统计结果。其中，图中平均值表示所有漏损案例的阀门操作次数的平均值，数值越低表示漏损定位的总体效率越高；图中箱体的高度表示了不同漏损案例的阀门操作次数的变化范围，箱体高度越低表示漏损定位的效率具有更好的鲁棒性。从图5-16可以看出，$w=0.5$代表了总体上最优的性能，因为在所有的漏损案例中它具有较低的平均阀门操作次数，同时具有相当高的效率鲁棒性。然而，从图5-16也可以推断出，权重w数值的微小变化（如$w=0.3$或0.7）不会对所提方法的结果产生显著影响。

4. 其他讨论

该方法的实用性取决于水平衡分析的准确性。换句话说，阈值ELF_{tol}的选择对于该方法的有效性至关重要。如前所述，ELF_{tol}用于近似代表背景漏损和计量误差（包括DMA的出口和入口处的流量计和用户处的智能水表）。背景漏损大小通常与管道状态（如管龄和管长）、连接节点水量和压力相关（Alkasseh等，2013），可以用一些文献中提出的经验和半经验方法进行粗

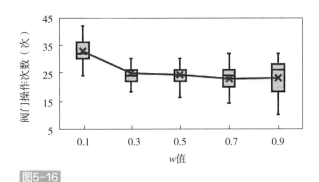

图5-16

不同权重取值下漏损定位所需阀门操作次数统计结果

略估计（Tabesh等，2009；Hunaidi，2010）。对于仪表的计量误差，最好的方法是经常校准以使误差最小，并通过抽样测试来评估误差水平。此外，由于该方法是在夜间实施的，此时用户用水量最低，因此由水表计量引起的误差也是最低的。在应用该方法之前，阈值ELF_{tol}的数值可通过长期的流量和用水量监测和分析以及DMA的运行管理状态（如管道和水表状况）来估计。此外，如果可以估计不同阶段不同子区域大小情况下的ELF_{tol}数值，那么可以据此在漏损定位的不同阶段对ELF_{tol}数值进行调整，这将进一步提高漏损定位方法的有效性。

需要注意的是，所提方法在利用阀门操作定位漏损方面与传统的分步测试方法（Puust等，2010）类似。然而，这两种方法在阀门操作策略方面是不同的，该方法的阀门操作策略是在方法实施的每个阶段动态优化得到的，而传统的分步测试方法的阀门操作策略通常是预先制定的（即阀门操作是由经验决定的）。因此，该方法能够处理具有高度复杂环状结构和大量阀门的复杂DMA管网，而传统的分步测试方法处理这类DMA管网很困难，甚至是不可能的。此外，所提方法利用一种多阶段二分优化方法来定位DMA中的漏损，只需要少量的阀门操作次数，因此效率非常高。但是，对于传统的分步测试方法，检测漏损通常是通过从DMA的末端到源头逐步遍历所有管道来实现的，这需要大量的阀门操作。因此，传统的分步测试方法所需的人力成本是非常高的，近年来已经很少被供水公司采用。

5.7　本章小结

本章提出了一种基于阀门操作和智能水表的多阶段漏损定位方法，用于定位DMA管网中的漏损。该方法的基本原理是：首先，利用对管网中现有阀门的操作分割DMA为两个子区域；然后，实施基于智能水表的在线水平衡分析以识别两个子区域中是否存在漏损，由此更新DMA中的潜在漏损管道；这一过程被反复执行（即多阶段），从而减少潜在漏损管道的数量，由此缩小漏损区域的空间范围。基于此原理，该方法的技术框架分为两部分。过程一，采用基于图论的方法高效识别可将DMA分割为两个子区域的阀门操作策略集合，只需执行一次。过程二是多阶段漏损定位过程，通过迭代执行阀门操作和水平衡分析以逐步缩小漏损区域。其中，各阶段的阀门操作是通过构建DMA分割的二分优化问题，并从过程一得到的阀门操作策略集合中选取最优解得到的,可确保阀门的操作次数最少且求解效率高。

两个具有不同拓扑结构特性和规模的真实DMA管网用于验证所提方法的有效性和实用性。其中,DMA1是一个假设案例,借助于管网水力模型进行单个虚拟漏点和多个虚拟漏点的漏损定位研究。DMA2是一个真实漏损案例,用以展示所提漏损定位方法的工程应用效果。对两个DMA管网的案例研究结果进行总结、分析和讨论,其主要结论如下:

(1)该方法能够准确高效地定位漏损所在的最小区域,并能处理单个漏点和多个漏点的情况。具体来说,在DMA1案例中,对于单漏点情况,该方法能够利用16次阀门操作将漏损定位至与漏点相关的4.3km长度管道的较小区域;对于多漏点情况(3个漏点),该方法利用总计42次阀门操作,可以分别定位到3个漏点所在的漏损区域,其管道长度分别为4.3km、2.3km和1.9km(DMA1的管道总长度为58.7km)。在DMA2案例中,该方法采用18次阀门操作能够识别出两个管道长度分别为2.3km和4.2km的漏损区域(DMA2的管道总长为70.8km)。

(2)相对于传统的基于设备的漏损定位方法,该方法能够显著减少漏损定位的时间和成本。在DMA2案例中,该方法可以在短短两个夜间时段内定位到很小的漏损区域,而传统的基于设备的漏损定位方法往往需要遍历整个DMA区域。

(3)该方法在工程应用中应注意,虽然阀门操作不会对管网的水力状态产生显著影响,但会导致DMA中部分区域供水的短时中断以及部分管道产生反向流量,由此带来的水力和水质潜在风险应予以考虑。这些潜在风险可借助于水力模拟进行预先评估,并制定应对措施。

本章内容为供水行业提供了一种高效且易于实施的主动漏损定位理论与技术方法,主要贡献/创新包括:①相对于传统的基于设备的方法,该方法在漏损定位效率方面明显更加高效;②相对于传统的基于模型的方法,该方法可以识别出更加可靠和具有更好空间分辨率的漏损区域。考虑到智能水表和远程控制阀门在供水管网中的应用越来越多,本章所提的多阶段漏损定位方法具有广阔的应用前景。

第6章

基于探地雷达的漏损
精准定位技术

6.1　引言

本专著第4和第5章主要讲述了漏损区域相关的定位技术，这些技术的作用是将漏损区域缩小至很小的漏损区域。本章主要讲述在这些可疑位置现场使用探地雷达设备对漏损进行精准定位，快速确定漏损的准确位置。

探地雷达是一种基于电磁学的管道漏损检测设备，它以介质间的电磁特性差异为前提，通过对地下介质进行高频电磁波扫描来确定目标对象的空间位置和形态大小，具有图像直观、分辨率高，不受噪声、温度等影响的优点。在国外，利用探地雷达进行管道漏损检测的研究和应用工作已经持续了很多年。早在20世纪80年代，南非约翰内斯堡城市已经开始尝试利用探地雷达来代替传统听音法进行管道检漏工作（Thornton等，2009），但直至今日，探地雷达在供水管道漏损检测方面的研究进展仍有限。

在研究方面，Hyun等（2007）利用室内管道漏损装置，设计PVC管道的无漏损、侧面模拟漏损和底部模拟漏损三种工况试验，采用背景去除和相邻差值的方法对试验数据进行处理，并对处理后各工况图像进行了分析解释。且在处理后的图像上，利用衍射层析成像技术成功提高了管道信号和漏损信号的分辨率。结果表明，侧面漏损工况的管道双曲线信号与漏损信号能够清晰地分辨出来。而对于底部漏损工况，管道双曲线信号与漏损信号因严重重叠而无法区分。说明该方法无法适用于管道底部漏损的情况。

接着，David等（2013）利用室内管道漏损装置，设计了PVC管的真实侧面漏损试验，通过比较漏损前后的探地雷达原始图像，对X方向测线和Y方向测线得到的图像进行了详细分析解释，并提出一种改进的探地雷达图像处理算法，增强了图像的显示效果，进一步归纳出了管道、漏损区域、模型边界三者在图像中的成像特征。然而，这种对各种物体的成像特征的归纳仅是通过一次简单的室内试验总结得出，无法证明其研究成果是否具有普适性。

最近，Lai等（2016）利用室内试验，通过控制管道漏损水量，来研究金属管道和PVC管道在不同漏水量情况下雷达图像上的信号特点。结果表明，金属管道漏损前后雷达图像存在明显的成像差异，而PVC管道则不明显。说明该方法仅适用于对金属管道的漏损检测。

在我国市政领域，探地雷达主要用于探测地下管道的埋深和走向，在管道漏损检测方面的研究及应用很少，其主要原因在于检测管道漏损的难度相比检测管道埋深和走向的难度要大得多，分析和处理管道漏损数据必须依靠专门训练的人员。张建等（2016）利用GprMax雷达正演模拟软件，构建了典型路面下PVC管道环状漏损模型，并对该数值模拟结果进行分析解释，研究表明管道和漏损区域在雷达图像上呈现特征为双曲线和多次反射波的现象，并结合实际的一次管道漏损检测工作，验证了正演模拟方法的有效性。但是，该方法需要事先熟知地下介质的分布情况，否则正演模拟结果将会出现较大的误差。

柴端伍等（2019）利用室内管道漏损物理模型，建立了砂土含水率、电磁波速与砂土相对介电常数之间的关系，并通过比较管道漏损前后的雷达图像发现，漏损区域内的管道线状特征会向下偏移，且管道特征下方的电磁波振幅值出现局部增大的现象。该方法虽然较好地建立了管道漏损与图像信息特征之间的对应关系，但对于不同的土壤类型，该方法都需要重新建立物理模型，时间成本过高。

通过探地雷达管道漏损检测研究现状可知，目前该方法虽然在供水管道漏损检测研究中取得了一定成果，但对于探地雷达数据的分析处理基本停留在对二维剖面图上双曲线的研究，探地雷达三维成像技术和属性技术的应用还处于起步阶段。另外，现阶段绝大部分学者都是通过比较漏损前后二维雷达波形图上信号的差异来判断供水管道是否发生漏损，具有较强的主观性，难以推广到实际管道漏损检测工作中。更为重要的是，在工程领域，采用探地雷达进行管道漏损检测的应用并不多见，其主要原因是实际管道埋设条件非常复杂，可能会对雷达图像会产生大量的干扰信号。因此，雷达探漏方法目前还主要处于研究领域，工程实际应用效果还有待检验，工程应用经验也较为匮乏。

基于目前研究领域的局限性，本章创新提出一种基于探地雷达三维成像及属性分析的供水管道漏损检测技术，并通过供水管道漏损试验进行验证分析。该技术利用探地雷达三维成像和属性分析方法，改善漏损管道的雷达图像成像效果，并利用图像识别算法提取并成像雷达图上漏损信号，可以有效提高探地雷达漏损检测精度和效率。针对目前雷达检漏工程应用经验不足的问题，本研究开展了一些实践应用工作，通过雷达图像进行漏损分析，这些经验为雷达检漏的广泛工程应用提供了借鉴意义。

6.2　探地雷达三维成像

6.2.1　二维图像采集

探地雷达系统通常由发射天线、接收天线、数据收发系统和数据储存系统等几个部分组成（杨春红，2007）。当发射天线和接收天线沿设定测线起点移动至终点，便获得一个由若干道波形数据组成的二维雷达剖面图，即实现目标区域的二维图像采集。考虑到实际漏损检测工作时，待检查的供水管道长度可能达几十上百米，以垂直管道方向布置测线的方式并不适合实际管道的漏损检测工作。因此，管道漏损检测以平行管道方向（管道纵向）布置雷达测线，进行二维图像采集。

采集到的雷达二维图像既包含了有助于识别漏损信号的有用信息，也包含了各种干扰信息，需要对其进行相应的处理，以放大有用信息并压制干扰信息，从而更加清晰、准确地识别出图中的漏损信号。常用的探地雷达二维图像处理方法有废道剔除、零时调整、振幅增益、地面波压制和多次波压制（Yilmaz等，2001）。

6.2.2　三维成像方法

前已述及，现阶段探地雷达漏损检测方法多是通过比较漏损前后二维雷达波形图上信号的差异来判断供水管道是否发生漏损，具有较强的主观性，难以推广到实际管道漏损检测工作中。针对这一局限性，可利用多条平行测线构建探地雷达三维图像，同时显示竖向雷达二维图像（管道横向和纵向剖面图）和水平切面雷达二维图像，以全方位的探查管道漏损情况。目前，复合测线合成法是常用的探地雷达三维成像方法之一（吴宝杰等，2009；王帅，2018）。

6.2.2.1　复合测线合成法

如图6-1所示，复合测线合成法首先在探测区域内设计若干条平行测线，然后利用同一个探地雷达发射和接收天线依次完成所有测线的采集工作，最后利用图像插值算法将所有雷达二维图像拟合成探地雷达三维图像。目前，常用的图像插值算法主要有线性插值法、最近邻插值法和双立方插值法。下面介绍这些算法的数学原理（符祥等，2009）。

1. 线性插值算法

线性插值算法从应用的对象来说，可以分为一阶线性插值、二阶线性插值和三阶线性插值。对于构建的三维图像而言，需要使用三阶线性插值算法完成。如图6-2（a）所示，已知点A_1、A_2、B_1、B_2、C_1、C_2、D_1和D_2的坐标位置和数值，为求目标点$P(x, y, z)$（$x, y, z \in (0,1)$）的值，可先后利用一阶和二阶线性插值算法完成计算。

首先，在z方向上利用一阶插值算法获得点（$0,0,z$）、（$1,0,z$）、（$1,1,z$）和（$0,1,z$）插值结果。即：

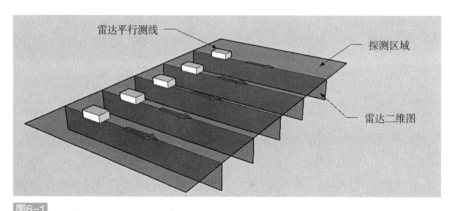

图6-1
复合测线合成法示意图

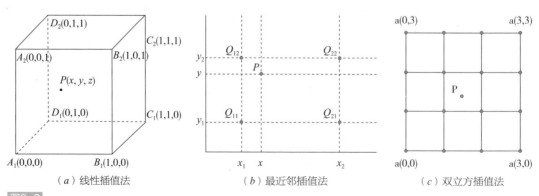

（a）线性插值法　　　　（b）最近邻插值法　　　　（c）双立方插值法

图6-2
常用的图像插值算法

$$f(0,0,z) = (1-z)f(A_1) + zf(A_2)$$
$$f(1,0,z) = (1-z)f(B_1) + zf(B_2)$$
$$f(1,1,z) = (1-z)f(C_1) + zf(C_2)$$
$$f(0,1,z) = (1-z)f(D_1) + zf(D_2)$$

（6-1）

然后，在由这四个点组成的水平面上利用二阶线性插值，就可计算得到点$P(x,y,z)$的值。即：

$$f(P) = (1-x)(1-y)f(0,0,z) + x(1-y)f(1,0,z)$$
$$+ (1-x)yf(0,1,z) + xyf(1,1,z)$$

（6-2）

线性插值法虽然简单且容易实现，运算效率也较高，但插值后图像的边缘位置会较模糊。

2. 最近邻插值法

最近邻插值法是指将插值后的图像中的点，对应到源图像中后，找到与其最近的整数点，作为插值后的输出。如图6-2（b）所示，P为插值后的图像对应到源图像中的点，Q_{11}、Q_{12}、Q_{21}和Q_{22}为P周围四个整数点。因为点Q_{12}距离点P最近，所以点P的值就等于点Q_{12}的值。

最近邻插值法也十分简单、容易实现，但由于插值后各像素点具有领域相关性，图像上会出现明显的锯齿现象。

3. 双立方插值法

双立方插值法又称为双三次方插值，该方法是将目标点周围16个邻近点的值代入构造好的函数进行计算求取目标点的值。如图6-2（c）所示，P为所需插值的目标点，a(i,j)(i,j=0, 1, 2, 3)为P周围已知的16个邻近点。

计算目标点值的数学公式常常是利用BiCubic基函数进行构造的，BiCubic基函数的形式如下：

$$f(x) = \begin{cases} (a+2)|x|^3 - (a+3)|x|^2 + 1 & |x| \leq 1 \\ a|x|^3 - 5a|x|^2 + 8a|x| - 4a & 1 < |x| < 2 \\ 0 & |x| \geq 2 \end{cases}$$

（6-3）

式中，a为常数。由式（6-3）可知，通过给a赋值，就能构造出基于BiCubic基函数的目标点计算表达式。

该算法的优点在于插值后图像的效果最好，但较上述两种方法其运算效率最低。

6.2.2.2 三维图像精度控制要求

为保证探地雷达三维图像能够准确、清晰地反映出地下介质的分布情况，三维图像必须同时满足深度（时间）方向和水平方向的高分辨率要求。因此，采集的雷达二维图像需要满足时间采样频率和水平采样间隔的要求。

1. 时间采样频率

根据Nyquist采样定理（本海姆等，2010），探地雷达系统对信号的时间采样频率应大于两倍的天线中心频率，即深度方向上的采样间隔应小于天线中心频率对应周期的一半，才能保证三维图像在深度方向上的精度要求。

2. 水平采样间隔

如图6-3所示，定义Δx和Δy分别是X方向和Y方向的采样间隔。下面通过理论推导分析沿Y方向移动雷达天线采集时，采样间隔Δy需要满足的条件。

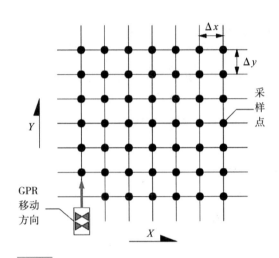

图6-3
雷达天线采样间隔示意图

假设信号最大频率分量为f_{max}、最小频率分量为f_{min}，带宽$B_f = f_{max} - f_{min}$，天线在Y方向的主波束角为α，则位于地下（y_0, z_0）处的目标回波函数$t(y)$可表示为：

$$t(y) = \frac{2}{v}\sqrt{(y - y_0)^2 + z_0^2} \tag{6-4}$$

式中　y——雷达天线的位置；

　　　v——电磁波在地下介质中的传播速度。

由于天线受到主波束角的限制，目标的反射范围为$|y - y_0| \leqslant z_0 \cdot \tan\alpha$。如图6-4所示，画出了回波信号的时域波形和二维傅里叶谱。可以看到，时域上目标回波双曲线由一系列不同斜率的线段组成（图6-4（a）中的线段A-E），而对应到频谱上则变成了斜率互为倒数的线段（图6-4（b）中的线段A-E）。

令式（6-4）对y求导，得时域上双曲线斜率$\mathrm{grad}_t(y)$：

$$\mathrm{grad}_t(y) = \frac{2}{v}\frac{y - y_0}{\sqrt{(y - y_0)^2 + z_0^2}} \tag{6-5}$$

考虑到主波束角的问题，目标回波的边界位置是双曲线斜率$\mathrm{grad}_t(y)$达到最大和最小值的位置。即：

$$\mathrm{grad}_{t\max} = \frac{2\sin\alpha}{v} \tag{6-6}$$

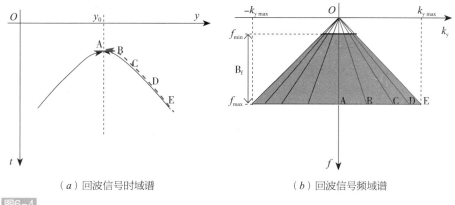

（a）回波信号时域谱　　　　　　　　　　　　（b）回波信号频域谱

图6-4
回波信号时域与频域的映射关系

$$\mathrm{grad}_{t\min} = -\frac{2\sin\alpha}{v} \qquad (6\text{-}7)$$

根据时域谱和频谱上斜率互为倒数的关系，可以计算出频谱上的最大波数$k_{y\max}$为：

$$k_{y\max} = \frac{2f_{\max}\sin\alpha}{v} \qquad (6\text{-}8)$$

因此，为保证沿Y方向的采样满足Nyquist采样定理，采样间隔Δy需满足如下条件：

$$\Delta y \leqslant \Delta y_{\mathrm{N}} = \frac{v}{4f_{\max}\sin\alpha} \qquad (6\text{-}9)$$

同理，沿X方向的采样间隔Δx也需要满足：

$$\Delta x \leqslant \Delta x_{\mathrm{N}} = \frac{v}{4f_{\max}\sin\alpha} \qquad (6\text{-}10)$$

6.3　探地雷达属性分析

针对探地雷达三维图像存在成像模糊、信号特征不明显的问题，可通过引入探地雷达属性分析方法，来增强雷达图像的成像效果，使雷达图像中的信号特征能够更清晰明确。

6.3.1　属性分析原理

探地雷达数据中包含了地下所有的反射信息，但振幅剖面无法保证所有的反射信息都能够被识别出来，这是因为地下埋存的复杂干扰物会导致电磁波快速衰减，从而大大减弱反射振幅。因此，不能仅仅依靠探地雷达振幅剖面分析，而要挖掘数据中可靠性更强的信息以增强识别效果。探地雷达属性技术为这一目的提供了有效工具（赵文轲等，2012）。

早在20世纪70年代，属性技术被引入到反射地震中用于提高数据解释的效率，探地雷达和反射地震存在许多相似之处，因此有学者将属性技术用于探地雷达的考古、地质检测等领域并取得了较好效果。与地震属性理论类似（Chopra等，2005），探地雷达属性是从雷达信号中提取电磁波特征，如几何特征、运动特征、动态特征和统计特征等描述性和定量的参数信息，以此对地下目标体的结构和性质进行精确定位和详细描述。

近年来，从探地雷达数据中提取的属性数量越来越多。根据探地雷达属性的基本定义，可将其分为两大类：一类是与雷达记录有关的时间、振幅、频率、相位或统计学特征等波场特征属性；另一类是与雷达波传播介质有关的速度、衰减系数等介质特征属性（赵文轲，2013）。这些属性中研究和使用较多的是三瞬属性（翟波等，2007）。

三瞬属性是瞬时振幅、瞬时频率和瞬时相位的统称，是通过对实信号进行希尔伯特变换构造复信号的方法，从电磁波波场特征中分离出来的。其中，瞬时振幅反映了给定时刻反射信号的能量大小；瞬时相位度量了地下介质的连续性问题；瞬时频率用于描述雷达的吸收衰减情况。因此，三瞬属性是目前最具实用性的探地雷达属性。下面给出三瞬属性的数学原理。

首先，利用希尔伯特变换构造复信号。设输入信号$s(t)$经过滤波器$H(\omega)$滤波后的输出信号为$\bar{s}(t)$，若$H(\omega)$满足如下特性：

（1）幅频特性是全通型的，即$|H(\omega)|=1$；

（2）相频特性是 $-90°$，即 $H(\omega)=\begin{cases} +i & \omega < 0 \\ -i & \omega > 0 \\ 0 & \omega = 0 \end{cases}$

称$\bar{s}(t)$是$s(t)$的希尔伯特变换，$H(\omega)$为希尔伯特滤波器。

然后，求取三瞬属性，即瞬时振幅、瞬时频率和瞬时相位。设雷达脉冲子波的时间函数为$s(t)$，则：

$$s(t) = t^2 e^{-\beta t} \sin \omega_0 t \tag{6-11}$$

式中 ω_0—— 雷达天线的中心频率；

$\qquad \beta$—— 脉冲子波的衰减速率系数。

若$\bar{s}(t)$是$s(t)$的希尔伯特变换，则三瞬属性的数学表达式如下所示。

（1）瞬时振幅：

$$A(t) = \sqrt{s^2(t) + \bar{s}^2(t)} \tag{6-12}$$

（2）瞬时相位：

$$\varphi(t) = \arctan \left[\frac{\bar{s}(t)}{s(t)} \right] \tag{6-13}$$

（3）瞬时频率：

$$\omega(t) = \frac{\mathrm{d}\varphi(t)}{\mathrm{d}t} \tag{6-14}$$

6.3.2　能量密度属性

针对三瞬属性分析方法成像效果不直观、深度信号紊乱的问题，使用管道漏损检测的属性分析方法需要具备以下两个条件：

（1）该属性方法能够应用在探地雷达水平切面图上，充分发挥水平切面图成像直观的特点；

（2）电磁波信号强度随传播深度的衰减，不会影响该属性区分管道漏损信号和背景介质信号准确性。

为满足上述两个条件，首先需要了解探地雷达水平切面图中各点数值的物理意义。由"6.2.2探地雷达三维成像方法"可知，探地雷达三维图像可以视为一个存贮地下空间电磁波振幅值的三维矩阵，而水平切面图就是一个个不同深度下电磁波振幅值的二维矩阵。

为了消除不同深度二维矩阵中电磁波振幅值的数量级差异。本章提出了一种计算二维矩阵数据点均方值的雷达属性计算方法，统一所有二维矩阵中振幅值的数量级。式（6-15）给出该方法的具体计算原理。

$$f(i) = \frac{a_i^2}{\sum_{j=1}^{n} a_j^2} \qquad (6-15)$$

式中　$f(i)$——数据点i的计算结果；

　　　a_i——数据点i的振幅值；

　　　n——切面图上的数据点总数；

　　　a_j——数据点j的振幅值。

已知电磁波能量与其振幅值的平方成正比，式（6-15）分子表示水平切面图中数据点的电磁波能量，分母则是水平切面的电磁波能量总和。因此，式（6-15）的计算结果表示了水平切面图中各点的能量密度值，故将该属性称之为能量密度属性。

由式（6-15）分析可知，能量密度属性对振幅值进行平方计算，可以起到突出高振幅信号（漏损信号）并压制低振幅信号（非漏损信号）的效果，并通过将振幅值平方比上振幅值平方和的方法，使所有水平切面图的数据点值分布在0到1之间，消除了电磁波振幅衰减带来的问题，从而能够对不同深度的水平图进行定量的分析比较。

6.4　探地雷达图像识别

探地雷达属性分析方法虽然能够提高雷达图像分析工作的准确率，但仅依靠人工处理、分析这些雷达图像是十分低效耗时的。因此，尝试利用计算机视觉功能自动提取对雷达属性图中的目标信号，以达到雷达图像信号高效处理的目的。在探地雷达三维成像及属性分析的基础上，本章利用图像二值化算法、图像骨架提取算法，提取最为直观反映地下介质分布的能量密度属性图中的特征信号，并最终以三维形式呈现管道及漏损区域信号。

6.4.1　图像二值化

图像二值化的计算过程可以分为两个步骤，即图像灰度化和灰度图二值化。下面结合图 6-5 的二值化过程，对这两个步骤进行详细说明。

第一步是将原始图像转化为灰度图（若原始图像已经是灰度图时，可跳过此部分），即将原始图像中每个像素点的RGB值按以下公式计算各点相应的灰度值Grey（计算结果取整）。

$$\text{Grey}=0.299R+0.587G+0.114B \tag{6-16}$$

式中，R、G、B分别为红色、绿色、蓝色的色阶强度，取值范围为0～255的整数值。由此得到灰度值分布在0～255范围内的灰度图，见图6-5（b）。

第二步是通过设置一个阈值T，将灰度值大于阈值T的像素点灰度值变为255（白色）；将灰度值小于阈值T的像素点灰度值变为0（黑色）。由此将灰度图中像素点灰度值二值化，见图 6-5（c）。

从图6-5可以看出，经过图像二值化处理后，图中蝴蝶与背景这两类物体能够很好地区分开来，而如何选择阈值是准确划分目标区域（前景）和其他区域（背景）的关键之处。下面介绍一些常用的阈值计算方法。

目前，常用的阈值计算方法有平均灰度值法、迭代法、最大类间差法和边缘算子法（梁宏希等，2012；叶含笑等，2014；燕红文和邓雪峰，2018）。下面具体阐述各方法的数学原理。

1. 平均灰度值法

平均灰度值法是将图中所有像素点灰度的平均值作为阈值T。即：

$$T=\frac{\sum_{g=0}^{255}g\times f(g)}{\sum_{g=0}^{255}f(g)} \tag{6-17}$$

式中，g为灰度值；f(g)为灰度值为g的像素点个数。

2. 迭代法

迭代法是先假定一个阈值，然后计算该阈值下的前景和背景的中心值，当前景和背景中心值和假定的阈值相同时，则迭代中止，以该阈值进行图像二值化。具体数学原理如下：

（a）原始图像　　　　　　　　（b）灰度图　　　　　　　　（c）二值化图

图像二值化过程（彩图见附页）

（1）求取图像中的最大灰度和最小灰度，分别记为$g_{\max}$和$g_{\min}$，令初始阈值为：

$$T_0 = \frac{g_{\max} + g_{\min}}{2} \tag{6-18}$$

（2）根据初始阈值T_0将图像分割为前景和背景，按下式分别求两者的平均灰度值。

$$A_\text{b} = \frac{\sum\limits_{g=g_{\min}}^{T_0} g \times f(g)}{\sum\limits_{g=g_{\min}}^{T_0} f(g)} \tag{6-19}$$

$$A_\text{f} = \frac{\sum\limits_{g=T_0+1}^{g_{\max}} g \times f(g)}{\sum\limits_{g=T_0+1}^{g_{\max}} f(g)} \tag{6-20}$$

（3）求前景和背景的中心值T_k

$$T_\text{k} = \frac{A_\text{b} + A_\text{f}}{2} \tag{6-21}$$

当$T_0 = T_\text{k}$时，迭代结束，T_0作为图像二值化阈值；否则，将T_k作为初始阈值转入2中继续迭代。

3. 最大类间差法

最大类间差法的基本思想是将前景和背景两类的类间方差到达最大的分类阈值作为图像二值化阈值。具体数学原理如下：

（1）设图像中最大的灰度值为L，其中灰度值为g的个数为n_g，则图像中的像素点总数为：

$$N = \sum_{g=0}^{L} n_\text{g} \tag{6-22}$$

每个灰度值概率为：

$$p_\text{g} = \frac{n_\text{g}}{N} \tag{6-23}$$

（2）假设存在某一灰度值k将图像分为A、B两类，则两类灰度值的概率和均值分别为：

$$p_\text{A} = \sum_{g=0}^{k} p_\text{g}$$

$$p_\text{B} = \sum_{g=k+1}^{L} p_\text{g} \tag{6-24}$$

$$w_\text{A} = \frac{\sum\limits_{g=0}^{k} g \times p_\text{g}}{\sum\limits_{g=0}^{k} p_\text{g}}$$

$$w_{\mathrm{B}} = \frac{\displaystyle\sum_{g=k+1}^{L} g \times p_{\mathrm{g}}}{\displaystyle\sum_{g=k+1}^{L} p_{\mathrm{g}}} \quad\quad （6-25）$$

则图像的总灰度值为：

$$w_{\mathrm{T}} = p_{\mathrm{A}} w_{\mathrm{A}} + p_{\mathrm{B}} w_{\mathrm{B}} \quad\quad （6-26）$$

A、B两类的类间方差为：

$$\delta^2 = p_{\mathrm{A}} \left(w_{\mathrm{A}} - w_{\mathrm{T}} \right)^2 + p_{\mathrm{B}} \left(w_{\mathrm{B}} - w_{\mathrm{T}} \right)^2 \quad\quad （6-27）$$

（3）当类间方差δ^2达到最大值时，对应的灰度值k就作为图像二值化的阈值。

4. 边缘算子法

边缘算子法是一种利用Roberts算子、Sobel算子和Canny算子等边缘检测模板对图像进行二值化的方法，其具体数学原理如下：

（1）采用合适的边缘算子获取图像的边缘点；

（2）比较与每个边缘点相邻的非边缘点灰度值，将灰度值最大的非边缘点归入高阈值点集S_{h}，灰度值最小的非边缘点归入低阈值点集S_{l}；

（3）分别计算两集合的背景阈值T_{l}和前景阈值T_{h}：

$$T_{\mathrm{l}} = \frac{1}{m} \sum_{(i,j) \in S_{\mathrm{l}}} I(i,j) \quad\quad （6-28）$$

$$T_{\mathrm{h}} = \frac{1}{n} \sum_{(i,j) \in S_{\mathrm{h}}} I(i,j) \quad\quad （6-29）$$

式中，m和n分别为S_{l}和S_{h}中点的个数；$I(i,j)$为坐标(i,j)处点的灰度值。

（4）按下式计算图像二值化阈值T

$$T = a \times T_{\mathrm{l}} + b \times T_{\mathrm{h}} \quad\quad （6-30）$$

式中，a和b分别为背景阈值和前景阈值的计算权值，满足$a+b=1$。

6.4.2　骨架提取

骨架提取，也被称为二值图像细化，是在图像二值化处理的基础上，以目标区域的中心为准，提取目标中心像素轮廓的一种图像处理方法（叶福玲，2018；刁智华等，2016；曹良斌等，2018）。一般来说，目标区域的骨架都是单层像素宽度的。如图6-6所示，将图6-6（a）作为骨架提取的输入图像，可以得到图6-6（b）作为对应的输出图像。

目前，关于骨架提取的算法已达到上千种，这些算法按其计算原理可以分为迭代法和非迭代法两大类。其中，迭代法又被分为并行迭代和顺序迭代两种，是在骨架提取算法中被研究和使用更多的一类算法。下面介绍两种比较有代表性的迭代算法：顺序迭代K3M算法（Khalid等，2010）和ZHANG-SUEN并行迭代算法（Zhang等，1984）。

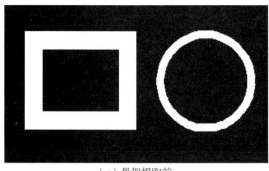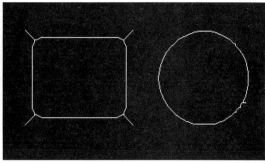

（a）骨架提取前　　　　　　　　　　　　　　（b）骨架提取后

图6-6

骨架提取示意图

1. K3M算法

K3M算法的基本思想是先获取目标区域的轮廓，然后不断迭代运算使轮廓从外内进行腐蚀（把白色像素点变成黑色），直到不能腐蚀未至（仅留下单层像素宽度的白色像素轮廓）。该算法的每次迭代都按以下7步顺序进行：

（1）提取最新目标轮廓并标记所有轮廓点；

（2）逐一检测这些轮廓点的8像素邻域是否存在3个白色像素相邻，如果存在，则将该轮廓点腐蚀点；

（3）逐一检测2中剩余轮廓点的8像素邻域是否存在3或4个白色像素相邻，如果存在，则将该轮廓点腐蚀点；

（4）逐一检测3中剩余轮廓点的8像素邻域是否存在3、4或5个白色像素相邻，如果存在，则将该轮廓点腐蚀点；

（5）逐一检测4中剩余轮廓点的8像素邻域是否存在3、4、5或6个白色像素相邻，如果存在，则将该轮廓点腐蚀点；

（6）逐一检测5中剩余轮廓点的8像素邻域是否存在3、4、5、6或7个白色像素相邻，如果存在，则将该轮廓点腐蚀点；

（7）判断6中是否有轮廓点被腐蚀，如果有，则返回第一步；如果没有，则迭代中止。

经过上述7步的迭代后，可以得到部分区域可能是两个像素宽度的伪骨架。因此，需要进一步从目标伪骨架中提出真正的目标骨架。即逐一检测伪骨架的8像素邻域是否存在2、3、4、5、6或7个白色像素相邻，如果存在，则把该点腐蚀，便得到了真正的目标骨架。其中，对轮廓点的8像素邻域是否存在相邻白色像素点的方法是这样实现的：

这里以判断点P的8邻域是否存在2个白色像素点相邻为例进行说明。如图6-7（a）所示，先对判断点P周围的8像素点以二进制形式赋予权重。

然后将相邻权值两两相加，可以得到一个集c_2 {3,6,12,24,48,96,192,129}。接着，计算点P的8邻域点加权相加值p_2，若p_2是集合c_2中的元素，则说明点P的8邻域点存在2个白色像素点相邻。

例如，当点P的8邻域点像素值分布如图6-7（b）所示时（黑色像素点值为0，白色像素点值为1），$p_2 = 1 \times 128 + 1 \times 1 = 129$是集合$c_2$中的元素，则点P的8邻域点存在2个白色像素点相邻，该点需要被腐蚀。

同理，在判断其他n个（$3 \leqslant n \leqslant 7$）白色像素点相邻情况是否存在时，构建相应集合$c_n$，然后加权相加求$p_n$，最后判断$p_n$是不是集合$c_n$中的元素即可。

128	1	2		1	1	0		P_9	P_2	P_3
64	P	4		0	P	0		P_8	P_1	P_4
32	16	8		0	0	0		P_7	P_6	P_5

（a）8邻域点权重　　　（b）8邻域点像素值　　　　（a）8邻域点编号

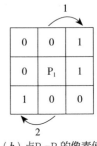

（b）点P_2-P_9的像素值

图6-7
点P的8像素邻域

图6-8
点P_1的8邻域点

2. Zhang-Suen算法

与上述迭代方法不同，Zhang-Suen算法中的每一次迭代运算是对符合特定条件的像素点进行腐蚀的，直到迭代过程中无像素点再被腐蚀为止。如图6-8（a）所示，对点P_1的8邻域点进行编号。

该算法的迭代分为两个步骤：

（1）对满足以下5个条件的所有像素点进行腐蚀处理：

①该点为白色像素点（P_1像素值为1）；②顺时针方向查看P_2到P_9时，像素值由0到1的变化次数仅为1（图6-8（b）所示，P_2到P_9的像素值由0到1的变化次数共计2次，则不满足此项条件）；③P_2到P_9中像素值为1的个数介于2到6之间；④P_2、P_4、P_6中至少有一个像素值为1；⑤P_4、P_6、P_8中至少有一个像素值为1；

（2）将满足以下5个条件的所有像素点进行腐蚀处理：

①该点为白色像素点（像素值为1）；②顺时针方向查看P_2到P_9时，像素值由0到1的变化次数仅为1；③P_2到P_9中像素值为1的个数介于2到6之间；④P_2、P_4、P_8中至少有一个像素值为1；⑤P_2、P_6、P_8中至少有一个像素值为1；

反复执行上面2个步骤，直到没有像素点再被腐蚀为止。

6.5　试验研究

本章通过布置的管道模拟漏损和真实漏损两种工况试验，详细介绍了如何利用探地雷达检测管道漏损情况。

6.5.1　试验概况

1. 探地雷达设备

试验使用的探地雷达设备是由瑞典MALA公司研发和生产的（汤博，2015），具有轻便、低功耗、宽频带、强抗干扰能力和探测深度大等优点，已被广泛应用于水文地质调查、考古、岩土工程勘测等领域。如图6-9所示，该雷达系统的主要部件包括：用于传输和缓存数据的雷达主机和用于发射、接收高频电磁波的屏蔽天线。表6-1和表6-2分别列出了MALA公司提供的不同屏蔽天线的适用探测深度和雷达主机的主要技术指标。

（a）雷达主机

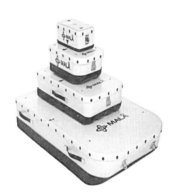
（b）雷达屏蔽天线

图6-9
MALA探地雷达设备实物图

不同屏蔽天线探测深度适用表　　表6-1

频率（MHz）	探测深度（m）
100	10
250	5
500	2~3
800	1

雷达主机的主要技术指标　　表6-2

名称	参数
重复脉冲频率	100~1000kHz
数据位数	16

续表

名称	参数
样点数/道	128~2048（任选）
叠加次数	1~32768（自动）
采样频率	0.2~100GHz
最大采集速度	800道/s
采集模式	距离/时间/手动
工作温度	-20~50℃
尺寸（cm）	32.5×22.2×4.2
重量	1.9kg

2. 试验场地

供水管道漏损试验装置位于校区内水利实验室。该试验装置被设计为两个3m×3m×1.5m大小的沙箱（用木板隔开），如图6-10所示。其中左侧的沙箱用于管道模拟漏损试验，右侧沙箱用于管道实际漏损试验；在两个沙箱同侧分别设置一道木制门，用于运输沙箱内填料，且在沙箱周围设置若干个导水孔，避免因积水而影响漏损区域的形态大小；在试验装置左右两侧壁面中心位置上分别预留一处孔洞，用于放置试验管道。

3. 试验工况

以实际情况中最容易发生的管道侧面漏损为例，布置下述工况试验：

如图6-11所示，在右侧沙箱中填充相同的干燥细砂作为背景介质，并埋置一根直径75mm、埋深0.7m的PVC管。且在管道中间侧面处，开一个直径约5mm的圆孔（图中黑点所示），使管道发生真实泄漏。该管道一端封闭，另一端接一长约1m的竖直管。试验时，通过向竖直管段中注水，来控制管道的漏损水量达到50L。

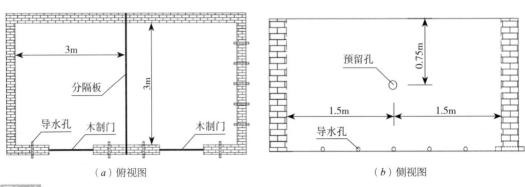

（a）俯视图   （b）侧视图

图6-10
试验装置设计图

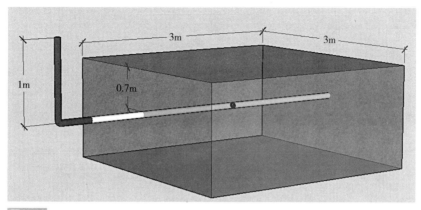

图6-11
试验布置示意图

6.5.2　探地雷达二维图像采集与分析结果

根据表6-1所示的雷达天线适用探测深度，本次试验应选用中心频率为800MHz的雷达天线完成数据采集。且在试验时，设置天线的时间采样频率为12000MHz，水平采样间隔为0.01m。本次试验以平行管道方向（管道纵向）布置雷达测线，具体布置结果图6-12所示。由于受天线尺寸和沙箱壁面的影响，雷达测线从距离沙箱壁面0.3m处开始布置（$Y=0.3 \sim 2.7$m），相邻测线间距设定为0.1m，即布置了25条雷达平行测线。

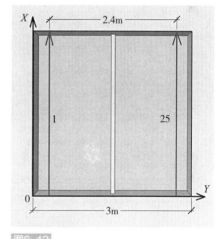

图6-12
雷达测线布置图

由于本次试验中介质简单、均匀，二维图像无明显噪声，故仅对雷达数据作废道剔除、零时校正和振幅增益处理，尽可能地保留数据的完整性，以避免误删漏损信号。图6-13给出了漏损试验中经处理的25个管道纵向雷达剖面图。

从图6-13的雷达剖面图可以看到，在距管道较远的约17ns处出现了沙箱底面的发射波（点划线标注）；在距离管道较近的管道线性反射波发生向上弯曲，形成双曲线状的反射波（虚线标注）。另外，漏损试验中管道弯曲处的双曲线反射波出现多次反射现象。这是因为漏损点周围水未能及时扩散到砂土中，在漏损点附近形成一定范围的积水区，使电磁波在水土交界面发生强反射而出现多次反射现象。因此，从漏损试验结果可以看到，即使是在实验室内的理想环境下，图像中的双曲线信号也并不明显。在实际检测中，若无法通过比较不同测线位置雷达剖面图的差异，则该信号容易被忽视。因此，仅通过管道纵向雷达剖面，难以准确检测管道是否发生漏损问题。

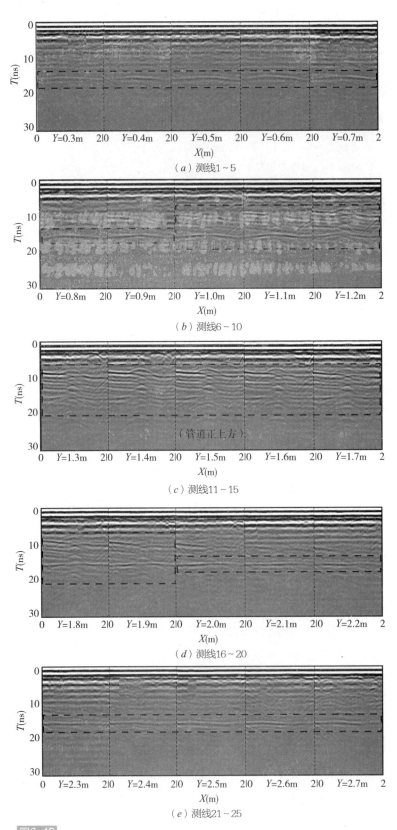

（a）测线1~5

（b）测线6~10

（管道正上方）

（c）测线11~15

（d）测线16~20

（e）测线21~25

图6-13
真实漏损管道纵剖图

6.5.3 探地雷达三维成像与图像分析结果

参照6.2.2.3节中三维图像精度控制要求，根据所用探地雷达设备的技术指标（表6-2），800MHz雷达天线的时间采样频率应大于1600MHz，水平采样间隔应不大于0.1m。因此，上述各试验采集的25个探地雷达二维图像满足Nyquist采样定理，能够用于探地雷达三维图像构建。

选择复合测线合成法构建探地雷达三维图像。利用MATLAB软件内置的线性插值算法将采集的25个探地雷达二维图像依次插入到对应位置，构建探地雷达三维图像（见图6-14）。图中纵向距离X与管道走向平行；横向距离Y与管道走向垂直；双程时间T表示电磁波由发射到接收所经历的时间。

图6-15和图6-16分别给出了漏损试验管道横剖图和水平切面图。从图6-15的漏损管道横剖图上无法观察到漏损区域的双曲线信号，这是因为漏损试验中，漏损区域中心点与管道位置基本重合，导致管道和漏损区域的双曲线重叠而无法区分。因此，管道横剖图也不能为管道漏损检测问题提供可靠的判断依据，但是水平切面图（图6-16）却较好地给出了一个俯视视角，能够通过观察不同时刻（深度）的雷达图像，直观、清楚地了解地下介质的分布情况。

从雷达三维图像分析结果可知，管道横向剖面雷达图上的管道成像特点不再是线性信号，而是与漏损区域相似的双曲线信号。由于漏损区域总是分布在管道周围，管道和漏损区域的双曲线信号往往会发生重叠而无法区分。因此，与管道纵向剖面雷达图相同，管道横向剖面雷达图也无法提供可靠、稳定的管道漏损检测判断依据。而在水平切面雷达图上，管道及漏损区域分别成像为具有一定宽度的线性信号和圆形信号，这两种信号的形状特征与管道及漏损区域的实际形状相符合，直观、清楚地反映了地下管道及漏损区域的分布情况，为雷达图像解释工作提供了一个观测平面。然而，雷达竖向剖面图和水平切面图仍然存在图像模糊、信号特征不明显等问题，需要对其进行图像信号增强处理，使图中管道及漏损区域信号能够更加清晰、明确。

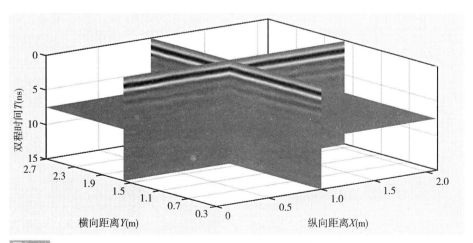

图6-14
探地雷达三维图像

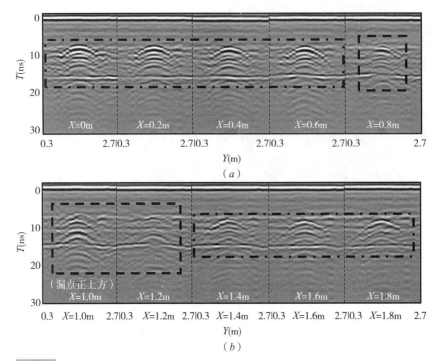

图6-15
漏损管道横剖图

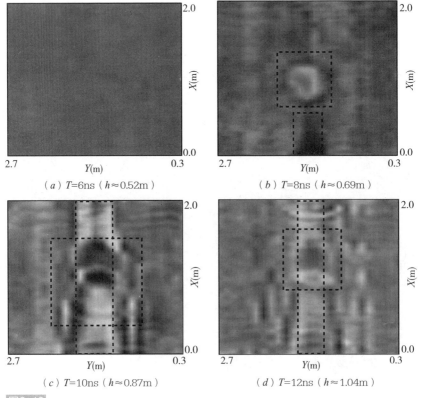

图6-16
漏损水平切面图

6.5.4　探地雷达属性分析结果

1. 三瞬属性分析结果

由6.4.1节中属性分析原理可知，三瞬属性是针对雷达竖向剖面图的各道电磁波进行希尔伯特计算得到的关于电磁波相位、振幅和频率等属性参数。下面以漏损试验为例，在其构建的探地雷达三维图像上，利用经典的三瞬属性对雷达竖向剖面图进行分析。

（1）瞬时相位属性

瞬时相位属性将雷达波形图转化为雷达相位图，从观察电磁波的相位变化，来确定图中的异常信号。如图6-17所示，将该属性应用于雷达竖向剖面图中，并计算了相位的余弦值，以定量描述其连续性的变化。

从图6-17（a）中可以看到，管道线性反射信号在中间处出现不连续现象（蓝色线框标注），这是由于该处管道发生漏损改变了周围砂土的相对介电常数，从而影响了电磁波的相位分布情况。因此，通过观察管线信号不连续现象的位置，能够精确定位管道漏损位置；从图6-17（b）中可以看到，管线双曲线反射信号两侧同样也存在因湿砂而导致的电磁波相位不连续的现象，可以由此大致反映管道漏损的影响范围。

（2）瞬时振幅属性

瞬时振幅属性将雷达波形图转化为雷达振幅图，从观察采样点的振幅值分布情况，来确定图中的异常信号。如图6-18所示，将该属性应用于雷达竖向剖面图中。

从图6-18（a）中可以看到，管道线性的高振幅信号在中间处大大衰减（黑色线框标注），这是电磁波在湿砂中能量快速耗散的结果，由此可以定位管道漏损区域位置；从图6-18（b）中可以看到，管道双曲线信号两侧出现因湿砂而产生的较高振幅区域（黑色线框标注），这是电磁波在干砂和湿砂交界面处发生反射的结果，由此可以大致了解漏损区域的分布情况。

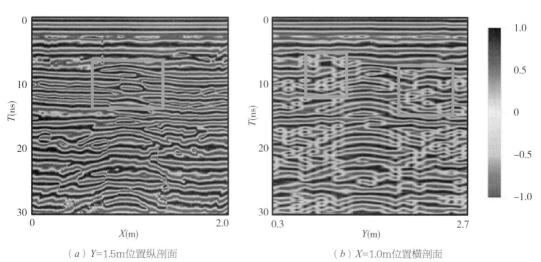

（a）Y=1.5m位置纵剖面　　　　　　（b）X=1.0m位置横剖面

图6-17

漏损瞬时相位属性图（彩图见附页）

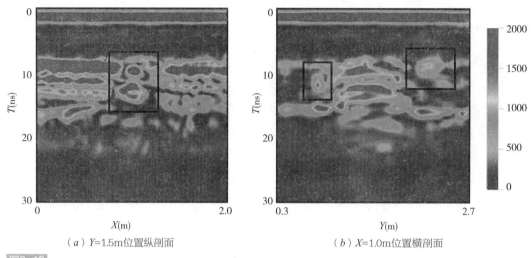

（a）Y=1.5m位置纵剖面   （b）X=1.0m位置横剖面

图6-18
漏损瞬时振幅属性图（彩图见附页）

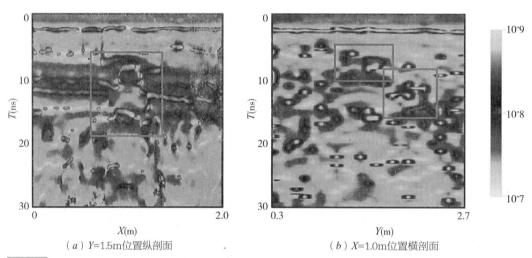

（a）Y=1.5m位置纵剖面   （b）X=1.0m位置横剖面

图6-19
漏损瞬时频率属性图（彩图见附页）

（3）瞬时频率属性

瞬时振幅属性将雷达波形图转化为雷达频率图，通过电磁波的反射主频判别在图中异常信号（如图6-19所示）。

从图6-19中可以看到，管道反射信号和湿砂反射信号（红色线框标注）的主频大小相近，无法区分管道和漏损区域。这是因为湿砂信号和管道信号主要由水和干砂、水和管壁界面处的反射波组成，而干砂和PVC的相对介电常数相近，导致两者信号的反射主频也相近。因此，瞬时频率属性并不适合管道漏损检测。

从三瞬属性分析结果可知，三瞬属性的确改善了雷达竖向剖面图的成像效果。通过瞬时相位属性可以定量描述剖面图像上信号的连续性变化，定位管道漏损点。通过瞬时振幅属性可以定量描述剖面图上采样点振幅值分布情况，刻画出漏损区域的大致分布情况。但是，三瞬属性图也会产生了信号紊乱现象，出现了类似于管道漏损信号的干扰信号。这是由于电磁波信号强度随传播深度逐渐衰减，深部位置管道漏损信号波形与背景介质信号波形区别不明显造成的。且基于雷达竖向剖面的属性分析，无法直观、清晰地描述出地下管道的真实漏损情况。因此，需要为管道漏损检测提出更加合适的属性分析方法。

2. 能量密度属性分析结果

由6.4.2节中能量密度属性可知，能量密度属性对振幅值进行平方计算，可以起到突出高振幅信号（漏损信号）并压制低振幅信号（非漏损信号）的效果，并通过将振幅值平方比上振幅值平方和的方法，使所有水平切面图的数据点值分布在0到1之间，消除了电磁波振幅衰减带来的问题，从而能够对不同深度的水平图进行定量的分析比较。该属性可以应用在探地雷达水平切面图上，定量描述切面图上电磁波能量的分布情况。如图6-20所示，以T=6ns、8ns、10ns和12ns时刻的漏损试验为例，具体说明能量密度属性对分析管道漏损问题的优势。

从图6-20（a）中可以看到，所有数据点的能量密度都小于0.002，说明此时刻（深度）平面上的能量分布均匀、无异常物体（管道、漏损区域）；从图6-20（b）中可以看到，切面上的电磁波能量主要集中在白色和红色线框内，分布对应了管道信号和漏损区域信号，比较两者的能量密度大小，可知管线信号能量明显高于漏损区域，说明该深度对应了漏损区域上方边缘

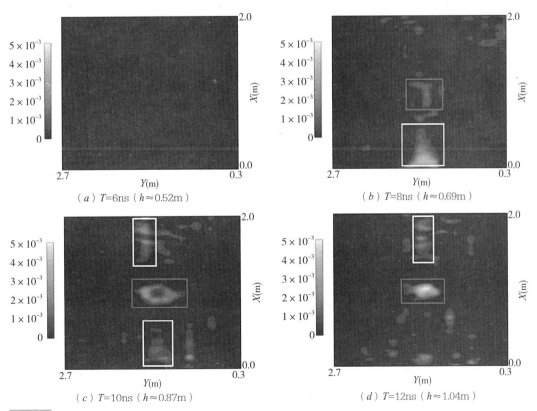

图6-20
漏损能量密度属性图（彩图见附页）

位置，漏损区域才刚刚出现；从图6-20（c）中可以看到，管线信号的能量密度（白色线框标注）和漏损区域信号能量密度（红色线框标注）相当，且漏损信号的分布范围达到最大，说明该深度对应了漏损区域最大截面位置，即管道漏损点所在切面；从图6-20（d）可以看出，此时漏损区域的能量占主要部分（红色线框），对应管道下方的漏损区域。

从能量密度属性分析结果可知，本章所提出的能量密度属性通过计算雷达水平切面图上各数据点的均方值，为分析不同深度切面图中的管道及漏损区域信号提供了一个定量分析参数——能量密度值，可以准确、直观地描述地下管道及其漏损区域。

6.5.5　探地雷达图像识别结果

1. 雷达图像信号提取结果

下面以漏损试验的能量密度属性分析结果为例，具体说明上述算法对管道、漏损区域信号进行提取效果。

（1）二值化结果

如图6-21所示，选用最大类间差法作为阈值计算方法，分别对图6-20（b）、（c）和（d）进行图像二值化处理。

比较图6-20与图6-21中相同时刻的切面图可以看到，由最大类间差算法确定的阈值，能够准确地将能量密度属性图中的低密度区域转化为背景（黑色像素），将高密度区域转化为前景（白色像素）。

（2）骨架提取结果

在二值化的基础上，利用K3M算法对二值图中的前景区域进行骨架提取处理（图6-22）。

比较图6-21与图6-22中对应图像可以看到，K3M算法成功细化了二值图中的前景区域（白色像素），提取出了目标信号（管道和漏损区域）的骨架形态。

2. 雷达图像信号三维成像结果

图像信号的三维成像就是利用MATLAB软件，将三维成像构建在三维坐标系中，将各试验的二值图或骨架图按照时间顺序进行叠加，以成像出管道及其漏损区域的三维形态。且为更好

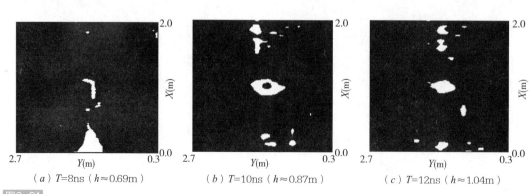

（a）T=8ns（h≈0.69m）　　　（b）T=10ns（h≈0.87m）　　　（c）T=12ns（h≈1.04m）

图6-21

漏损能量密度属性二值图

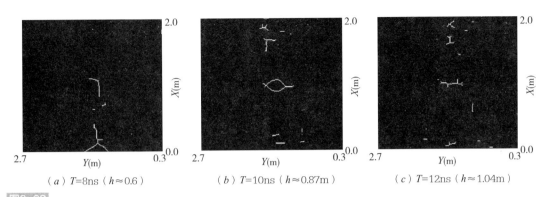

(a) T=8ns (h≈0.6)　　　　(b) T=10ns (h≈0.87m)　　　　(c) T=12ns (h≈1.04m)

图6-22
目标区域骨架图

成像漏损区域的三维形态，将相邻时刻的切面图进行相减，以消除管道信号。针对管道的埋置位置，这里仅选取0～15ns范围内的切面图进行三维成像。

漏损图像信号三维成像

图6-23和图6-24分别给出了漏损试验管道信号消除前后雷达图像信号三维图。从图6-23中可以看到，管道及其多次反射信号的空间位置（黑色线标注）满足试验管道的实际布置情况，且该信号的分断位置（黑色虚线标注）处于纵向距离X=1.0m附近，符合试验管道侧面开孔位置。

从图6-24中可以看到，在消除管道信号后，漏损区域信号（线框标注）仍能较完整地保留下来。且漏损区域信号的中心位置在X=1.0m、Y=1.9m附近，与管道漏损点位置基本符合。这说明本章所提供的机器识别方法能够较准确地成像出管道位置及其漏损区域分布情况，可以为实际漏损检测工作的雷达图像信号识别提供借鉴。

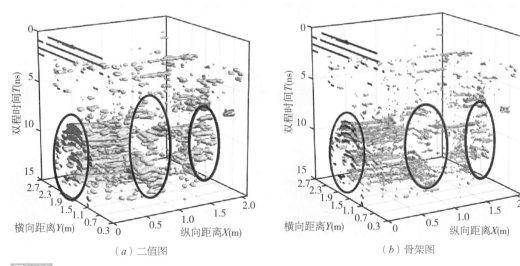

(a) 二值图　　　　　　　　　　(b) 骨架图

图6-23
漏损管道信号消除前三维图

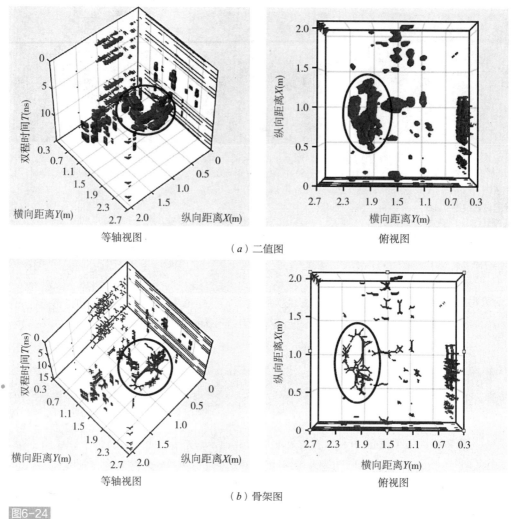

图6-24
漏损管道信号消除后三维图（彩图见附页）

6.6　工程应用

前面章节是基于雷达三维成像和属性分析提高雷达图像的漏损信号辨识率，并且在试验中取得了较好的效果，属于技术方法的改进。本章节的内容是检验探地雷达方法在实际工程应用中的效果。

6.6.1　实践案例1

采用探地雷达对校区某宿舍楼的地下车库进行漏损检测，选择800MHz的雷达天线沿管道走向采集雷达图像，如图6-25所示。为更好地描述图6-25（a）中的雷达信号，将图中点线区域、虚线区域和点划线区域内的信号进行放大得如图6-25（b）、（c）和（d）所示的各介质特征信号。从图6-25中可分析得：

（1）时间约1ns（深度约6cm）处，存在横跨整幅图像的多个水平连续双曲线信号，见图6-25（b），该信号可能对应地下车库水泥砂浆平层中的钢筋网；

（2）在时间约5ns（深度约30cm）处，线性信号在距离1.6～3.8m出现中断，见图6-25（c）。该线性信号深度位于地下车库塘渣与素土交界面，中断现象由管内泄漏的水浸湿了素土层和塘渣垫层导致。

（3）在时间约为10ns（深度约60cm）、距离约3m处出现垂向分布的两个双曲线反射信号，见图6-25（d）。该信号应该是漏湿区域在雷达图中成像特征。

根据上述分析结果，在漏湿区域信号对应位置进行开挖，得到图6-26所示的管道漏损实况图。由图可见，该管道上方确实存在一处漏损点，且经测量管道的漏湿区域分布位置，也

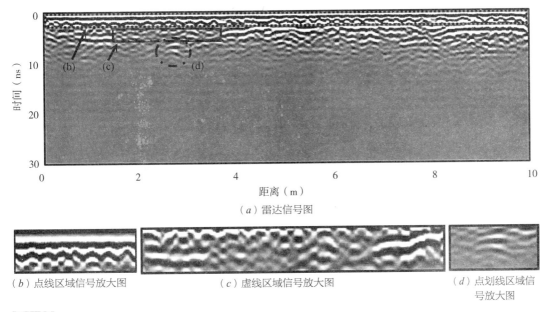

（a）雷达信号图

（b）点线区域信号放大图　　　　　　（c）虚线区域信号放大图　　　　　　（d）点划线区域信号放大图

图6-25
实测雷达波形图

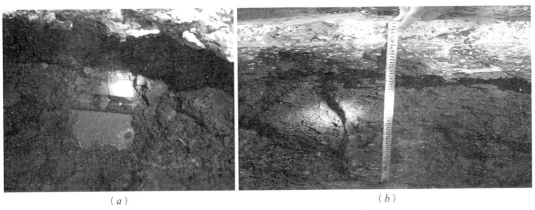

（a）　　　　　　　　　　　　　　　（b）

图6-26
管道漏损实况图

符合图6-26中线性信号的断开范围。由此证明探地雷达方法在实际管道漏损检测工作的有效性。

6.6.2　实践案例2

该实测场地位于校区某大楼东南角，同样选择800MHz的雷达天线沿管道走向采集雷达图像，一共布置了4条测线（$X_1 \sim X_4$），信号图如6-27所示。图6-27中测线X_2对应的雷达图像中出现了明显的异常信号（线框标注）。下面单独分析测线X_2所采集的雷达波形图（图6-28），以获取管道漏损信息。从图6-28中线框内的信号特征可以看到，线框内上面部分存在高亮的连续层状信号，表明该处存在电性差异较大的异常体，而与X_2相邻的两条测线X_1与X_3并没有出现类似的特征，说明该异常介质横向影响范围较小且沿管道纵向的影响范围约在0.8～1.4m之间，深度约为0.25m。对比管道漏损试验，该信号特征与管道漏损后的湿土的反射特征相似，说明该处土体含水量极大，间接说明该土体下方的管道已经发生了漏损。

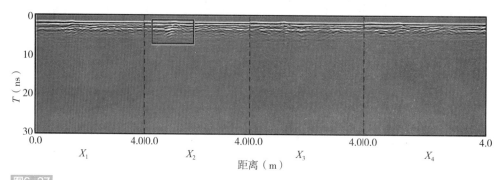

图6-27

大楼东南角实测雷达波形图

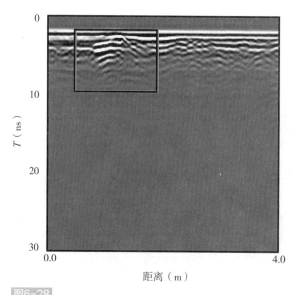

图6-28

测线X_2雷达波形图

对该实测区域进行开挖后，得6-29所示地下环境实况图。从该图中可以看到，该管道侧下方存在一处漏损点，且管道的漏损流量较大，符合图6-28中对异常信号的判断，证明了探地雷达方法在实际管道漏损检测工作的有效性。

图6-29
管道漏损实况图

6.7　本章小结

本章提出了一种基于探地雷达的漏损定位技术，综合利用探地雷达三维成像技术、三维属性分析技术和雷达图像识别技术，以提高探地雷达漏损检测的精度和效率。该技术首先利用探地雷达设备获取供水管道纵向二维图像数据并进行降噪滤波处理；然后采用复合测线合成法将雷达二维图像合成为雷达三维图像，可以从纵向剖面、横向剖面、水平切面、不规则切面以及等值面等角度多方位显示管道漏损情况；进一步利用三维图像的属性分析方法（三瞬属性和能量密度），对管道漏损位置和规模进行精确识别；最后，利用图像二值化和骨架提取的图像识别方法提取并成像雷达图像上的漏损信号，以有效提高探地雷达漏损检测精度和效率。通过供水管道漏损试验对所提技术进行验证分析，得到以下结论：

（1）构建探地雷达三维图像可以实现对管道漏损情况的全面多角度分析，尤其是水平切面图可以最为准确地反映了地下管道及漏损区域的分布情况。

（2）利用探地雷达三维属性分析方法可以有效增强图像信号的显示效果，从而大大提高雷达图像解释工作的可靠性。其中，三瞬属性可以定量描述雷达竖向剖面中信号的连续性变化和振幅分布情况，定位管道漏损点，但它无法直观地反映地下管道及漏损区域分布情况；本章所提的能量密度属性计算了同一时刻（深度）的数据点能量密度分布，能够准确、直观地反映管道及漏损区域的空间分布情况，为雷达图像分析提供了一个可靠的定量分析参数。

（3）利用图像二值化算法和骨架提取算法，可以自动完成能量密度属性图中管道及漏损区域信号的提取，提高了探地雷达三维属性分析工作的效率。

　　在工程应用方面，本研究证明雷达探漏技术具有工程应用价值，在漏损比较明显和地下空间介质较好的情况下，从二维雷达图像就可明显地分析出漏损信息。本章研究工作推进了探地雷达设备在供水管网漏损检测定位方面的应用，但后续仍有较多工作亟待完成。本章试验场景和校内应用场景与复杂的实际管道埋置情况仍有较大差别，试验所得雷达图像的信号成像规律仍需在实际应用中做进一步验证。另外，本章只是初步尝试了雷达三维图像信号的自动识别，后续还需要利用更为成熟高效的机器识别算法，以进一步提高对管道漏损信息识别的准确度和效率。

第7章

爆管对供水系统的影响机制与评价体系研究

7.1　引言

本书第4章~第6章内容主要针对供水管网中漏损的监测定位技术开展研究，但尚未考虑到漏损事件对供水管网系统运行的影响，尤其是漏损事件中瞬时漏失流量较大的爆管事故。本书第7章~第9章将特别针对爆管事故对供水管网的影响及其监控技术开展系列研究。

虽然相比之下供水管网爆管事件发生的频率较低，但是此类事件造成的损失更加严重（Qi等，2018）。由爆管造成的直接经济损失包括水量损失、管道维修费用以及财产损失费（Diao等，2016）。间接经济损失包括附近基础设施的加速恶化、用户服务质量下降以及管网水质问题等（Guo等，2013），其经济损失通常难以用货币去衡量。例如，有许多报道称爆管引发的管网压力流量波动会导致水质问题（例如黄水）的出现，但是如何量化此影响是非常困难的（Abraham等，2018）。

另一方面，供水公司资产投资管理的主要策略是既要避免过早更换管道，又要最大限度减少供水中断和损坏成本。管道修护/更新工作可以显著改善水管状况，但是受制于经济成本，同时更换所有老化的管道是不切实际。一种可行的方案是首先识别出爆管后可能会造成重大影响的关键管道，进而优先维护。例如，主干管的中断可能导致所有下游用户的用水中断，而末端管道中断可能仅导致几户家庭缺水。

对于爆管影响，现有研究大多只采用缺水量指标和压降指标对管网水力学进行分析从而得出管网可靠性或者韧性的评价结果。尽管这些信息很重要，但是并不能完全揭示每根管道破裂后对管网产生的影响因此难以向供水公司提供全面准确的爆管影响信息，进而导致后续决策产生偏差。本章从供水管网系统的角度，对管网爆管影响机制进行研究，使用6个评价指标量化了爆管在水力和水质方面的影响。同时，基于本章提出的评价体系，对供水管网管道进行了重要性排序，越重要的管道代表其失效后造成的水力水质影响越大，越应该引起供水公司的重视。

7.2　供水管网爆管影响评价指标

为了深入了解爆管对供水管网水力和水质方面的影响，本章研究提出了6个定量评价指标，如表7-1所示，具体包括爆管流量、缺水量、受影响节点、受影响管段、受影响流向和受影响流速指标。爆管流量和缺水量除了与管道破坏的开始时间（t）有关，还与破坏持续时间T有关，即从管道发生破坏的时间到破坏被隔离的时间，故将这两个度量指标定义为破坏开始时间t和破坏持续时间T的函数。其他4个指标是由水力模型的结果进一步计算得到，因此会受到管网水力条件（例如需水模式和泵的开关）的时变影响，故将这4个指标定义为破坏开始时间t的函数。每个指标的详细信息在接下来的部分进行具体阐述。

供水管网爆管影响评价的6个定量指标汇总 表7-1

指标	公式	目的	数学解释
爆管流量，$BO_j(t，T)$	（7-1）	计算管道破裂处流出的水量	$(0，+\infty]$，数值越大表示损失水量越多
缺水量，$WS_j(t，T)$	（7-2）	计算因爆管引起的系统缺水情况	$(0，+\infty]$，数值越大表示系统越缺水
受影响节点，$\Omega_j^{\mathrm{AN}}(t)$	（7-4）	识别破坏发生时中断供水或需水量不足的节点	在$(0，M)$范围的集合，M是管网节点总数。范围越大表示受影响的节点数越多
受影响管段，$\Omega_j^{\mathrm{AP}}(t)$	（7-5）	识别破坏发生后压力受到影响的管段	在$(0，N)$范围的集合，N是管网管道总数。范围越大表示受影响的管道越多
受影响流向，$\Omega_j^{\mathrm{AFD}}(t)$	（7-6）	识别由于管道破裂导致管网中发生逆向流的管段	在$(0，N)$范围的集合，范围越大表示存有潜在水质问题的管道越多
受影响流速，$\Omega_j^{\mathrm{AV}}(t)$	（7-7）	识别由于管道破裂导致流速显著提高的管段	在$(0，N)$范围的集合，范围越大表示存有潜在水质问题的管道越多

7.2.1 爆管流量

假定管道在时间T_0开始破裂，并且在时间T_B终止（例如被隔离），此时管道破坏持续时间为$T=T_B-T_0$。爆管流量指标，$BO_j(t，T)$，用于计算管道在破裂持续时间段T内的流出量：

$$BO_j(t,T)=\int_{t=T_0}^{t=T_B}d_j(t)\mathrm{d}t, j=1,...,N \tag{7-1}$$

式中　$d_j(t)$——时间t下，在管道$j=1$，2，$\cdots$，N（管网中管道总数）处发生破坏时，管道损失的流量，由压力驱动模型计算得到。

该指标计算了管道破裂后流出的水量损失，是爆管后对管网系统造成水力影响的总体评估。从城市供水系统异常事件应急响应备案的角度出发，$BO_j(T)$值较大的管道需要进行更频繁的检查（例如，人工巡检或传感器监视）和维护（例如列入管道更新计划）。

7.2.2 缺水量

缺水量指标$WS_j(T)$，描述了管道j在破坏持续时间段T内的缺水量，具体计算公式为：

$$WS_j(t,T)=\int_{t=T_0}^{t=T_B}\left\{\sum_{i=1}^{M}G_i^j(t)[Q_i^{\mathrm{req}}(t)-Q_i^j(t)]\mathrm{d}t\right\} \tag{7-2}$$

式中　$G_i(t)$——指示函数，代表在时间步长t时管道j的破坏是否导致节点i缺水。该指示函数在数学上的定义为：

$$G_i^j(t)=\begin{cases}1,\text{如果 }H_i^j(t)<H_i^{\mathrm{req}}(t)\\0,\text{其他情况}\end{cases} \tag{7-3}$$

式中　$Q_i^{\mathrm{req}}(t)$——时间t下，节点$i=1$，2，$\cdots$，M（管网中节点总数）的设计需水量；

　　　$H_i^{\mathrm{req}}(t)$——时间t下，节点$i=1$，2，$\cdots$，M（管网中节点总数）的设计压力；

　　　$Q_i^j(t)$——时间t下，管道j处发生破裂时，节点i的实际需水量；

$H_i^j(t)$——时间t下，管道j处发生破裂时，节点i的实际压力。

$WS_j(T)$的值越大，表明该管道遭受破坏时引发的供水管网水资源短缺情况越严重。该指标着重评价了管道破裂对供水管网系统整体服务水平的影响，进而为灾害应急资源的准备工作提供指导帮助，例如，提前确定该类异常事件发生时所需的紧急供水量。

7.2.3　受影响节点

爆管流量指标和缺水量指标分别代表了供水管网系统因发生爆管事件而造成的总失水量和系统供水需求短缺量，是总体性评价指标，该指标被多数研究广泛使用，但是如果单独使用这些指标，得出的结果其实是较片面的。因为对于相同比率的缺水量，受影响的用户数量可能不同。因此，需要考虑遭受服务中断或者服务质量下降（即$Q_i^j(t) < Q_i^{rep}(t)$）的用户的空间分布。本书将其定义为受影响节点，$\Omega_j^{AN}(t)$，考虑时间t下管道j发生中断事件所造成的受影响节点集合的具体计算公式为：

$$\Omega_j^{AN}(t) = \{i \mid Q_i^j(t) < Q_i^{rep}(t), i = 1,2,...,M\} \tag{7-4}$$

受影响节点指标，描述了在爆管后遇到服务中断或者服务质量下降的用户的空间分布情况。

7.2.4　受影响管段

如本书绪论所述，管道破裂很可能在供水管网系统中引起压力瞬变，引起某些管道压力下降甚至产生负压（Walski和Lutes.，1994）。负压会将管道周围受污染的水从破裂处吸入系统中，进而导致管网水质问题（Buchberger和Nadimpalli，2004）。因此，识别由于爆管引起压力波动的管段是研究爆管对供水系统影响机制的一个重要方面。$\Omega_j^{AP}(t)$，表示在时间t下管道j爆管时影响的管段，见公式（7-5）：

$$\Omega_j^{AP}(t) = \{k \mid (k_u, k_D) \in \Omega_j^{AN}(t), k = 1,2,...,N\} \tag{7-5}$$

式中　(k_u, k_D)——管道$k=1$，2，...，N的上游和下游节点。

7.2.5　受流向影响的管道

众多学者通过论证发现供水管道发生逆向流变化很可能会引起管网水质问题，例如黄水现象。这是由于管道流向的变化致使管道内壁的生物膜脱落（Lechevallier，1990；Kowalski等，2010；Abraham等，2018）。基于此理论，本书提出了受影响流向指标用以识别爆管后发生逆向流的管道。需要注意的是，该指标仅考虑具有固定流向的管道，不包括由于日夜需水量或边界条件变化而频繁改变流向的管道。

对于时间t下管道j发生爆管事件时受流向影响的管道集合，$\Omega_j^{AFD}(t)$，可表达为：

$$\Omega_j^{AFD}(t) = \{k \mid \mathrm{sgn}(\vec{F_k^B}(j,t)) \times \mathrm{sgn}(\vec{F_k^A}(j,t)) < 0, k = 1,2,...,N\} \tag{7-6}$$

式中　$F_k^B(\vec{j,t})$——时间t下管道j爆管之前管道k的流量矢量；

　　$F_k^A(\vec{j,t})$——时间t下管道j爆管之后管道k的流量矢量；

　　sgn( )——如果管道流向为正，则sgn( )=1；如果管道流向为负，则sgn( )=-1。

该指标明确描述了由于管网爆管引起流向发生变化的管道空间分布情况。可以使用$\Omega_j^{AFD}(t)$中管道的总长度来表示爆管对供水系统水质安全性的总体影响，其值越大代表发生水质问题的风险越高。这可以为爆管后潜在的水质问题提供有效的应急管理策略，例如进行阀门操作和管道冲洗。

7.2.6　受流速影响的管道

除了发生逆向流的管道可能会引起潜在的水质问题，流速显著加快的管道也可能会威胁到水质安全（Lehtola等，2006）。这是因为流速的大幅度提高可以使得在低流速时期沉降的颗粒物重新变成悬浮状态，并且还可以显著提高管内的冲刷强度，从而引起管壁上的生物膜脱落（Donlan和Pipes，1988；Colombo和Karney，2002）。所以，考虑流速急剧增快的管道对于评价管道破裂对水质安全的影响有着重要意义（Zhang等，2018）。

对于时间t下管道j爆管时，流速大幅度增加的管道集合，$\Omega_j^{AV}(t)$，可表达为：

$$\Omega_j^{AV}(t)=\{k\,|\,V_k^A(j,t)\geq\lambda(MV_k^B),k=1,2,...,N\} \tag{7-7}$$

式中　$V_k^A(j,t)$——时间t下管道j处发生爆管后管道k的流速；

　　MV_k^B——在爆管发生之前不同需水量模式下管道k的最大流速；

　　λ——用户指定系数（$\lambda>1$）用来设置一个阈值以便识别存在潜在水质问题的管道。

本章应用$\lambda=1.2$，代表如果管道j破裂之后的管道k的流速大于其最大速度的20%，则管道k被认为是受到管道j爆管影响，存在水质问题的管道，即$k\in\Omega_j^{AV}(t)$。需要注意的是，λ的取值不会影响此指标的应用，但会影响集合$\Omega_j^{AV}(t)$中的元素。与受流向影响的管道指标一样，受流速影响的管道指标也可以通过计算$\Omega_j^{AV}(t)$中的管道总长度以表明爆管对供水系统水质安全性的总体影响。

尽管在管网设计规划阶段，管道流速允许在紧急情况（例如火灾）下达到较大速度（例如3m/s），但实际上，大多数管道在运行期间流速较低，此时，颗粒物沉降并且生物膜处于稳定状态。当流速突然超过正常运行条件范围时，颗粒和生物膜将被重新悬浮和脱落，从而导致水质问题。因此，受影响流速指标可以用于评价引起管道高流速的事件（例如管道故障或火灾）对于水质潜在的威胁。然而值得注意的是，颗粒物沉降和生物膜的形成程度取决于供水管网系统的日常运行方式。例如，在许多发达国家，管道流速保持在最低水平之上（例如>0.3m/s），并进行定期冲洗以防止生物膜的形成/堆积和颗粒物的沉降。相反，在发展中国家，由于供水系统旨在满足人口快速增长的需求，所以管道水流通常以较低的速度运行（Wang等，2012）。

7.3 爆管模拟

爆管被隔离之前，水从管道破损点自由泄出，管网压力下降。EPANET中给出了扩散器（Emitter）用以模拟爆管泄漏，即在节点处使用扩散器来模拟喷射流量，具体公式为：

$$Q_i = CH_i^{\lambda} \tag{7-8}$$

式中　　C——流量系数；

　　　　λ——压力指数。

该方法对于大型管网来说，最大的不足之处在于管网中压力不足的节点是未知的，很难在模拟时识别出需要使用扩散器的节点。除了扩散器之外，许多学者还通过向管网模型中插入一系列管网组件帮助模型实现爆管工况的模拟。例如当供水管道发生爆管时，有学者将虚拟水库添加到压力不足的节点处，并通过需水量驱动迭代计算的方式得出该节点实际水量（Ang和Jowitt，2006）。该方法弥补了需水量驱动计算得出节点负压的缺陷，但是需要多次调用EPANET进行水力计算，计算耗时较多。Babu和Mohan（2011）改进了上述方法，通过添加止回阀、虚拟管道和虚拟水库的方式实现爆管工况的模拟，示例如图7-1所示。

从图7-1可以看出，该示例管网有4个节点、5根管道和一个固定水头为20m的蓄水池。正常工况下各节点压力如图7-1（a）所示。假设管道［5］发生爆管，通过一个虚拟节点（无需水量）和一根几乎无阻力的管道（管径取极大值，管长取极小值）将虚拟蓄水池连接到爆管管道［5］，并用止回阀防止虚拟蓄水池的倒流，如图7-1（b）所示。需要注意的是，虚拟节点和虚拟蓄水池的标高与破裂点的标高一样。爆管流量被认为等于流入虚拟蓄水池的流量。经过水力计算，得到各节点压力和实际需水量标注在图7-1（b）上，可以看出许多节点获得的实际水量比其在正常工况下获得的需水量要低。

由于该方法（Babu和Mohan，2011）在迭代的不同阶段添加和移除管网组件的操作比较繁琐，在大型管网的延时模拟中较难应用。为了便于在EPANET软件中模拟爆管工况，将破损管道分成两段，并分别在每段的末端添加一个虚拟节点（标高与破损点的标高一致）的方式进行爆管模拟，如图7-1（c）所示。在初始模拟时，将两个虚拟节点的需水量设为远超管网真实节点需水量的极大值（例如，示例中采用的10000L/s）以触发压力不足时节点流量-压力关系方程，然后通过迭代减小虚拟节点的压力来确定虚拟节点的最终实际需水量（计算原理详见第2.1.5节压力驱动分析）。两个虚拟节点的实际需水量值之和即为爆管流量，其他节点的水力计算也遵循压力驱动模型计算准则，最终计算结果如图7-1（d）所示。对比图7-1（b）、（d）发现，两种模拟方法得到的管道和节点的水力结果都是相同的。管道［5］爆管后引起的总泄漏量是248L/s，其中218L/s来自左管，30L/s来自右管。

本章所提出的方法通过对EPANET的简单修改实现了压力驱动下管网爆管工况的模拟，经验证该方法也能成功应用于延时模拟中。该方法因为对整个管网执行压力驱动计算，而且虚拟节点初始值较大需要反复迭代，所以耗时较多，收敛性慢，但通过对不同规模不同拓扑结构的

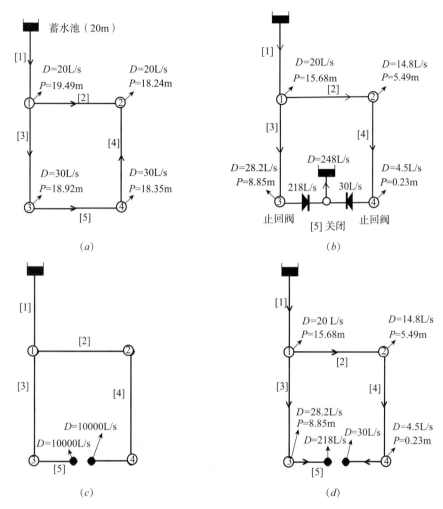

图7-1
供水管网爆管模拟示例图

案例管网模拟发现计算时间在可以接受的范围之内。

7.4　计算流程

爆管对供水系统的影响机制与评价体系研究计算流程如图7-2所示。计算过程主要包括以下步骤：

（1）在已校核好的水力模型中，模拟管网中每一根管道爆管工况。如果管网中有N根管道，每次只有一根管道失效，则一共产生N种爆管工况。

（2）运用压力驱动模型计算得到管网水力结果（详见2.1.5节）；

（3）借助公式（7-1）到公式（7-7）计算6个评价指标；

（4）分析结果。如图7-2所示，首先对所有计算得出的指标值进行统计分析，以便在整体

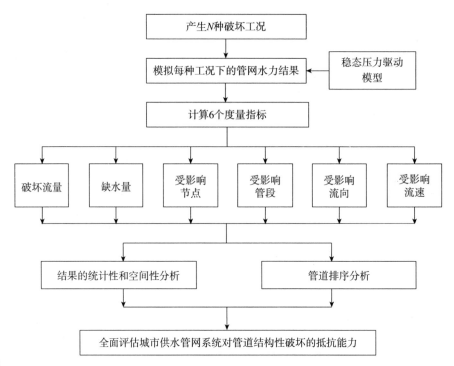

爆管对供水系统的影响机制与评价体系计算流程图

上了解爆管对供水系统水力和水质安全性造成的损失。其次，分析每个评价指标值的空间分布情况，以便直观地显示管道破裂事件在整个管网系统中造成的空间影响范围。最后，基于爆管后果对管道进行排序，排序结果可以为供水公司制定有效的管道管理维护、异常事件应急和恢复策略提供指导。

7.5　管网案例分析

7.5.1　管网概况与参数设置

为进一步验证所提出方法的可行性，本章选取了3个案例管网：JYN管网，ZHN管网和JX管网进行研究。案例管网的拓扑结构如图7-3所示。JYN是高度环状拓扑结构的管网，具有2个水源，349个节点和509根管道，如图7-3（ *a* ）。ZHN是由较多枝状结构组成，具有1个水源，3439个节点和3512根管道，如图7-3（ *b* ）。JX是某市真实供水管网，具有3个水厂，2621个节点和2543根管道，如图7-3（ *c* ）。

虽然爆管通常发生在低需水量模式下，但是管道故障可能是由于一系列内部和外部因素导致的综合结果，因此，有可能发生在任何时刻（Liu等，2017）。本章考虑了两种爆管发生时间的方案：（1）最高时方案（PHD），即一天中用水量最多的一小时；（2）最低时方案（MHD），即一天中用水量最少的一小时。

对于所有案例管网，节点最小供水压力（ H_i^{min} ）为0m，节点临界压力（ H_j^{req} ）为18m，管

（a）JYN拓扑结构图　　　　　　　　　　　（b）ZIIN拓扑结构图

（c）JX拓扑结构图

图7-3
案例管网

道破坏持续时间T=1h，是指从发生管道故障到开始隔离的时间为1h（Qi等，2018）。结合管网水力元件属性和相关数据，建立并校核案例管网的水力模型。进而应用管道断裂模拟（见第7.3节）方式，借助压力驱动模型得到水力结果用于爆管评价体系的计算。本章的研究方法基于MinGW Developer Studio 2.05平台开发，借助EPANET2.0-EMITTER求解器进行压力驱动水力模型计算。

7.5.2　结果的统计性分析

本小节对案例管网结果进行统计性分析。图7-4给出了JYN和ZHN中每个评价指标的密度函数。如图7-4所示，无论日用水量情况如何变化，JYN和ZHN1h损失水量的平均值分别为2000m³和300m³。除了最高用水时，JYN的管道破裂引起的缺水量较大，其他情况缺水量基本低于100m³。这种相对较大的缺水量与图7-4（c）中JYN在最高时运行下受爆管影响的节点比例较高的现象一致。

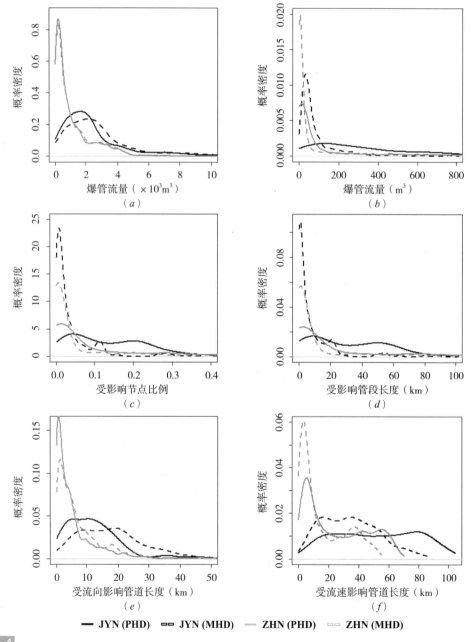

图7-4
JYN和ZHN管网6个指标结果的统计分布图

如图7-4（d）、（e）所示，受影响管段的管道总长和受流向影响的管道总长大多数情况下小于30km，且随着不同案例和不同用水量模式而剧烈变化。例如，在用水量最高时，ZHN中大多数爆管事件引起约3km的管道发生逆向流，但是对于JYN案例，该值可达到10km。

通过图7-4（e）、（f）发现，受流速影响的管道总长通常大于受流向影响的管道总长。例如，受流速影响的管道平均长度约为40km，明显大于受流向影响的管道平均长度（约为16km）。这是由于管道破裂很可能导致大量的自来水泄漏，如图7-4（a）所示，为了运输如此大的流量，管道流速会显著提升。这表明了爆管后的水质恶化问题更有可能是因为管道流速的显著提升，造成管壁冲刷引起的。

图7-4中6个指标的共同统计规律显示，与用水量最低时相比，用水量最高时期间管道破裂造成的影响会更大，但受影响流向指标呈现不同的特点，表明在用水量最低时发生管道破裂可能会引发更多的管道发生逆向流，如图7-4（e）。这是因为用水量最低时的流量总体上比用水量最高时的流量小，因此，当管道破裂时，它们更可能发生流向的转变。

对JYN和ZHN两个案例管网进行综合对比发现，ZHN管网发生管道故障时造成的水力水质影响更小。这主要是因为：（1）JYN的用户用水量和管道直径整体上比ZHN的大；（2）JYN的管网拓扑结构要复杂于ZHN的。因此，可以推测，对于管道直径相对较大、节点需水量较多以及拓扑结构较复杂的供水管网系统，爆管造成的损失要更大。如果在供水管网设计规划中需要考虑爆管的影响，这些信息可以为管网规模和拓扑结构设计规范提供指导。

7.5.3　结果的空间性分析

本小节讨论了评价指标的空间属性，以深入了解爆管对管网空间范围上的影响程度。需要指出的是，本研究对每个案例的每根管道破裂所造成的空间损失都进行了分析，并发现了不同故障工况下的一些高度相似性。因此，在本小节中，仅列举典型且具有代表性的结果进行讨论。

图7-5给出了在用水量高峰和低谷时，JYN内直径为300mm的两根管道分别发生爆管时造成的受影响节点和受影响管段的结果。之所以选择两根相同直径的管道，是为了探究管网中发生爆管的不同位置是如何对管网系统造成不同损失的。如图7-5所示，从受影响节点和管段的数量和它们的空间影响范围可以看出，即使在同一时间段，两根直径相同管道发生故障，由于其空间位置不同，造成的损失截然不同。另外，图7-5（b）、（d）中显示，同一根管道在用水量最低时发生爆管，只有4个节点和3根管道受到影响，而发生在用水量最高时，会对86个节点和83根管道造成影响。图7-5（a）、（c）也可得出类似发现。这表明对于重力流管网系统，爆管发生在用水量最高时所造成的空间影响比在用水量最低时的高，这与图7-4中的统计结果是一致的。

图7-6和图7-7分别展示了在用水量最高时和最低时，两根相同直径（DN300）管道发生破裂时受流向影响和受流速影响指标的空间分布结果。与图7-5中得到的结论相似，在使用受流向影响和受流速影响指标进行评价时，即使在同一时间段发生爆管的两根管道直径相同，两指

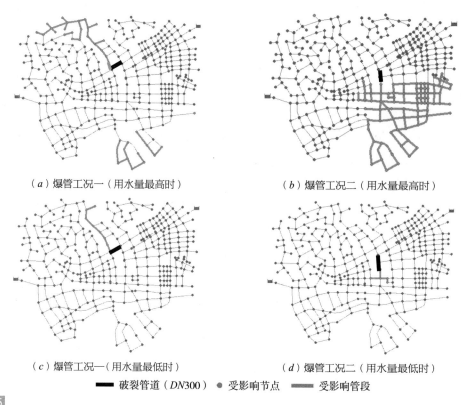

（a）爆管工况一（用水量最高时）　　　　（b）爆管工况二（用水量最高时）

（c）爆管工况一（用水量最低时）　　　　（d）爆管工况二（用水量最低时）

━━ 破裂管道（DN300）　● 受影响节点　▬▬ 受影响管段

图7-5

JYN案例某管道爆管后受影响节点和受影响管段结果的空间分布

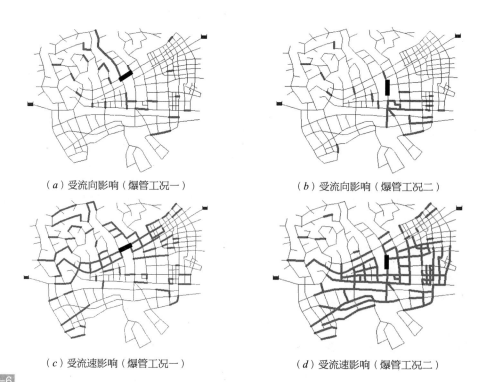

（a）受流向影响（爆管工况一）　　　　（b）受流向影响（爆管工况二）

（c）受流速影响（爆管工况一）　　　　（d）受流速影响（爆管工况二）

图7-6

JYN案例某管道在用水量最高时爆管后（黑色管道）受流向影响和受流速影响结果（图中深灰色）的管道空间分布

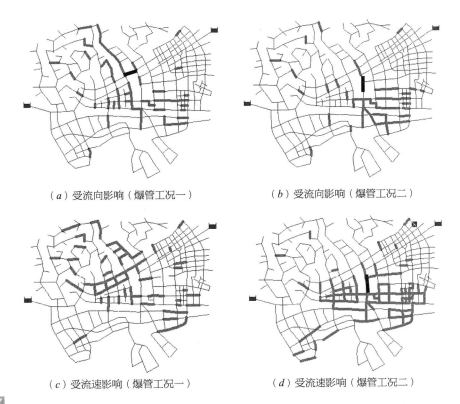

（a）受流向影响（爆管工况一）　　　　　（b）受流向影响（爆管工况二）

（c）受流速影响（爆管工况一）　　　　　（d）受流速影响（爆管工况二）

图7-7
JYN案例在用水量最低时某管道爆管后（黑色管道）受流向影响和受流速影响结果（图中深灰色线）的管道空间分布

标的空间分布也存在很大的差异。另外，图7-6和图7-7显示，受流速影响的管道数量明显多于发生逆向流的管段，这与图7-4的统计结论一致。

通过对上述JYN案例结果的空间特性研究，可以发现：（1）受到影响的节点和管段不一定分布在爆管管道周围的区域，尤其是水质受影响的管道。例如，图7-5中位于爆管管道（黑线）周围区域的某些节点和管道实际上不受断裂管道造成的水力水质影响，但距离较远的某些节点和管道反而会受到此影响；（2）爆管发生时，图7-5中被识别为在水力方面受到影响的节点和管道分布与图7-6和图7-7中在水质方面受到影响的管道空间分布不同。此外，即使在水质方面，受到影响的管段空间分布也会随着不同的水质影响评价指标而变化；（3）尽管爆管发生在用水量最低时所造成的水力影响范围可能有限，如图7-5（c）、（d）所示，但对水质影响很大（如图7-7所示）。这是因为用水量低谷期的用户需水量比用水量高峰期的低，这意味着供水系统在用水量低谷期发生爆管后，首要关注的应该是潜在的水质安全问题。

图7-8给出了用水量最高时ZHN案例中一根DN600的管道爆管后受影响节点、受影响管段、受流向影响和受流速影响指标结果的空间分布情况。与之前讨论JYN案例的结果相似，爆管会对管网不同部分造成不同程度的水力水质损失，损失区域不仅在故障管道周围，较远处的区域也会受到影响。

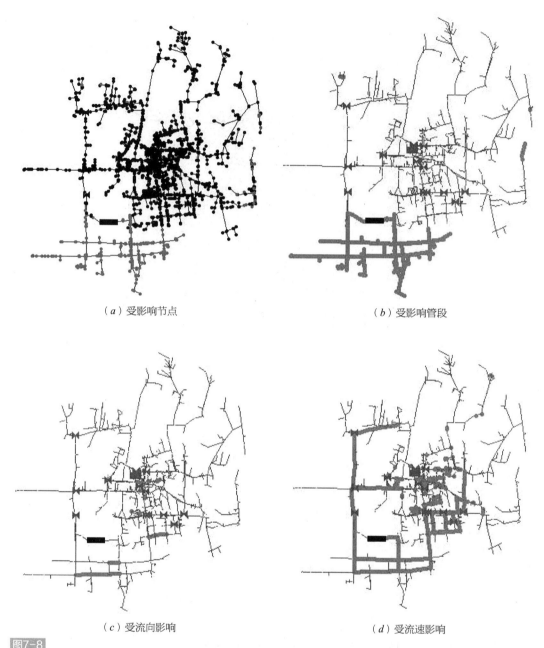

图7-8
ZHN案例中一根DN600的管道在用水量最高时爆管后四个指标（图中深灰色点和线）结果的空间分布

　　综上所述，在供水系统中即使爆管管道的直径相同，不同位置的管道爆管引起的受影响节点和管道的空间分布也可能发生很大变化。这主要是由于供水管网系统中所有的管道和节点在水力和水质方面都是高度相关的，所以爆管造成的空间影响范围很大程度上取决于其在管网中所处的位置。此外，对于同一管道发生爆管事件，系统遭受损失的空间分布也随着故障发生的时间不同和评价指标不同而发生变化。这一信息提醒着供水公司需要在爆管会产生较大影响的时间段内做好供水保障工作。同时，这也意味着确定受爆管影响的管网空间范围非常复杂。而这些恰恰体现了本章提出一个全面评估爆管对管网水力和水质安全方面的影响体系的重要性和必要性。

7.5.4　管道排序结果分析

本章的管道排序可以是基于单一指标的分析，也可以是基于多个指标的综合分析。具体来说，爆管流量指标和缺水量指标的计算结果是数值，可以直接用于管道排名分析。受影响节点指标集合中元素的数量也可以直接应用在排名分析中。对于受影响管段，受流向影响和受流速影响指标，可以将其对应评价指标集合中的管道总长度用于排名分析。基于多个指标的排序分析是将多个单一指标的排序结果加权平均后得出，供水公司可根据具体需求，给予不同的指标不同的权重比例，得出综合分析结果。为了更好地可视化排名结果，本小节将管网中的管道划分到R1～R5五个组，不同的组代表爆管对系统造成的损失不同。具体来讲，对于某一评价指标，将所有结果数值从高到低排序，排在最前面20%的管道被分组到R5中，排在最后面20%的管道被分组到R1中。类似地，R4、R3和R2分别对应于数值排序在前（20%，40%]、（40%，60%]和（60%，80%]的管道。因此，从R1到R5代表爆管对管网系统造成的损失越来越大。

尽管第7.5.2节和第7.5.3节已经阐明爆管发生在用水量最高时所造成的损失比在用水量最低时的大，但是对于管道排序，两个时期得到了相似的结果。因此，图7-9仅显示了JYN和ZHN案例在用水量最高时基于单一评价指标的管道排序结果。管网外围的管道通常具有较低的排名（即对管网产生较低的损失）。这是由于管网末端通常是直径较小的管道，运输的水量较少，所以爆管带来的损失不大。但是情况并非总是如此，许多直径较小的管道会比直径较大的管道产生更大的损失（即拥有较高的排名）。

为了验证此结论，图7-10绘制了JYN和ZHN案例两个评价指标（爆管流量和受流向影响）与管道直径的关系图。从图中观察到，虽然大管径管道断裂通常会造成较严重的后果，但有时一些小管径管道破裂也会产生较大的损失。如图7-10（b）所示，$DN150$的管道平均爆管流量比$DN100$的大，然而有些$DN100$的管道爆管可以产生比$DN150$管道爆管更大的泄漏量。此外，图7-10再次验证了相同管径的管道发生故障造成的损失也不尽相同。其他四个评价指标也可以得出一致的结论，在此不再赘述。

上述讨论了管道排名与管径的关系，接下来讨论管道排名与不同评价指标间的关系。图7-11显示了JYN案例中一根$DN400$的管道在不同用水量时期爆管后在不同评价指标下的排名结果（M1～M6分别对应表7-1中第一到最后一个评价指标）。排名范围从$1～N$（管网中管道总数），排名数字越小代表造成的损失越大。根据图中可以得出，考虑不同评价指标时，管道的具体排名会发生显著变化。例如，在用水量高峰期，该管道在受流向影响指标中排名22，当使用受影响节点指标时排名下降到167名。这再次强调了使用多个评价指标对管道故障全面分析的重要性。因为当管理者从不同方面进行决策时，得到的建议可能完全不同。

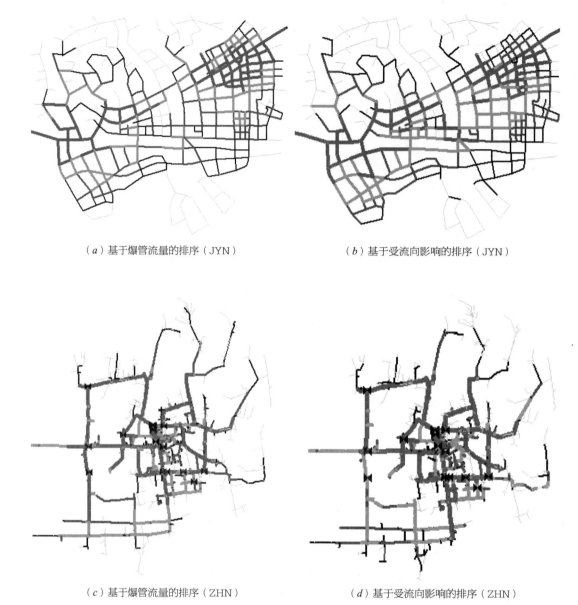

（a）基于爆管流量的排序（JYN）   （b）基于受流向影响的排序（JYN）

（c）基于爆管流量的排序（ZHN）   （d）基于受流向影响的排序（ZHN）

R1   R2   R3   R4   R5

图7-9
JYN和ZHN在用水量最高时的管道排序结果（彩图见附页）

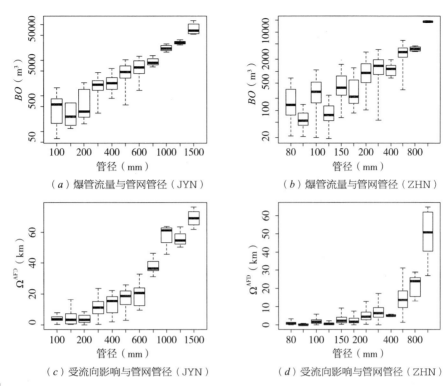

（a）爆管流量与管网管径（JYN）

（b）爆管流量与管网管径（ZHN）

（c）受流向影响与管网管径（JYN）

（d）受流向影响与管网管径（ZHN）

图7-10

在用水量高峰期爆管流量和受流向影响指标结果与管网管径的关系

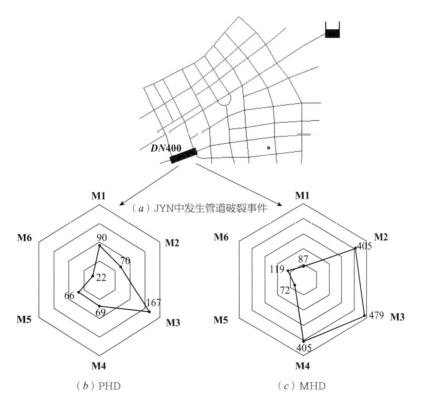

（a）JYN中发生管道破裂事件

（b）PHD

（c）MHD

图7-11

JYN中一根DN400的管道基于不同指标的排名结果

7.5.5　工程应用

　　将本章的研究方法应用到JX市供水管网中,拓扑结构如图7-3(c)所示,考虑到不同指标间排序结果的差异性,对6个指标分配了相等的权重因子,得出JX管网的综合排序结果如图7-12所示,R1～R5代表管道破裂造成的损失越来越大。与图7-9中基于单一指标的排名结果不同,图7-12是基于6个评价指标且假设每个指标具有相同的权重因子。但实际上,权重因子是可以根据它们在特定决策环境中的相对重要性而调整的。例如,如果在突发事件下缺水量比其他指标更重要,则可以为该指标分配相对较高的权重因子,而得到的排名图也会与图7-12的有所不同。

　　该结果可用于指导供水企业进行管道维护更新工作,以便逐步降低爆管发生的概率或在爆管发生之前将其可能产生的不利影响程度和范围最小化。例如,JX市供水公司每年都有一定预算资金进行供水管网管道维护更新工作,2018年至今的管道改扩建计划重点参考了图7-12提供的信息,并结合爆管历史记录以及管龄管材等相关信息选择出亟需更换/新建的管道。例如,

图7-12
JX案例管道排序结果(彩图见附页)

图7-13
JX管网管道改造工程示例

图7-13（*a*）是对G水厂输水管的改造。通过研究发现，该管道爆管后所造成的影响极大，属于R5级别，而且管道老化现象严重，所以采用破损率低、施工维修方便快捷、防腐性能优异的球墨铸铁管对该管道进行改造，工程总投资1401.9万元，整个新铺管道长约2.5km。此次改造工程大大提高了供水系统安全性，降低了出厂输水管事故概率。图7-13（*b*）属于市区供水管道改造工程，该管道在爆管影响排序中属于R4级，爆管后容易导致大片区域的居民受影响。本次工程新建*DN*600管道，增加管网连通性，有利于保证供水水压，提高了市区供水系统的安全性。

7.6　本章小结

爆管会造成供水管网系统水力和水质方面的严重损失。因此，决策者需要全面了解这些不利影响并为处理突发爆管事件和最小化其相关影响做好应急响应准备工作。为了确保这些应急策略的有效性，首先要对爆管的影响机制进行研究。本章通过引入一个爆管影响机制评价体系来解决上述问题，该评价体系将借助六个度量指标来评估爆管对供水系统水力和水质的影响。这些指标分别从不同的方面对管道失效造成的影响进行度量：（1）爆管流量；（2）缺水量；（3）缺水节点；（4）压力明显下降的管道；（5）发生逆向流的管道；（6）流速显著增加的管道。

本章使用了三种具有不同属性、规模和拓扑结构的供水管网案例来验证所提方法的实用性，借助于稳态压力驱动模型对管道破裂后隔离前的自由泄水状态进行模拟。之后对统计结果，空间分布和管道排序进行讨论。本章得出的主要结论如下：

（1）爆管对管网造成的损失严重程度不仅取决于故障管道的直径，还与故障管道在供水系统中所处的位置有关。这意味着两根直径相同的管道在断裂时可能会导致明显不同的后果。

（2）爆管对管网造成的损失严重程度根据故障事件发生的时间不同而变化。发生在用水量高峰时段的管道爆管事件会引起相对较严重的损失，尤其是在系统水力方面的损失。

（3）受管道故障事件影响的节点和管道不一定位于故障管道周围区域，也可能相距很远。

（4）当考虑不同的评价指标时，受影响管道的空间分布可能会显著不同。比较水力影响指标的空间分布（例如，压力方面受影响的管道）与水质影响指标的空间分布（例如，受流向影响的管道）时，这种差异尤为突出。因此，进一步强调了本章所提出的综合评价体系的重要性。

（5）就管网爆管造成的损失严重程度而言，管道排名因所考虑的具体评价指标而异。这再次强调了管道排序也应考虑多个方面的影响（例如水力和水质），以便对不同管道爆管后造成的影响有一个全面的了解。

上述研究结果可以为自来水公司的水务工程师和从业人员在管道管理和维护策略的制定以及应急响应和异常事件恢复计划方面提供建议。此外，本章提出的综合评价体系也可使相关政府部门受益，因为该评价体系可以为制定有效的自然灾害（例如地震）应对管理方案提供帮助。

第8章

基于监测系统的爆管定位技术研究

8.1   引言

在了解了突发爆管事件造成的恶劣影响之后，供水公司需要快速查找到爆管点，然后进行应急操作以避免事态进一步恶化。为了对供水管网运行状态进行持续性监测，供水公司在供水管网中安装了大量的监测设备。因此，供水系统爆管监测领域的研究主要集中在监测点的优化布置或爆管事件定位算法的开发上。然而随着经济的不断发展，我国许多城市管网系统中均已布置有一定数量的监测点，因此如何充分利用现有压力监测系统实现爆管区域的高效与精确定位是现阶段面临的挑战。只有更好地了解现有监测系统对于管网运行工况及异常事故的监测能力，才能指导新增压力监测点布置的位置和数量，从而避免信息重叠和资源浪费。

关于现有监测系统监测能力的研究，大多数学者仅基于监测覆盖率来评价监测点布置数量和位置的优劣。然而，监测覆盖率并不能完全代表监测点对爆管的监测能力，还有许多其他因素需要考虑，例如：（1）已布置的监测点无法监测到的节点空间分布以及用水量情况；（2）爆管会触发的监测点数量，通常来讲，爆管后能使越多的监测点发生警报响应代表该监测预警系统可靠性越高；（3）确定与监测点敏感度最高的管网区域，在爆管发生后将有助于快速定位爆漏点位置；（4）识别监测范围内节点的最小报警流量，将有助于指导新增监测点的布置，从而最大限度提高监测系统的监测能力。这些因素都对深入了解现有监测系统工作机理提供帮助，并有助于指导新增监测点的布置。

由于噪声记录仪等设备定位爆管点方法的成本较高，效率低下，工作环境要求高，而基于监测设备的模型定位方法精度低的原因，本章提出使用耦合定位技术，其思路是通过在线监测设备快速识别爆管区域，然后应用探漏设备在该区域进行精确定位。该耦合技术可大幅度提高爆漏点定位的效率，并降低其成本。由于压力监测计精度高且安装维护成本低廉，故而应用范围广泛，本章中的城市供水管网监测系统指的是压力监测设备。

8.2   异常事件响应阈值的设置

异常事件响应阈值定义为压力阈值，低于该阈值就认为管网中有异常事件发生。爆管响应阈值的准确性对于压力监测系统监测能力的评价至关重要。如果阈值过高（即接近正常运行条件下的压力值），则由需水量变化引起的压力波动可能导致频繁的误报。相反，如果阈值过低（即远低于正常运行条件下的压力值），则监测系统可能无法对真实的突发事件做出及时的响应（Sanz等，2016）。

考虑供水系统中压力的空间和时间变化特性，通常使用长期历史压力数据在每个时间段（例如每天每小时）为每个监测设备估计一个报警响应阈值。为此，首先利用数学模型根据压力计的历史观测值估计出置信区间，如图8-1中的灰色部分，在此区间内的任何压力变化都被认为是正常运行条件下需水量波动或系统不确定性因素的结果。考虑到爆管事件会导

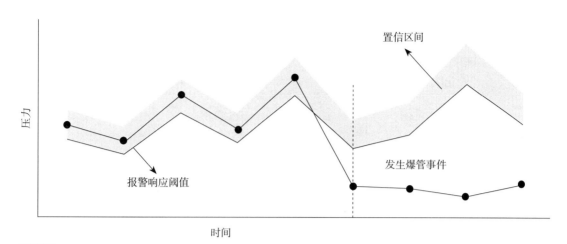

图8-1
压力监测设备报警响应阈值概念表示图

致管网压力下降，因此将爆管响应阈值定义为该置信区间的下边界值。在实际应用中，一旦压力监测设备的压力值降至其爆管响应阈值以下，就会触发警报。需要指出的是，响应阈值应该考虑系统中用户数量变化（例如，新用户的增加）和长期趋势（例如，人口的增长）的影响。

建立压力监测设备 k 在 t 时刻的爆管响应阈值，具体计算公式如下：

$$C(k,t) = f_{5\%}([P_1(t), P_2(t),...,P_M(t)]^T) \tag{8-1}$$

式中 $f_{5\%}(\cdot)$——数据序列的5%分位数函数；

               $[P_1(t), P_2(t),...,P_M(t)]^T$——压力监测点 k 在每一天同一时刻 t 的压力历史值；

                        M——历史值的总个数。

需要指出的是，供水管网不同时刻 t 的需水量不同，压力监测设备的爆管响应阈值也不同。根据历史压力时间序列，式（8-1）可以快速确定 t 时刻每一个压力监测设备的爆管响应阈值。

8.3   压力监测系统对供水管网爆管监测能力的评价指标

本章提出了5个定量指标来表征现有监测系统对于突发事件的监测响应能力。表8-1给出了5个定量指标的详细信息。这5个指标分别描述了（1）监测盲区节点的空间分布；（2）监测盲区节点需水量大小；（3）根据能够对同一爆管事件发生响应的监测点数量对监测区内的节点分类；（4）将可监测区划分为 K 个子区域（ K 为系统中监测点总数），每个子区域都只有一个压力监测计，该监测计能够最早对其区域内发生的爆管发出警报响应；（5）确定该监测系统对管网每个节点能监测到的最小爆管流量。所有的度量指标被定义为时间 t 的函数。此外，一些指标是节点 j 和压力计 k 的函数。每个度量指标的详细信息及其方程式将在接下来的小节中给出。

现有压力监测系统爆管监测能力的5个度量指标汇总　　　　　表8-1

指标	公式	数学解释	目的
监测盲区[$UN(t)$]	（8-2）	集合的元素数在0到节点总数N之间，值越低表示监测系统表现越好	为了识别无法使监测系统发出警报的节点
盲区需水量[$UN(t)$]	（8-3）	取值介于0到总需水量之间。该值越低表示监测系统表现越好	为了确定管网中无法监测到的用水量大小
监测点响应数量[$DD(j, t)$]	（8-4）	取值在1到K之间。该值越大表示监测系统表现越好	同一管道破裂能够引发报警的监测设备数量
空间分区[$SP(k, t)$]	（8-5）	在[0, N]范围的集合	将管网划分为与每个监测设备相关联的K个子区域
最小监测流量[$DT(j, k, t)$]	（8-6）	取值范围为(0, Q_b]，Q_b是爆管流出量。该值越低表示监测系统表现越好	为了获得每个节点的最小可监测爆管流量值

本章提出的基于监测系统的爆管定位技术是在上述评价研究的基础上建立的，首先根据压力监测设备与节点漏损之间的水力关联特性对供水管网进行区域划分，以确定每一个压力监测设备的最敏感漏损响应子区域$SP(k, t)$（即爆管监视区域），然后监视供水管网压力设备在线数值，一旦发现某个压力监测设备k在t时刻有异常（即压力值小于爆管响应阈值，见式（8-1）），可锁定其关联的$SP(k, t)$子区域为爆管区域，以达到爆管区域快速识别的目的。

8.3.1　监测盲区

监测盲区指标是为了识别监测系统不能监测到的区域，即如果这些区域发生压力突降并不能被任何压力监测计监测到，也就是说压力计的压力值始终高于其爆管响应阈值。监测盲区节点集合，$UN(t)$，可以定义为

$$UN(t) = \{j \mid \sum_{k=1}^{K} I[h_j(t,k), h_a(t,k)] = 0\}, j = 1,...,N, t = 1,...,T$$

（8-2）

$$I[h_j(t,k), h_a(t,k)] = \begin{cases} 0, \text{ 如果 } h_j(t,k) > h_a(t,k) \\ 1, \text{ 其他情况} \end{cases}$$

式中　　　　　　　　$h_j(t, k)$——在时间t下，$j=1$，$\cdots$，N（N为供水管网用水量节点总数）发生爆管时监测点$k=1$，$\cdots$，K（K是监测点总数）的压力值；

$h_a(t, k)$——监测点k在时间t时的爆管响应阈值（详细计算见8.2节）；

$I[h_j(t, k)$，$h_a(t, k)]$——指示函数。

此度量指标评价了已布设监测点对供水管网内爆管事件监测能力的有效范围，$UN(t)$中的元素数量越少，表示监测系统监测覆盖面越广，反之亦然。除了提供系统监测覆盖率数值之外，$UN(t)$还显示了监测盲区的空间分布情况。这一发现可以为水务公司日常巡检提供指导，更多地关注在这些监测系统无法监测到的地方。另外，还可以为后续新增监测点的布置提供参考，以有效提高系统的监测范围。

8.3.2 盲区需水量

监测盲区指标有助于显示监测系统可监测/不可监测范围的分布情况，但是该分布认为管网中所有节点的重要性相同。实际上，通常具有更高用水量需求的节点占有更高的重要性权重。例如，对于给定的监测系统，无法监测到的节点数量可能很少，但这些节点的需水量总和可能很大。因此，在评价监测系统的监测能力时，盲区节点需水量的计算是十分有必要的。此指标旨在获得无法监测区域的需水量总和，$UD(t)$，可以简单地描述为：

$$UD(t) = \sum_{i \in UN(t)} d_i(t) \tag{8-3}$$

式中　$d_i(t)$——时间t下节点i的需水量。

8.3.3 监测点响应数量

该指标是指每次爆管事件发生时，系统中监测计响应的数量，即统计监测计的压力值下降到其爆管响应阈值之下的数量。因此，时间t下发生在节点j的爆管事件对应的监测点响应数量，$DD(j, t)$，可以表示为：

$$DD(j,t) = \sum_{k=1}^{K} I[h_j(t,k), h_a(t,k)], j = 1, ..., N, t = 1, ..., T \tag{8-4}$$

该指标量化了管网每个爆管事件的压力计响应数量，间接表示了节点与整个压力监测系统之间的相关性。$DD(j, t)$值越高代表供水可靠性越高，因为这些节点上发生异常事件可以被多个压力计监测到，从而做出快速响应措施。该指标获得的信息不仅可以帮助决策者加强对于重要节点（例如，需水量高的用户或严格要求持续供水的用户）的关注，比如设置更多的监测设备进行监测，还可以有效的锁定异常事件发生区域。

8.3.4 空间分区

每个压力监测计对整个供水系统中爆管监测敏感度不一样，一般是对于发生在距离该压力计比较近的异常事件灵敏度更高（Pérez等，2009）。基于此理论，本章提出了空间分区指标以明确揭示每个监测计的监测敏感区域。该指标旨在将时间t时的整个管网划分为K个空间子区域，其中K是管网中压力监测设备的总数目。每个空间区域，记为$SP(k, t)$，有且仅有一个监测计k，该区域内的节点都是与该监测计相关联，这种关联性在于相比管网中的其他监测计，$SP(k, t)$中发生的异常事件都可以由该区域内关联的监测计首先监测到。换言之，当$SP(k, t)$中发生较小的爆管流量时就可以被其相关联的压力计监测到。如果$DD(j, t)>1$，那么使非关联的监测设备发生警报响应时所需的泄漏量一定大于相关联监测设备发生警报时的泄漏量。

空间分区指标的计算过程是逐步增加某节点的爆管流量，直到使得某一压力计的压力值降至其响应阈值以下，然后将该节点划分到该压力计的敏感影响子区域$SP(k, t)$中，具体计算公式为：

$$f_{\text{min-sensor}}(j,t) = \arg\min_{k=1,\ldots,K}\left\{\min_{q_j>0}\{h_k(t,q_j)-h_a(t,k)\}, \forall q_j:\{h_k(t,q_j)>h_a(t,k)\}\right\} \quad (8-5)$$

$$SP(k,t) = \{j: f_{\text{min-sensor}}(j,t) = k, j \in \{1,\ldots,N\}\}$$

式中 $f_{\text{min-sensor}}(j,t)$——节点$j$的关联监测计，该监测计能监测到节点$j$引起监测计报警的最小爆管流量；

$h_k(t,q_j)$——节点j在爆管流量为q_j时监测设备k的压力值；

$\min\{h_k(t,q_j)-h_a(t,k)\}, \forall q_j:\{h_k(t,q_j)>h_a(t,k)\}$——节点$j$在$t$时刻能引起压力监测设备$k$报警的最小流量。

为了得到能够触发监测设备k爆管响应阈值（即$h_k(t,q_j)>h_a(t,k)$）的最小流量q_j，将q_j以Δq_j步长（通常该取值较小，本章取5L/s）逐步施加到节点j的爆管流量中，直到q_j值能够恰好使得$h_k(t,q_j)>h_a(t,k)$。式（8-5）表示集合$SP(k,t)$中发生爆管时，压力计k发生警报的爆管流量比比系统中其他监测计发生警报时要低。这意味着非监测盲区的节点$j\in SP(k,t)$处发生异常，首先被相关联的压力计k在时间t时监测到。

该指标将供水管网划分为K个不同的子区域，每一个子区域都有且只有一个压力监测设备。该方法可以应用到爆管点的快速定位，一旦发现某个压力监测设备k在t时刻有异常（即压力值小于漏损响应阈值），可锁定其关联的$SP(k,t)$子区域为爆漏区域，然后再采取更精确的设备方法定位到准确的爆漏点位置。该方法耦合了模型与设备的爆管定位技术，对现有监测点的数据进行分析与应用，具有响应迅速，成本低廉的优点。

8.3.5 最小监测流量

该指标计算了管网中可监测范围内的每一处爆管能够引起一个压力监测设备发出响应的最小爆管流量。这一指标反映了监测系统对异常事件产生响应的最低标准。低于该值，监测系统无法做出响应。该指标可以定义为：

$$DT(j,k,t) = \arg\min_{q_j}|h_k(t,q_j)-h_a(t,k)|, \forall q_j:\{h_k(t,q_j)>h_a(t,k)\} \quad (8-6)$$

$DT(j,k,t)$的值越低表明压力监测设备k能监测到的爆管流量越低，进而说明监测系统布置的方式越好以及对于爆管的监测能力越好。如果得到的$DT(j,k,t)$值高，则意味着该监测设备对节点j的响应灵敏度不高。要想提高对节点j的响应能力，则应该在管网中增设更多的监测设备。

8.4 计算流程

图8-2显示了供水管网中现有压力监测系统对爆管监测能力研究的总体示意图。

（1）首先建立并校准稳态水力模型。本章中使用的案例管网的水力模型已经由水务公司的工程师进行了校核；

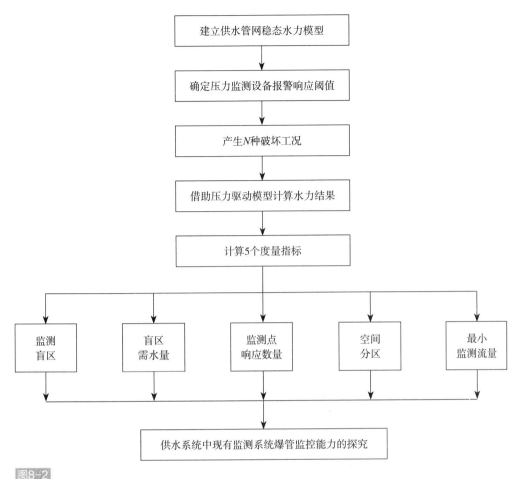

图8-2
现有监测系统对管网爆管监测能力研究的流程图

（2）对于供水管网系统中的每个压力监测设备，确定其相应的爆管响应阈值，低于此阈值将触发监测设备发出爆管响应警报。压力监测设备爆管响应阈值通常由历史数据统计分析得到（详情见第8.2节）；

（3）本章中假设管网爆管发生在节点上（Pérez和Puig，2011），通过向每个节点分配爆管事件来生成N个（即供水管网总节点数）可能的管道爆管工况；

（4）借助压力驱动模型对每个爆管工况进行水力分析，得到水力参数结果（详情见第2.1.5节）；

（5）计算五个定量评价指标（详情见第8.3节）。这五个指标共同用于全面评价供水系统中现有监测系统对爆管监测能力。

关于爆管定位方法的计算过程，与上述前4个步骤一致，第五步时只需要计算出空间分区指标结果就可以定位出管网中爆管区域。在实际工程应用中，一旦压力监测设备k的在线压力数据低于该设备同时刻的爆管响应阈值时，监测计就会发生警报，然后根据空间分区结果，可以迅速将压力监测设备k对应的子区域锁定为爆管区域。

8.5   管网案例分析

8.5.1   管网概况与参数设置

为了进一步验证所提出方法的有效性，本章采用3个案例管网进行测试：JYN管网、ZHN管网和JX管网。管网的基本信息已在上一章给出（详见第7.5.1节）。管网中压力监测设备的安装情况如图8-3所示，JYN案例中有4个监测点，ZHN案例中有18个监测点，JX案例中有40个监测点。对于JYN管网，选取用水量最高时作为典型工况分析；对于ZHN管网和JX管网，考虑了两种运行工况：用水量最低时（MHD）和用水量最高时（PHD）工况，以研究需水量变化情况下本方法的有效性。

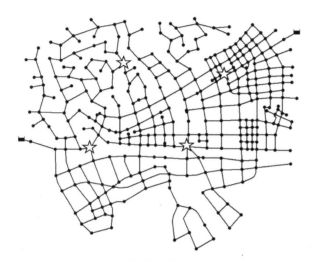
（a）JYN案例压力监测点分布图

（b）ZHN案例压力监测点分布图

（c）JX案例压力监测点分布图

图8-3
管网中压力监测设备安装
☆ 压力监测点。

如第8.2节所述，可以采用长历史压力监测数据来定义每个压力监测设备的爆管响应阈值。对于ZHN案例和JX案例，使用压力监测设备3年历史数据记录来确定阈值。因为JYN案例没有可用的压力监测计历史观测值，所以使用压力驱动模型根据节点需水量估算4个监测设备的压力数据。具体方法是，考虑到不确定性因素，对JYN案例管网使用蒙特卡洛方法（Monte Carlo Method）模拟生成与平均节点需水量有±20%浮动的需水量数据（Kapelan和Savic，2005），然后经过水力计算得到对应的压力数据。蒙特卡洛模拟的样本大小为10000，这足以确保得到稳定的压力估计值。对于本章的3个案例，将压力数据的第5百分位数确定为每个监测设备的爆管响应阈值（详情见8.2节），因为通常认为低于该百分位数的压力是异常的。本节管网延时模拟的计算步长是1h，计算总时长是24h，则一个压力监测设备有24个对应的爆管响应阈值。

在本章的案例管网中，爆管工况模拟将节点初始爆管流量设置为10000L/s的较大值，该初始值是为了触发压力不足时节点流量–压力关系方程，然后通过迭代确定节点的最终实际需水量，即为爆管流量（详见第2.1.5节）。此研究中的实际破坏量明显低于假定的10000L/s流出量（例如，JYN案例的最大破坏流量约为3500L/s）。该假设为模型的计算引入了不准确性，但与模型的不确定性和方法的不确定性相比，影响较小，可以忽略不计。

对于所有案例管网，节点最小供水压力（H_i^{min}）为0m，节点临界压力（H_j^{req}）为18m。本章研究方法基于MinGW Developer Studio 2.05平台开发，借助EPANET2.0–EMITTER求解器进行压力驱动水力模型计算。

8.5.2　JYN案例结果分析

图8-4显示了JYN案例研究中监测盲区（UN）的分布情况。该指标结果表明JYN中的4个压力监测设备对管网爆管的响应覆盖率为86.1%，即管网中86.1%的管道破裂能够被该监测系统捕捉到，从而发出异常事件响应警报。而其余13.9%无法引起监测系统发出警报，该部分节点大部分分布在管网系统外围，如图8-4所示。这是因为：（1）管网系统外围的管道直径通常小于中心管道的直径，从而导致爆管流量较低，不足以触发监测计的爆管响应阈值；（2）监测设备安装在了供水系统的中央区域，远离管网系统末端的节点。

为了使盲区需水量（UD）指标结果更容易在不同案例管网之间进行对比，使用了无法监测到的需水量相对于供水系统总需水量的百分比来表征该项指标。JYN案例中，约有12.9%的总需水量是无法被现有的四个监测点监测到，与无法监测到节点的百分比（13.9%）非常接近。这是因为该案例中的所有需水量用户都是居民用户，没有大型商业或工业用户，因此不同节点之间的需水量变化相对较小（变化范围从2L/s到14.8L/s）。因此，当供水系统的节点需水量总体上相似时，监测盲区比例和盲区需水量比例在大小上相近。

图8-5显示了JYN案例中每个节点遭受最大爆管流量时，发出响应的监测点数量（DD）。如图8-5所示，每个节点的监测点响应数量指标值与其到压力设备的输送距离有关，距离压力监测设备较近的节点通常具有较多的监测点发出响应。总体上，大概有25.9%的节点发生破裂

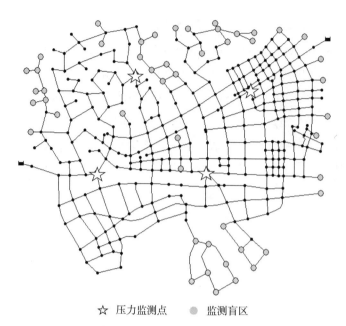

☆ 压力监测点   ◉ 监测盲区

图8-4
JYN案例管网的监测盲区分布图

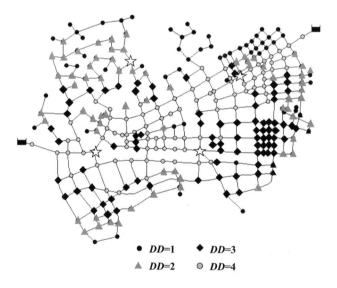

● DD=1   ◆ DD=3
▲ DD=2   ○ DD=4

图8-5
JYN案例管网监测点响应数量分布图（监测盲区节点已被移除）

时能使全部监测设备发生响应（DD=4），表明这些节点具有较高的供水可靠性。可以使3个、2个和1个压力监测设备发生响应的节点比例分别为24.1%、20.1%和16.0%。

图8-5中的DD=4的节点并非在任何爆管情况下都能令4个监测点发出爆管响应，这需要较大的爆管流量才能实现多个监测设备的警报响应。监测点响应数量与节点遭受最大破坏的流出量之间的关系如图8-6所示。从图中可以看出，能令较多的监测点发出警报响应通常需要较大的爆管流出量。

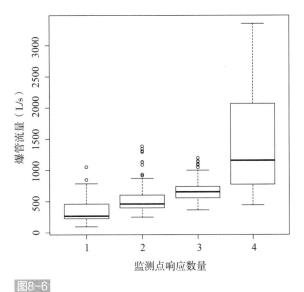

图8-6
JYN案例管网爆管流量与监测点响应数量关系图

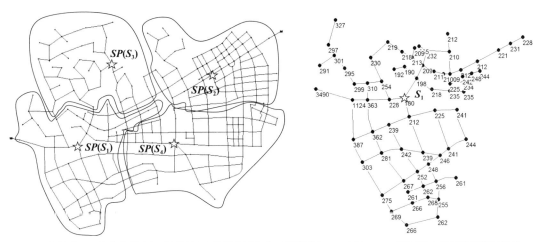

（a）JNN案例管网压力监控的空间分区结果（监测盲区节点已被移除）　　　（b）SP(S1)区域最小爆管监测流量结果

图8-7
空间分区和最小监测流量指标结果

　　空间分区和最小监测流量指标结果如图8-7所示。如图8-7（a）所示，去除了监测盲区之后，管网可监测到的节点已被划分到4个子区域，每个子区域仅与一个压力监测设备相关联。该信息对于从业者快速有效地确定异常事件的发生位置非常有用。例如，如果压力监测设备S_1发出警报（即S_1的压力值低于当前时刻的爆管响应阈值），则应优先对$SP(S_1)$区域进行爆管精准位置搜索。以此方式，可以在相对较短的时间内找到爆管发生的实际位置，进而减小由此引发的水资源浪费。

　　图8-7（b）显示了子区域$SP(S_1)$中节点的最小监测流量（DT）的结果（其他子区域的结果表现一致，因此此处未给出）。如图8-7所示，尽管在同一空间区域内$DT(j)$的值可能发生显著

的变化，但是一致的规律是，与关联监测设备距离较远的节点通常具有较高的$DT(j)$值。另外，该子区内具有最大$DT(j)$值（3490.2L/s）的节点是靠近水库的。由于与水库直接相连的管道通常直径较大且流速很高，所以该管道上发生爆管事件后漏失流量相对较大，使得远离该管道的监测计也可以产生响应。实际上如果产生如此大的泄漏水量，地面上很快会出现大量的积水引起更严重的损失，为了提高对该主干管道爆管的响应效率，应在该管道附近新增一个压力监测设备以降低可监测到的最小流量阈值。

8.5.3　ZHN案例结果分析

ZHN案例给出了两个运行工况下（用水量最低时和用水量最高时）监测系统对爆管监测能力的研究。图8-8显示了ZHN案例中18个监测设备的监测盲区（UN）空间分布情况。与JYN案例一样，无法使监测设备发生警报响应的节点主要位于管网外围。总体而言，在用水量最低时和最高时期间无法监测到的节点百分比分别是28.6%和76.7%；盲区需水量（UD）所占的比例分别为23.9%和70.0%。这表明在用水量最高时期间，76.7%的节点，对应的用水量为总需水量的70.0%，处于监测盲区；而用水量最低时期间，28.6%的节点，对应的用水量为总需水量的23.9%，无法被监测到。与JYN管网一样，ZHN管网的监测盲区和盲区需水量指标之间的百分比值相似，这是由不同节点之间需水量的总体相似性引起的：ZHN管网的需水量在用水量最低时期间的范围是1~5L/s，在用水量最高时期间的范围是2~15L/s。

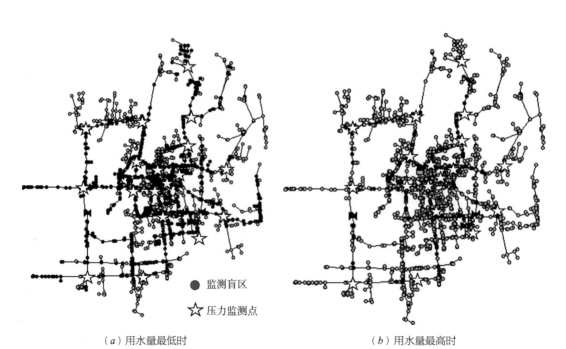

● 监测盲区

☆ 压力监测点

（a）用水量最低时　　　　　　　　（b）用水量最高时

图8-8
ZHN案例管网监测盲区分布图

从图8-8中还可以观察到，就监测盲区和盲区需水量指标而言，用水量最低时期间的监测系统对异常事件的监测响应能力明显高于用水量最高时期间的监测响应能力。这与前人的研究结果一致，即选取用水量最低时进行夜间流量分析更有可能识别出管网中的爆漏事件（Alkasseh等，2013；Farley等，2010）。

图8-9（a）显示了监测点响应数量$DD(j)$与ZHN案例管网节点百分比的统计关系，图8-9（b）总结了爆管流量与监测点响应数量之间的关系（为了显示清晰，该图使用了对数坐标）。如图8-9（a）所示，对于相同数值的监测点响应数量，用水量最低时的节点百分比始终高于用水量最高时的节点百分比。例如，在用水量最低时，能使2个以上监测设备发出警报的节点大概占65%；但在用水量最高时，只有大约18%。当统计可以使整个监测系统的18个压力监测计都发出预警信息的节点百分比时，这种差异就变得更加明显：用水量最低时，总共1645个节点（占总节点的47.8%）的$DD=18$；相反，在用水量最高时，没有节点的监测点响应数量能达到18，也就是说任意管道在用水量最高时发生爆管都无法使得所有的监测计发生警报。其原因是在用水量最高时，令所有监测设备的压力值低于其爆管响应阈值的节点爆管流量远远大于用水量最低时的爆管流量（如图8-9（b）所示）。这进一步证明了使用用水量最低时工况进行漏损检测的好处。

为了进一步阐释监测点响应数量DD的结果，图8-10给出了用水量最低时ZHN案例中$DD=18$的节点空间分布图。相对于其他节点，这些节点具有更高的供水可靠性/异常事件监测点响应效率。该图显示这些节点中的大多数位于管网的主干管上。

如图8-11所示，在用水量最低时和用水量最高时的空间分区指标结果也表现出很大的差异。需要指出的是，该图已经将监测盲区移除。从图中可以看出，每个监测设备k都有一个特定的敏感空间子区域相关联，在该子区域中发生的管道异常事件最早被监测设备k发现。因此，

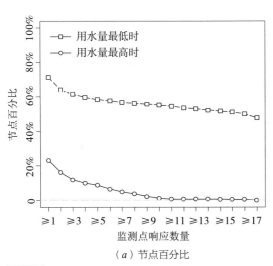

（a）节点百分比

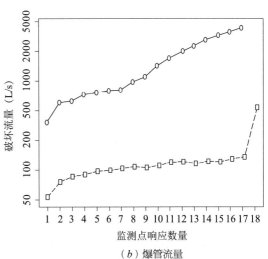

（b）爆管流量

图8-9

ZHN案例中监测点响应数量关系图

● 监测盲区　　● $DD=18$　　○ $DD=1\sim17$

图8-10
ZHN案例管网在用水量最低时监测点响应数量分布

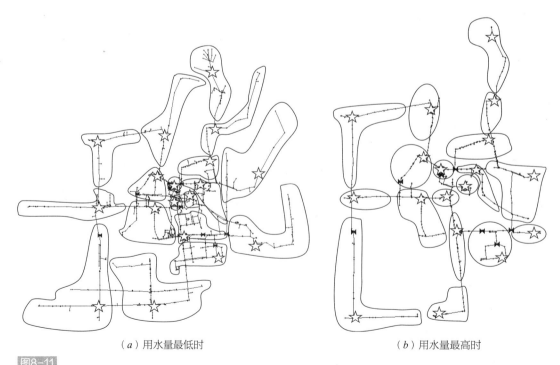

（a）用水量最低时　　　　　　　　　　（b）用水量最高时

图8-11
ZHN案例管网压力计监控空间分区结果（监测盲区节点已被移除）

当管网中发生爆管事件并有监测计发出响应后，可以根据子区域划分范围，迅速缩小破损点搜查区。从图中也可以看出，监测点数量越多，得出的爆管定位范围越小，越有利于后续的设备排查工作。

与先前的结果一致，与用水量最高时相比，在用水量最低时压力监测设备能够覆盖更广的关联子区域。用水量最低时和最高时期间，ZHN案例的最小监测流量指标的平均值分别约为100L/s和420L/s。这再次证明了用水量低谷时期更容易进行漏损预警。

8.5.4　工程应用

在爆管发生之后亟需迅速识别爆管点位置以减少爆管响应时间和泄漏水量。本章提出的爆管区域高效定位技术是基于管网监测系统数据分析，因此，需要了解JX管网压力监测系统工作运行情况。

JX管网监测盲区空间分布如图8-12所示，图中黑色节点代表依靠现有压力监测系统无法监测到的节点，约占总体的13.8%，即JX管网中约有13.8%的节点爆管后无法引发监测系统发出警报。这些监测盲区节点的需水量占总体需水量的12.3%。由于处于盲区的节点无论发生多大的爆管流量都无法使得监测计发出报警，因此，需要对管网盲区用户进行逐个排查，确定是否需要进一步加强实时监控亦或是对日常巡检路线的再规划。

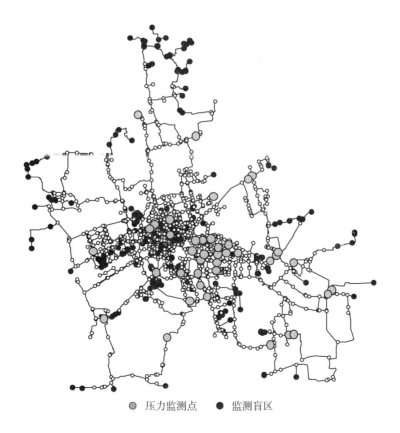

● 压力监测点　　● 监测盲区

图8-12

JX管网监测盲区分布图

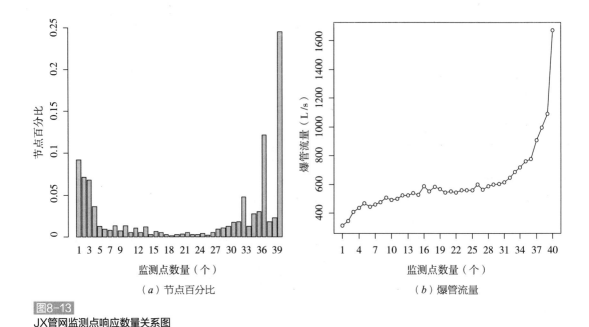

（a）节点百分比   （b）爆管流量

图8-13
JX管网监测点响应数量关系图

　　图8-13（a）显示了JX管网监测点响应数量与管网节点百分比的统计关系。需要注意的是，该百分比已去除监测盲区节点，针对的是现有压力监测系统可监测到区域的节点。从图中可以看出，令40个监测设备都能发出警报的节点比例最多，将近25%，其次是37个监测点响应的比例约有12%，然后是只能使1个监测设备发出警报的节点大概有将近10%。图8-13（b）为JX管网不同爆管流量（均值）工况下，现有压力监测点响应数量。从图中可以看出，随着爆管流量的增加，管网中的压力计响应数量也随之增长。例如，平均爆管流量小于400L/s时，最多2个监测点发生警报响应；而平均爆管流量大于1000L/s时，可以使38个以上的监测点都发生警报响应。通过监测点响应数量的结果发现，该案例管网现有压力监测点能够感知一部分爆管，但是平均爆管流量较大才能令监测系统发现，因此JX管网的监测点数量是需要继续增加的，以提高该管网的供水可靠性。

　　JX供水管网空间分区结果如图8-14所示。根据压力计总数目，管网可监测到的节点已被划分到40个子区域，每个子区域仅与一个压力监测设备相关联，该监测点可以最早感知到其子区域内爆管的发生。从图中可以看出，有的监测点爆管监控范围较大，管道长度可达85km；有的监测点爆管监控范围较小，只有0.2km，这种现象在JX管网中心监测计密集布置的区域较多。基于本书提出的爆管区域定位技术，压力监测计的敏感控制区域越小越能准确定位到爆管位置。因此，建议在现有监测点敏感控制范围较大的区域新增压力计以减小爆管定位所需时间。

　　结合本书研究的结果，2018～2019年JX新增压力监测点37个，由于4个监测点的压力设备出现长期故障已被拆除，所以到2019年年底JX管网共计73个压力监测点，分布情况如图8-15所示。

图8-14

JX管网压力监控空间分区分布图

○ 原有压力监测点　　☆ 新增压力监测点

图8-15

2019年JX管网压力监测点分布图

　　去掉4个故障压力监测点，增加37个新监测点后，JX管网的监测盲区从原来的13.8%下降到12.4%，盲区需水量百分比从原来的12.3%下降到9.7%。对于管网中可监测的区域，平均爆管流量与监测点响应数量的关系如图8-16所示。除了令所有压力监测点发出警报所需要的爆管流量较大之外，其他数量的监测点响应所需的平均爆管流量都在220L/s以下。通过与图8-13（b）对比发现，新增压力计之后，JX管网可探测到的爆管平均流量明显降低，管网供水可靠性显著提升。

　　新增监测点后管网的空间分区结果如图8-17所示，子区范围如图8-18所示，以区域内管道总长表示。从图8-18中可以看出，监测点平均控制区域管道长度从15km下降到8km，下降了46.7%。新增监测点后管网单个监测点的最大爆管监控范围为47km，比原监测系统的最大监控空间精度提高了44.7%。另外，通过图8-17与图8-14对比也可以发现，大多数原监测点的空间控制子区精度也都提高了，可有效提高爆管位置识别的速率。因为当管网中发生爆管事件并有监测计发出响应后，可以根据子区域划分范围，迅速确定破损点发生区域。所以，新增压力计后研究区压力计控制空间精度提高代表爆管点搜查区域变小。以此方式，可以在相对较短的时间内找到爆管发生的实际位置，进而减小由此引发的水资源浪费。

　　新增压力监测点后，JX管网原有40个压力监测点的最小监测爆管流量降低百分比结果如表8-2所示。表中给出了每个压力计控制子区中所有节点最小可监测到的爆管流量的最小值、平均值和最大值，在新增压力计后下降的百分比。从表中可以看出，原监测点的敏感控制子区内，可监测到的最小爆管流量不管是最小值、平均值还是最大值都在一定程度上下降了，降

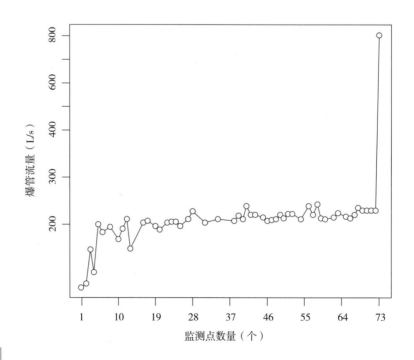

图8-16
新增压力监测点后监测点响应数量与爆管流量关系

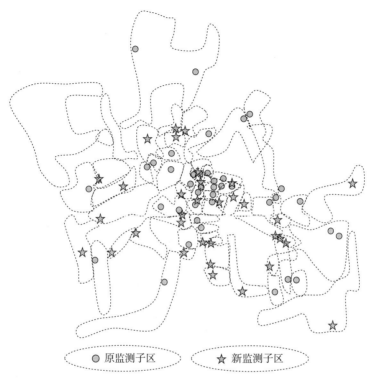

图8-17
新增监测点后JX管网压力监控空间分区分布图

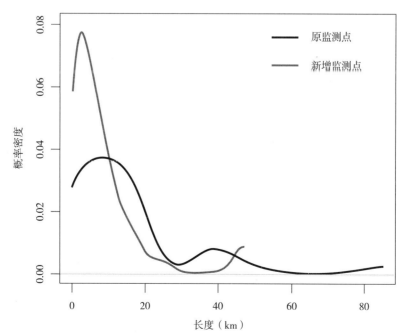

图8-18
监测点空间控制范围

新增压力监测点后原有压力监测点的最小监测爆管流量降低百分比　　表8-2

监测点标号	最小值（%）	平均值（%）	最大值（%）
1	33.5	12.9	4.1
2	3.3	22.7	29.3
3	4.5	26.3	22.4
4	0.8	30.8	20.4
5	6.2	33.2	38.9
6	23.1	6.4	5.0
7	9.7	54.1	63.3
8	1.7	19.1	24.9
9	8.7	15.8	4.2
10	6.2	30.2	36.7
11	2.7	40.1	39.8
12	1.9	2.6	4.2
13	1.3	3.2	9.4
14	0.6	21.2	26.2
16	4.0	10.9	15.1
17	4.2	11.4	12.5
18	2.7	3.9	7.8
19	2.2	28.8	36.0
20	0.04	27.2	8.9
21	5.2	19.0	14.3
22	2.5	15.8	19.7
23	1.4	3.2	6.9
24	4.1	17.0	15.0
25	2.7	4.8	10.5
26	0.7	8.8	10.6
27	0.8	9.1	9.2
29	0.4	5.4	13.0
30	2.2	3.6	6.9
31	0.5	4.8	11.1
32	1.1	28.1	33.9
34	9.8	7.9	7.7
35	3.2	22.5	15.1
37	1.1	5.6	8.4
38	6.2	2.3	4.9
39	2.5	3.6	10.4
40	2.2	27.7	11.9

（a）降低最多 （b）降低最少

图8-19
新增监测点后原监测点平均爆管流量降低情况
注：虚线区域为压力计原监测范围，实线区域为新增监测点后压力计监测范围。

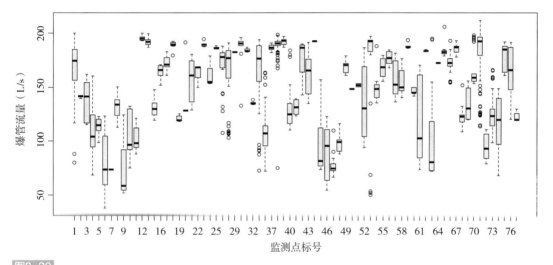

图8-20
JX管网每个监测点最小可监测爆管流量分布

低范围从0.04%到63.3%。其中，平均降低程度最大的是7号监测点，如图8-19（a）所示，7号监测点原有监测范围为图中虚线区域，在新增了47号监测点之后，7号监测点的控制范围缩小为图中实线区域，因此，7号监测点能监测到的爆管流量值降低，监测精度显著提升。而图8-19（b）中虚线区域没有新增监测点，所以其中的13号、37号、38号和39号监测点的平均爆管流量降低程度较小。

新增压力监测点后每个监测点的最小可监测爆管流量范围如图8-20所示。从图中可以看出，压力监测系统能监测到的最小爆管流量范围从38L/s到212L/s。如果需要感知更小范围的爆管流量，则应首先在可监测最小爆管流量值较大的监测点附近继续增设监测点。

8.6 本章小结

本章主要研究现有压力监测系统对于供水系统爆管事件的监测响应规律，并基于此提出了一种快速识别爆管区域的方法。爆管监测评价主要从以下几个方面进行研究：（1）监测盲区的识别，在该区域发生的异常事件无法使监测系统发出预警；（2）盲区需水量，反映了监测系统对节点需水量的监测能力；（3）监测点响应数量，某管道发生爆管时能够引发响应的监测点数量；（4）空间分区，其中每个分区区域内的异常事件可以通过与该区域相关联的单个监测设备以最快的时间进行爆管区域识别；（5）最小监测流量，代表可以触发其关联压力监测设备发出警报的最小爆管流出量。三种具有不同规模和拓扑结构的供水管网案例用于验证所提方法的实用性。计算求解过程是借助于稳态压力驱动模型进行延时模拟。本章研究的主要结论概述如下：

（1）监测盲区和盲区需水量指标较为全面地反映了一个给定监测系统整体上对于爆管事件的监测能力。与仅基于监测覆盖率的传统评价相比，本章的方法更深入挖掘了监测系统对于总体需水量的监测能力。

（2）监测盲区、监测点响应数量和最小监测流量指标可以识别监测系统对于异常事件响应的不敏感区域。这些区域的识别对于水务公司未来新增监测设备的布置和日常巡检计划提供参考建议。

（3）空间分区给出了每个监测设备对于爆管的最敏感监测区域。基于该指标可以快速有效地确定爆管发生范围。现有爆管区域定位技术要么成本高，监测范围有限，要么计算时间长，很难实现区域的快速定位，而本章提出的爆管区域识别技术是通过建立压力监测设备与节点漏损水力关系来实现的，具有高效快速的特点；另外，近年来热门的基于数据驱动的漏损区域定位方法普遍存在解的不确定性问题，而本章所提出的方法完全不需要进行优化，结果具有很好的稳定性，对城市供水管网爆管监控具有重要科学意义和应用价值。

（4）本章通过水力延时模拟发现监测系统在不同需水量工况下爆管监测响应的差异性。其中用水量最低时期间监测系统对于爆管的监测响应表现最好。这表明在用水量最低时工况下查找爆管的成功率高，因为只需要相对较低的爆管流量就可以触发响应警报。这与先前有关泄漏监测的许多研究一致，在这些研究中，通常利用最小夜间流量法对每个DMA的夜间流量进行分析，进而评估该区域的实际漏损情况。

本章研究工作可以为新增监测点的优化布置提供理论指导，同时爆管区域的快速识别可降低爆管检测时间，进而降低爆管产生的不利影响。

第9章

爆管后阀门控制对供水管网的影响研究

9.1　引言

爆管作为一次异常事件，通常需要经历以下几个阶段：（1）发生爆管，系统性能开始下降；（2）爆管监测定位，系统性能持续下降；（3）关阀操作，将异常管道与系统其余部分进行隔离，以避免爆管事态进一步恶化造成诸如压力下降以及水质二次污染问题，但关阀操作可能导致系统性能进一步恶化；（4）异常事件恢复，系统性能回升。第7章和第8章针对（1）和（2）阶段，主要研究了爆管对供水管网造成的影响，以及基于监测系统的爆管监测定位技术。本章将研究（3）阶段爆管管段采取关阀措施后对管网的影响机制。

作为管道的调控元件，阀门控制对供水系统爆管管理起着重要的调节作用。具体来讲，（1）压力调控会影响爆管发生的频率，例如压力瞬变可能会使管道破裂，压力经常发生波动可能会导致管道疲劳失效等；（2）理论上，如果管道破裂的开口不变，通过开口的流量与开口压差的平方根成正比，因此，通过减小压力，可以很大程度地减少管网中已存在的小破损的漏水量。

另一方面，在定位到管道破损点后，首先要利用阀门对故障管道进行隔离，避免事态进一步恶化造成更严重的损失，然后采取措施进行修复工作。通常，供水管道隔离是通过关闭隔离阀切断爆管管道与水源的连接通路。在大多数的研究中，爆管的模拟是将管网中破裂的单根管道关闭而不考虑实际的阀门位置。例如Diao等（2016）在爆管的全局韧性分析（Global Resilience Analysis）中认为管道在破裂不久后就会被立即隔离，因此作者将爆管模拟为单根管道关闭3h。这种模拟成立的前提条件在于单根管的两端分别安装有一个阀门，然而这种假设通常是不合理的，进而导致不准确的结果。实际上的爆管隔离是通过关闭爆管周围最近的阀门来实现的。也就是说，根据管网中可用的阀门数量及分布，爆管后可能需要关闭一根及以上的管道才能实现故障管道的完全隔离。Walski（1993）认为足够的阀门对于供水管网可靠性起着关键作用。Giustolisi（2018），Ayala-Cabrera等（2019）和Atashi等（2020）学者都论证了隔离阀对管网可靠性和韧性提高的重要作用。尽管隔离阀不属于日常操作范畴，但其失效也容易将一个小的隔离维修问题变成一个损失严重的大范围问题。因此，对供水管网中隔离阀的研究是爆管隔离修复的首要工作（Walski，2020）。

目前，对于阀门的研究方向之一在于阀门布置的优化设计。Mays（2004）建议管道的两端都应该安装阀门，然而实际上阀门的数量受到经济上的限制，因而难以在所有的管道上都安装阀门。因此，许多学者也提出了阀门布置的一般准则（Atashi等，2020，Goulter等，2000），这些准则认为在供水主要区域，两个阀门之间的间距不应该大于500英尺（约150m），其他区域不大于800英尺（约250m），T字形节点至少连接两个阀门，十字形节点处至少连接3个阀门。Walski（2002）提出了一种通过关闭单根管道与多根管道的方式来模拟火灾发生时管网的性能表现。结果表明，应该在主干管中多安装阀门，以便在较小的事故发生时，主干管不会被隔离。Walski等（2006）认为实际设计和操作中，确定阀门操作的总体规则并不是十分重要，而是要确定系统中阀门不足的位置。与此同时，许多学者研究了以提高供水管网可靠性为目标的阀门优化方案（Giustolisi和Savic，2010；Giustolisi等，2014；Meng等，2018）。

故障管道被阀门隔离后，管道中的部分区域会与水源暂时断开，管网拓扑结构发生变化，管网仍然连通的部分也会有水力水质上的变化。Kao和Li（2007）提出一种基于现有隔离阀系统的管道更换优化方案以提高管网供水可靠性。Giustolisi（2014）等在考虑了实际隔离阀系统的影响下，设计优化了管道直径。Ayala-Cabrera等（2019）研究了阀门关闭后对管网韧性的影响，作者采用了不关阀、故障管道单管隔离和故障管道及其相邻管道隔离的三种不同方式来研究其对管网用户需水量满足程度的不同影响。该研究的不足之处在于使用的是虚拟假设，并没有根据实际阀门的位置进行关阀操作的影响研究。Blokker等（2011），Giustolis等（2008）以及Jun等（2007）学者对爆管后需要操作的隔离阀门进行了识别研究。Atashi等（2020）利用全局韧性分析Net3管网（EPANET 2.0中的示例管网）的三种不同阀门配置下的关键管道，结果表明在关键管道上增设隔离阀可以显著提高管网韧性。

通过上述回顾发现，对于管网隔离阀的研究大多集中在对系统的可靠性分析、优化布置以及需要操作阀门的识别算法上。由于阀门关闭会导致管网拓扑结构发生变化，Giustolisi（2020）指出需要对此变化产生的影响进行分析以便更好地指导管网应急管理工作，然而仅仅少数研究在对可靠性和韧性指标分析时就缺水量和压力不足节点展开了研究，因此，缺乏故障管道被阀门隔离后对管网性能的影响研究。

9.2　阀门控制评价指标

为深入了解爆管后阀门控制对管网的水力水质影响，本章提出了7个定量评价指标，分别是阀门操作数量、隔离区大小、缺水量、受影响节点、受影响管段、受影响流向和受影响流速。阀门操作数量与隔离区大小及管网拓扑结构和阀门布置有关。除了关阀开始时间（t），缺水量数值还与关阀持续时间T有关。其他指标是由水力模型的结果进一步计算得到，因此会受到管网水力条件（例如需水模式和泵的开关）的时变影响，故将这些指标定义为关阀开始时间t的函数。每个指标的详细信息在接下来的小节具体阐述。

9.2.1　关阀数量指标

大多数研究假设爆管管道两端都布设有阀门，所以对于隔离管道的模拟是通过关闭单根管道来实现的。然而这种假设通常是不合理的，为了深入分析阀门对爆管的影响机制，首先需要根据爆管的位置识别管网中需要操作的实际阀门的数量和位置。关阀遵循的原则是关闭离爆管点最近的阀门，切断其与水源的连接，从而为后续的维修工作提供便利。因此关阀控制需要和管网拓扑结构特点联系，建立关阀搜索数据库。结合图论知识，供水管网可以表示为$G(V, E)$的图。其中，V表示节点（例如水库、水池和需水量节点），E表示连接节点的管段（例如管道、阀门和水泵）。$A_{(i, j)}$表示管网节点与管段连接关系的关联矩阵，矩阵中的元素表达式见式（9-1）。

$$a(i,j)=\begin{cases}-1 & \text{管段}j\text{从节点}i\text{流出}\\ 0 & \text{管段}j\text{与节点}i\text{不连接}\\ 1 & \text{管段}j\text{从节点}i\text{流入}\end{cases} \tag{9-1}$$

为了识别阀门位置，$A_{(i,j)}$可以分割为$A_{(i,j)}^{v}$和$A_{(i,j)}^{u}$两个矩阵，分别代表节点与阀门管段相连和节点与非阀门管段相连。因此，关联矩阵$A_{(i,j)}$可以写成：

$$\boldsymbol{A}(i,j)=\begin{array}{c}J_1\\J_2\\J_3\\J_4\\J_5\\J_6\\\vdots\\J_n\end{array}\left[\begin{array}{cccccccccc}1&1&1&0&0&\cdots&0&0&0&0&\cdots\\-1&0&0&0&0&\cdots&0&1&0&0&\cdots\\0&-1&0&1&1&\cdots&0&0&0&0&\cdots\\0&0&-1&0&0&\cdots&0&0&0&0&\cdots\\0&0&0&-1&0&\cdots&0&0&1&0&\cdots\\0&0&0&0&-1&\cdots&0&0&0&1&\cdots\\\vdots&\vdots&\vdots&\vdots&\vdots&&\vdots&\vdots&\vdots&\vdots\\0&0&0&0&0&\cdots&-1&0&0&0&\cdots\end{array}\right] \tag{9-2}$$

$$P_1\quad P_2\quad P_3\quad P_4\quad P_5\quad\cdots\quad P_u\ P_{v1}\ P_{v2}\ P_{v3}\cdots$$

其中，矩阵的行代表节点，n是节点数量；列代表管段（u为非阀门管段数量，v为阀门管段数量）。

则与管段j相连接的管段，C_j，可以通过如下公式计算：

$$C_j=\left|A_{(*,j)}^{\mathrm{T}}\right|\left|A_{(i,j)}\right| \tag{9-3}$$

其中，$A_{(*,j)}$为关联矩阵$A_{(i,j)}$的第j列元素构成的N维列向量，$|\cdot|$为矩阵元素的绝对值。C_j中得到的数值有三种：0、1和2，分别代表该管段与j管段不相连、相连和j管段自身。

根据式（9-3）可建立多叉树数据结构，其中多叉树的根为j管段，多叉树的叶则为需要操作的阀门。多叉树停止继续增加子树的条件是子结点为阀门管段或与上一层管段重复。具体构建步骤为：

（1）建立多叉树的根为j管段；

（2）通过式（9-3）计算得到与j管段相连的管段，作为j的子结点；

（3）计算子结点管段是否满足子树停止增加的条件，若全部子结点都满足条件，则多叉树建立完毕，否则，返回（2）（将j替换成不满足条件的子结点管段）；

（4）将多叉树的叶中为阀门的管段放入关阀集合Ω_j^v中，将多叉树中所有非阀门管段放入隔离区集合Ω_j^l中。则Ω_j^v中元素的个数，即为管段j爆管后需要操作的阀门数量。Ω_j^l中的管道总长即为将集合Ω_j^v中的阀门关闭后形成的停水隔离区大小。

每一根管道j对应一个关阀集合Ω_j^v，即管道j爆管后需要关闭的阀门为Ω_j^v中的元素，M根管道对应M个关阀集合，即为最终的管网关阀搜索数据库。

9.2.2　隔离区大小

爆管后通过关闭阀门可切断爆管管道与周围各管的联系，形成一个隔离停水区，简称隔离区，以防止事态进一步恶化。操作阀门的数量不同，阀门布置的不同，都会造成隔离区大小的不同。

通过计算关阀后封闭区域的管道总长来表示隔离区IA_j的大小,具体计算公式为:

$$IA_j = \sum L(k), k \in \Omega_j^{\mathrm{I}} \tag{9-4}$$

式中 $L(k)$——管道k的长度;

    Ω_j^{I}——隔离区管道集合(详见第9.2.1节)。

9.2.3 缺水量

缺水量指标,$WS_j(t,T)$,描述了管道j在关阀时间段T内的缺水量,具体计算公式为

$$WS_j(t,T) = \int_{t=T_0}^{t=T_B} \left\{ \sum_{i=1}^{N} G_i^j(t) [Q_i^{\mathrm{req}}(t) - Q_i^j(t)] \mathrm{d}t \right\} \tag{9-5}$$

式中,$G_i(t)$是指示函数,代表在时间步长t时管道j的隔离是否导致节点i缺水。该指示函数在数学上的定义为:

$$G_i^j(t) = \begin{cases} 1, & \text{如果 } H_i^j(t) < H_i^{\mathrm{req}}(t) \\ 0, & \text{其他情况} \end{cases} \tag{9-6}$$

式中$Q_i^{\mathrm{req}}(t)$和$H_i^{\mathrm{req}}(t)$分别是时间t下,节点$i=1,2,\cdots,M$(管网中节点总数)的设计需水量和压力。$Q_i^j(t)$和$H_i^j(t)$是时间t下,管道j被隔离时,节点i的实际需水量和压力。

$WS_j(t,T)$的值越大,通常表明该管道被隔离后引发的供水管网水资源短缺情况越严重。该指标着重评价了关阀后对供水管网系统整体服务水平的影响,进而为抢修工作提供指导,例如,对于容易引发大量缺水情况的关阀措施,需要加急维修,令其迅速恢复正常工作。

为了进一步探究阀门关闭后缺水量的分布,将缺水量进一步划分,计算隔离区内的缺水量大小,$IW_j(t,T)$,具体计算公式为:

$$IW_j(t,T) = \int_{t=T_0}^{t=T_B} \left\{ \sum_{i \in \Omega_i^{\mathrm{IN}}} [Q_i^{\mathrm{req}}(t) - Q_i^j(t)] \mathrm{d}t \right\} \tag{9-7}$$

式中Ω_j^{IN}是隔离区集合Ω_j^{I}中管段两端节点的集合(该集合不含重复节点)。隔离区缺水量占总缺水量的比例($IW_j(t,T)/WS_j(t,T)$)越大,代表管道被隔离后,越不易造成阀门隔离区以外的区域缺水。

9.2.4 受影响节点

缺水量指标代表了供水管网系统因关阀操作而造成的供水需求短缺量,但不能描述遭受服务中断或者服务质量下降(即$Q_i^j(t) < Q_i^{\mathrm{rep}}(t)$)的用户空间分布。因此,考虑时间$t$下管道$j$被隔离后所造成的受影响节点,$\Omega_j^{\mathrm{AN}}(t)$,是本章评价体系中十分重要的一个方面,具体计算公式为:

$$\Omega_j^{\mathrm{AN}}(t) = \{i \mid Q_i^j(t) < Q_i^{\mathrm{rep}}(t), i = 1,2,...,N\} \tag{9-8}$$

受影响节点指标,描述了在管道被隔离后遇到服务中断或者服务质量下降的用户空间分布情况。从该指标获取的信息可以帮助识别受关阀措施影响的用户,进而可以在收到客户投诉之前提供迅速的响应(例如,事先张贴缺水通知)。

9.2.5　受影响管段

供水管网中的阀门操作很可能在管网系统中引起瞬变，导致某些管道压力下降甚至产生负压，进而将周围受污染的水从破裂处吸入系统中，从而导致管网水质问题。因此，识别由于管道隔离引起压力波动的管段是评价体系中十分重要的一个方面。$\Omega_j^{AP}(t)$，表示在时间t下管道j被隔离后受影响的管段，具体计算公式为：

$$\Omega_j^{AP}(t)=\{k\,|\,(k_u,k_D)\in\Omega_j^{AN}(t),k=1,2,...,M\} \tag{9-9}$$

式中（k_u,k_D）是管道k=1, 2,…, M的上游和下游节点。

出于实际应用的目的，用受影响管道的总长度来表示关阀操作后对供水系统水质安全性的总体影响。

9.2.6　受流向影响的管道

管道逆向流和管道流速剧烈变化都很可能引起水质问题，基于此，本书提出了受流向影响指标和受流速影响指标，用以识别阀门关闭后，发生逆向流的管道和流速发生剧烈变化的管道。注意，受影响流向指标仅考虑具有固定流向的管道，不包括由于供水需求变化或边界条件变化而频繁改变流向的管道。对于时间t下管道j发生中断事件时，受流向影响的管道集合，$\Omega_j^{AFD}(t)$，具体公式为：

$$\Omega_j^{AFD}(t)=\{k\,|\,\mathrm{sgn}(\vec{F_k^B}(j,t))\times\mathrm{sgn}(\vec{F_k^A}(j,t))<0,k=1,2,...,N\} \tag{9-10}$$

式中$\vec{F_k^B}(j,t)$和$\vec{F_k^A}(j,t)$分别是时间t下管道j爆管之前和之后管道k的流量矢量。符号函数sgn( )表示如果管道流向为正，则sgn( )=1；如果管道流向为负，则sgn( )=-1。

该指标明确描述了由于关阀操作引起的具有相反流向的管道的空间分布情况。此外，可以计算$\Omega_j^{AFD}(t)$中管道的总长度来表示管道故障对供水系统水质安全性的总体影响，其值越大代表水质风险越高。

9.2.7　受流速影响的管道

对于时间t下管道j发生中断事件时，流速大幅度增加的管道，$\Omega_j^{AV}(t)$，具体计算公式为：

$$\Omega_j^{AV}(t)=\{k\,|\,V_k^A(j,t)\geq\lambda(MV_k^B),k=1,2,...,N\} \tag{9-11}$$

式中，$V_k^A(j,t)$是时间t下管道j处发生爆管后管道k的流速；MV_k^B是在爆管发生之前不同需水量模式下管道k的最大流速；$\lambda(\lambda>1)$是用户指定系数，用来设置一个阈值以便识别存在潜在水质问题的管道。本章应用λ=1.2，代表如果管道j被隔离之后的管道k的流速大于其最大速度的20%，则管道k被认为是受到管道j爆管关阀影响，存在水质问题的管道，即$k\in\Omega_j^{AV}(t)$。需要注意的是，λ的取值不会影响此指标的应用，但会影响集合$\Omega_j^{AV}(t)$中的元素。可以利用$\Omega_j^{AV}(t)$中的管道总长度以表明关阀操作对供水系统水质安全性的总体影响。

9.3　计算流程

爆管后阀门控制对供水管网的影响研究计算流程如图9-1所示。计算过程主要包括以下步骤：

（1）产生 M 种爆管工况（一种工况中只有一根管道发生爆管），每种爆管工况都需要操作阀门对爆管管道进行隔离；

（2）识别爆管后需要关闭的阀门，首先根据管网拓扑结构建立节点与管道的关联矩阵，然后通过关联矩阵得到管段连接方程，继而建立多叉树数据结构，利用搜索算法得出需要操作的阀门集合和关阀后被隔离的管道集合；

（3）借助压力驱动模型计算阀门控制评价指标；

（4）结果分析。首先，对所有指标值进行统计分析，以便全面评估所有爆管事件关阀操作后对供水系统造成的损失。此外，分析每个评价指标值的空间分布情况，以便直观地显示阀门控制造成的空间影响范围。最后，使用管道排名图对爆管后关阀措施对供水管网的影响可视化，该图可以简单快速地识别出阀门操作对管网影响较大的区域。具体计算方式是将每根管道的水力和水质评价指标结果加权平均后进行排名。缺水量指标结果是数值，可以直接用于管道排名分析。受影响节点指标集合中元素的数量也可以直接应用在排名分析中。对于其他三个评价指标（即受影响管段，受影响流向和受影响速度），将其对应评价指标集合中的管道总长度用于排名分析。

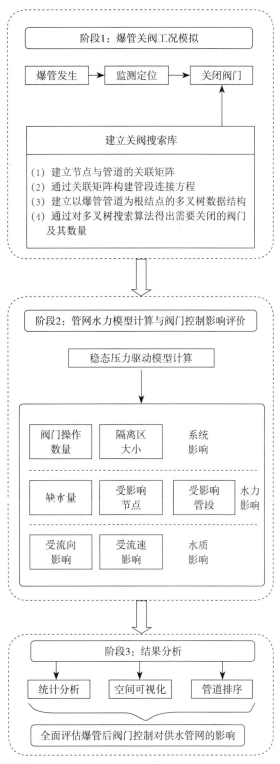

图9-1

爆管后阀门控制对供水管网的影响研究计算流程图

9.4   管网案例分析

9.4.1   管网概况与参数设置

为进一步验证所提出方法的实用性，本章采用真实管网JX管网中的两个DMA进行验证：DMA1管网和DMA2管网，拓扑结构以及阀门分布情况如图9-2所示。DMA1管网较大但结构较简单，有2个入水口、32个节流控制阀、140个节点和113根管道（总长70.80 km）。DMA2相较于DMA1是一个高度环状的管网，有2个入水口、1个出水口、51个节流控制阀、209个节点和171根管道（总长58.66 km）。

为全面分析爆管对供水管网的影响，本章考虑了两种管网运行方案：（1）最高时方案（PHD），即一天中用水量最多的一小时；（2）最低时方案（MHD），即一天中用水量最少的一小时。通常认为，发生故障的管道在破裂不久后就被认为是可隔离的。因此，该模拟不包括从发生管道故障到开始隔离的过程，没有对管道隔离之前的水损失进行建模。对于所有案例管网，节点最小供水压力（H_i^{min}）为0m，节点临界压力（H_j^{req}）为18m，管道关阀持续时间T=1h。本章研究方法基于MinGW Developer Studio 2.05平台开发，借助EPANET2.0-EMITTER求解器进行压力驱动水力模型计算。

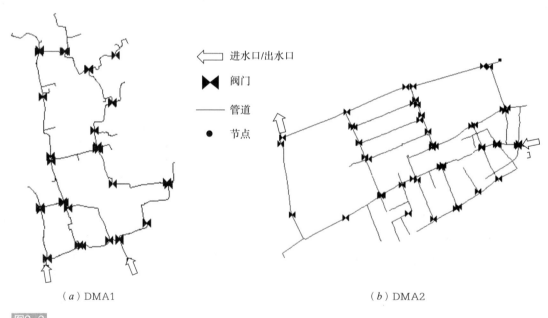

图例：
⇐ 进水口/出水口
▶◀ 阀门
—— 管道
● 节点

（a）DMA1   （b）DMA2

图9-2
案例管网拓扑结构图

9.4.2   统计结果与空间分布结果分析

图9-3给出了案例管网关阀数量与管道数量的统计关系和空间分布关系图。

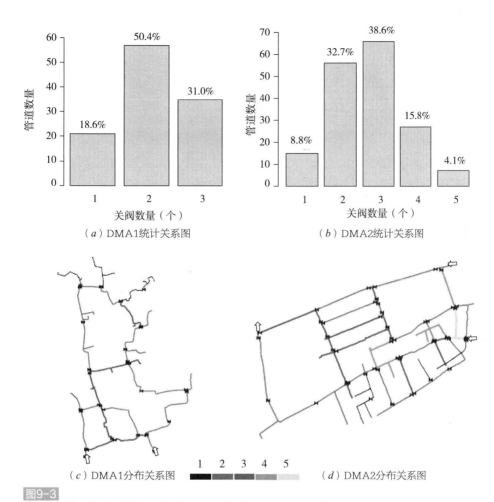

（a）DMA1统计关系图　　　　（b）DMA2统计关系图

（c）DMA1分布关系图　1　2　3　4　5　（d）DMA2分布关系图

图9-3
案例管网关阀数量与管道数量统计关系图和分布关系图（彩图见附页）

如图9-3（a）、（b）所示，DMA1管网中最多需要操作3个阀门就能将管道与其他区域隔离开，而DMA2管网则最多需要操作5个阀门。从图9-3（c）、（d）可以看出，这些需要多个阀门配合操作才能被隔离的管道一般分布在环里，且周围缺少阀门。而只需要操作1个阀门就可以将管道与其他区域隔离开的管道一般分布在管网末端（图中黑色管道）。因DMA1管网比DMA2管网的枝状结构更多，所以DMA1中只需要关闭1个阀门的比例（18.6%）要高于DMA2的8.8%。同样，DMA2比DMA1的环状结构更多，所以DMA2中需要操作多个阀门的比例也要高于DMA1。

图9-4给出了两个案例管网中6个评价指标的概率密度分布图。如图所示，DMA1和DMA2的隔离区大小平均在2.7km和1.5km左右，相比于管网总长70.8km和58.7km，隔离区较大，因此管网内阀门布置密度偏低。

缺水量方面，图9-4（b）不仅给出了系统总缺水量数值，还计算了隔离区内缺水量。对于DMA1管网，在用水量高峰期和低谷期分别有51.3%和85.8%的管子被隔离后，造成的缺水量全部来自隔离区内用户。而对于DMA2管网，该比例在高峰和低谷期分别为85.4%和88.9%。这些管道的空间分布如图9-5所示，一部分分布在管网末端，故被隔离后不会引起管网其他区域

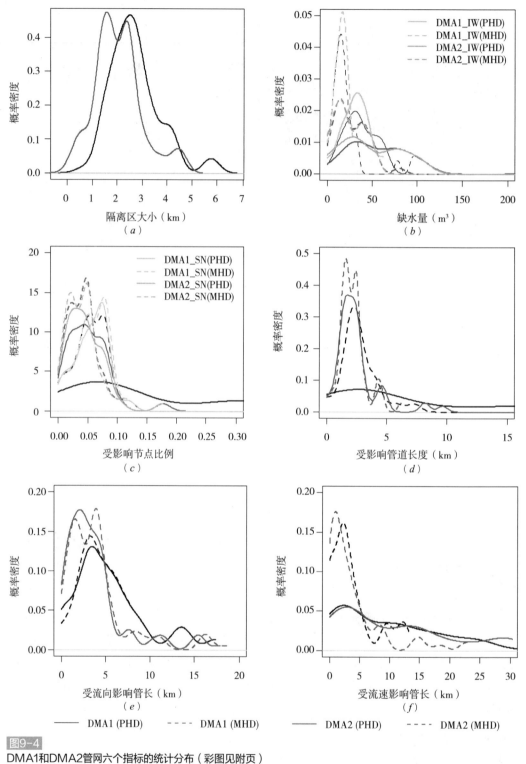

图9-4

DMA1和DMA2管网六个指标的统计分布（彩图见附页）

缺水；另一部分分布在多回路环状管线，故被隔离后不易引起管网其他区域缺水。另一方面从图9-5（a），（c）和（b），（d）的对比中可以看出，在用水量高峰期关阀造成非隔离区缺水的范围要比在用水量低谷期的大。也就是说，在用水量低谷期进行关阀检修维护工作造成的缺水量影响范围较小。

受影响节点方面，图9-4（c）不仅给出了系统中受影响节点占总节点的比例，还计算了服务下降50%以上的用户总占比，用SN表示。从图中可以看出，受影响节点比例的概率密度曲线与SN在用水量低谷期的重叠度较高，这代表在用水量低谷期操作阀门关闭后，受影响的用户服务一般都会下降50%以上。这是因为这些节点大多来自阀门隔离区。这与图9-4（b）中低谷期的隔离区缺水量占总缺水量比例较高一致。

受影响管段方面，如图9-4（d）所示，受影响管段的管道总长平均值与隔离区大小的平均值接近，DMA2管网的受影响管段在高峰期和低谷期的变化不大。结合图9-5（c）、（d）可以得出这是由于DMA2管网结构较复杂且双水源供水，管网安全性较高，关阀后仅隔离区内受影响程度较大，而对其他区域的影响不大。

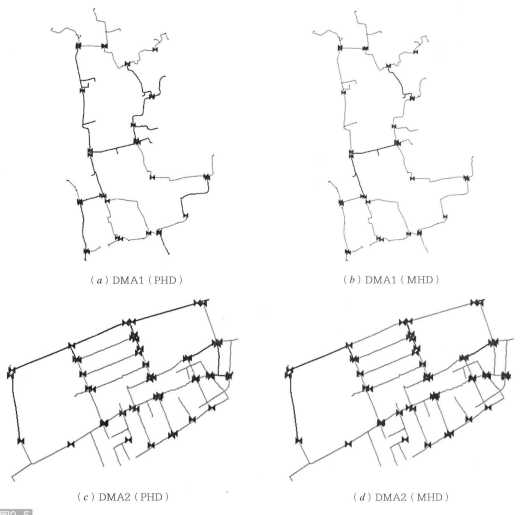

（a）DMA1（PHD）　　　　　　　　　　（b）DMA1（MHD）

（c）DMA2（PHD）　　　　　　　　　　（d）DMA2（MHD）

图9-5

关阀后仅隔离区缺水的管段（灰色）分布图

图9-4中的共同统计规律显示，与用水量最低时相比，用水量最高时期间关闭阀门造成的影响会更大。一个例外是，在用受流向影响指标评价时，用水量最低时关阀可能会引发更严重的后果，如图9-4（e）所示。这是因为用水量最低时的水流总体上比用水量最高时的水流小，因此，当关闭阀门时，它们更可能发生流向的转变。

对DMA1和DMA2两个案例管网进行综合评价对比发现，DMA1在关阀后造成的水力水质损失更大。这主要是由于DMA2管网的拓扑结构中环形回路要多于DMA1管网，管网冗余度较高，所以关阀后许多节点依然有连通性。

图9-6给出了用水量高峰期DMA1和DMA2管网中某段管道爆管关阀后造成的水力影响空间分布图。图中阀门代表该区域内的管道爆管后需要关闭的阀门。图9-6（a）、（c）显示了阀门关闭后不仅对隔离区造成影响，还对管网其他部分造成了水力影响。图9-6（b）、（d）显示了阀门关闭后仅隔离区内部造成了不利影响。从图中可以发现，关阀后的影响不仅与爆管管道

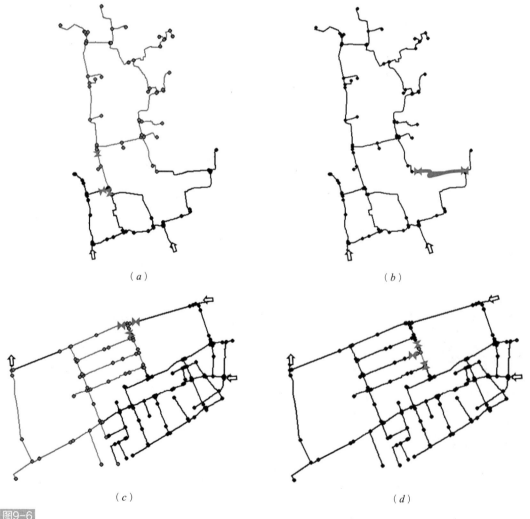

（a）

（b）

（c）

（d）

图9-6

某管段被隔离后（阀门显示）受影响节点和受影响管段空间分布（灰色节点和管道）

在管网拓扑结构中所处的位置有关，还与阀门布置的位置有关。例如在DMA2管网中增加一个阀门V4，如图9-7（b）所示。原爆管后关闭阀门V1、V2和V3造成的水力影响如图9-6（c）所示，新增阀门后，隔离原管道需要关闭阀门V3和V4，造成的水力影响如图9-7（a）所示。通过对比可以看出，新增阀门后受水力影响的节点数量降低，受影响的管道范围变小。因此，对于重要管道需要增设更多的阀门以降低爆管后阀门控制带来的不利影响。

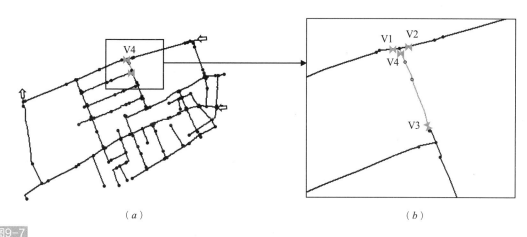

图9-7
DMA2管网新增阀门后某管段被隔离后水力影响的空间分布

　　图9-8和图9-9分别展示了在用水量最高时某管道爆管被隔离后受流向影响和受流速影响指标的空间分布结果。与图9-6的结果相似，爆管位置和阀门布置都对关阀后水质指标的空间分布产生影响。另外，即使都是描述水质影响的指标，受到影响的管段空间分布也会随着不同的水质影响指标而变化，例如，图9-8（c）和图9-9（c）相比，关阀情况一致，但流速受影响的管道明显多于流向受影响的管道。

　　根据上述空间分布结果的讨论发现阀门的位置和布置密度会对供水管网产生不同程度的影响。理想状态下，管道两端都布置阀门会使得关阀后造成的影响程度最低，但在经济条件的约束下，实际管网很难做到100%的阀门布置。因此，为了探究不同阀门密度对供水管网的影响，分别在DMA1管网和DMA2管网布设了30%、45%、70%、85%和100%的阀门，并对每种阀门密度进行了爆管后阀门控制影响评价，得到了图9-10和图9-11，分别为DMA1和DMA2管网中不同阀门密度对各阀门控制指标变化的箱形图。

　　此处，暂不考虑同种阀门密度下不同阀门位置产生的不同影响。根据图示结果，无论用水量模式如何变化，阀门密度越高，各指标结果越小，代表管网受关阀操作的影响程度越低。但对于不同指标，降低的程度各有不同。例如图9-10中DMA1管网阀门密度在85%的时候缺水量明显低于阀门密度在30%的时候，但受影响流速却相差不大。综合图9-10和图9-11发现，阀门密度在85%的时候各指标结果已经与阀门密度100%的时候各指标结果十分接近，这表明两案例管网中阀门密度最多布置到85%时，对系统造成的影响已经趋于最低。

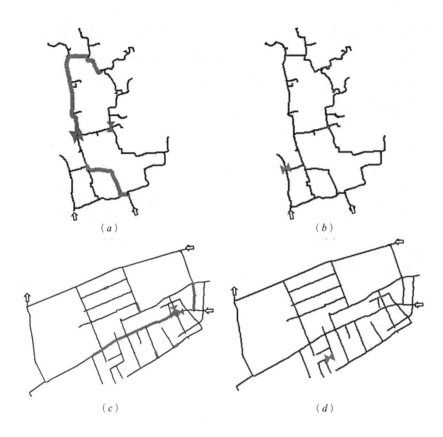

图9-8
某管段被隔离后（阀门显示）受流向影响管道的空间分布（灰色管道）

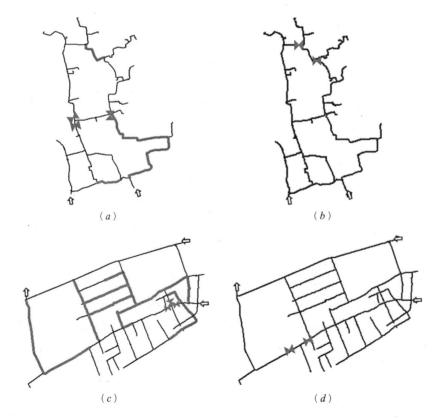

图9-9
某管段被隔离后（阀门显示）受流速影响的管道空间分布（灰色管道）

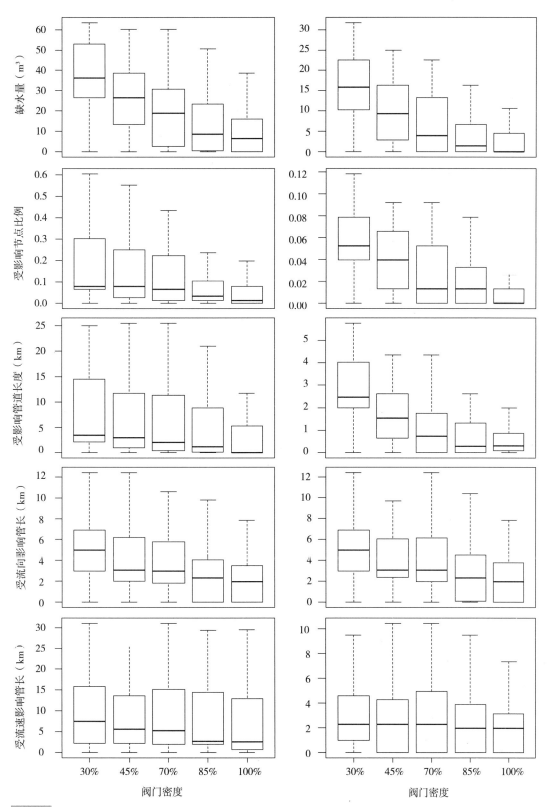

图9-10

DMA1管网中不同阀门密度对于各指标的变化

注：左列是用水量高峰期，右列是用水量低谷期。

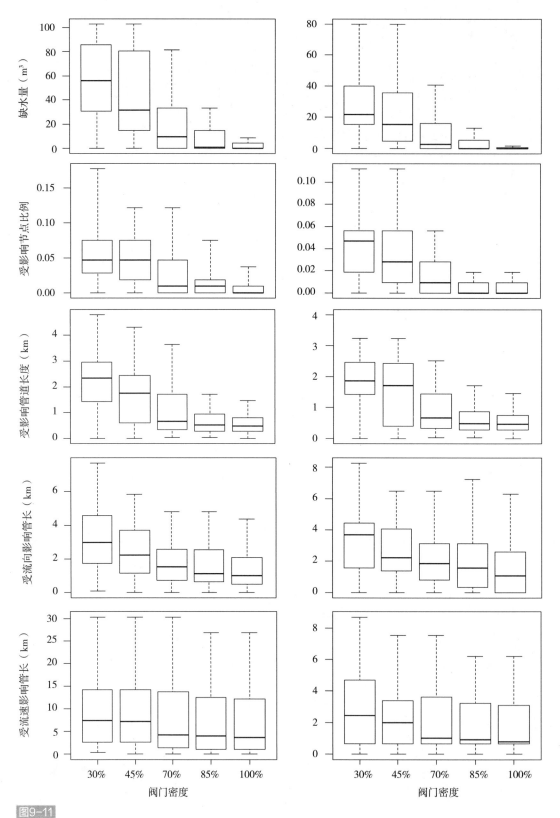

图9-11

DMA2管网中不同阀门密度对于各指标的变化
注：左列是用水量高峰期，右列是用水量低谷期。

此外，同一指标的不同用水量情况对于阀门密度的变化也不同。例如图9-10中阀门密度的增加对于用水量低谷期受影响节点的比例的降低比较显著，而在用水量高峰期的变化不大。

为了从总体上显示阀门密度对两个案例管网的影响，以阀门密度为100%时各指标的数据为基准，认为此时的系统性能水平为100%，对各指标在不同密度下的数据取平均值与基准数据作对比，绘制了图9-12。图中的WS，AN，AP，AD，AV分别代表缺水量、受影响节点、受影响管道、受流向影响和受流速影响的管道。从图中可以看出，阀门密度的增加对各指标的提升程度不同，对于水力指标的提升效果要大于水质指标，其中对于DMA1管网受流速影响指标的提升最小（曲线斜率变化最平缓）。此外，对于不同用水量模式，DMA1管网阀门密度从45%增加到70%时，用水量最高时各指标的提升效果不如在用水量最低时的提升效果显著。

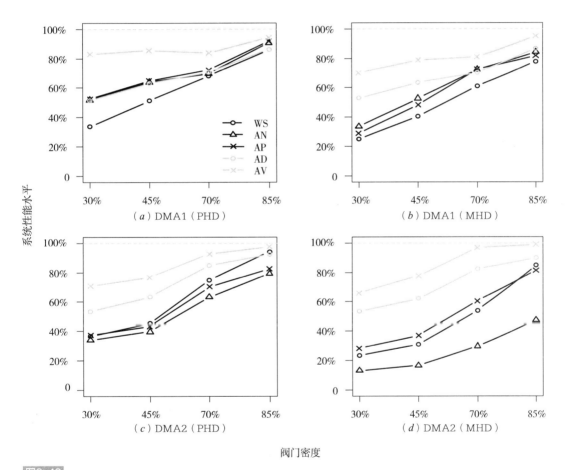

图9-12
不同阀门密度对系统性能的影响

9.4.3 排序结果分析

根据关阀操作造成的影响对管道进行排名，为了更好地可视化排名结果，将管道划分到R1~R5的5个组，代表了关阀后造成的影响越来越大。具体来讲，对于某一评价指标，将所有结果数值从高到低排序，排在最前面20%的管道被分组到R5中，排在最后面20%的管道被分组到R1中。类似地，R4、R3和R2分别对应为数值排序在前（20%，40%]，（40%，60%]和（60%，80%]的管道。

尽管第9.4.2节已经阐明关阀操作发生在用水量最高时所造成的损失比在用水量最低时的大，但是对于管道排序，两个时期得到了相似的结果。因此，图9-13仅显示了DMA1和DMA2案例在最高时的排名结果。考虑到不同指标间排名的差异性，对缺水量、受影响节点、受影响管道、受流向影响和受流速影响指标分配了相等的权重因子，综合排名结果如图9-13（a）、（d）所示；对受流向影响和受流速影响指标分配相等的权重因子，得到水质排名结果如图9-13（b）、（e）所示；对缺水量、受影响节点和受影响管道指标分配相等的权重因子，得到水力排名结果如图9-13（c）、（f）所示。从图中可以看出，不同指标的排序结果有一定的差异性，这强调了使用多个度量指标对关阀后管网的水力水质特性进行全面分析的重要性。因为当管理者从不同方面进行决策时，得到的建议可能不同。

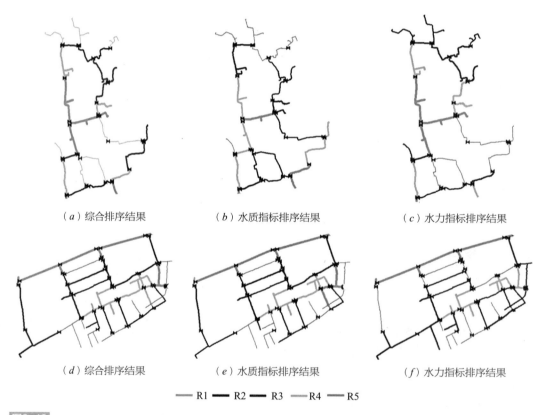

（a）综合排序结果　　　（b）水质指标排序结果　　　（c）水力指标排序结果

（d）综合排序结果　　　（e）水质指标排序结果　　　（f）水力指标排序结果

—— R1 —— R2 —— R3 —— R4 —— R5

图9-13
DMA1和DMA2管网用水量高峰期排序结果图（彩图见附页）

9.4.4　工程应用

将本章研究方法应用到JX市供水管网中［拓扑结构如图7-3（c）所示］。研究区现有隔离阀662个，根据研究区目前阀门数量以及安装位置，管网最少需要1个阀门，最多需要24个阀门能将爆管管道与水源彻底切断，关阀数量与管道数量的关系如图9-14所示。图9-14（b）中显示，只需要关闭1个阀门的管道（黑色）通常位于管网末端，关闭2个阀门的管道（红色）最多，大约有30%，而需要关闭10个以上阀门的管道位于拓扑结构较为复杂的城中心。

通过对结果的统计性分析发现，JX供水管网中大多数的管道爆管后为了切断破损管道与水源的联系形成的隔离区管道总长度较小，最大的隔离区是关闭6个阀门时形成的，范围有54km，是图9-14（b）中右下角深灰色区域，该区域地处郊区，管道长度较长。

研究区管网在用水量高峰期和低谷期分别有38%和44%的管子被隔离后造成的缺水量全部来自隔离区内用户。同样地，受影响节点比例的密度曲线与隔离区用户比例的密度曲线在一定范围内的分布相似度较高，这代表研究区阀门关闭后，受影响的用户大多来自阀门隔离区。

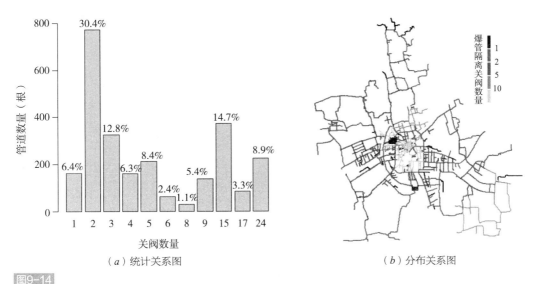

（a）统计关系图　　　　　　　　　　　（b）分布关系图

图9-14

JX供水管网关阀数量与管道数量（彩图见附页）

图9-15和图9-16分别给出了用水量高峰期某一管道爆管关阀后，节点用水量、逆向流管道和流速显著提高的管道空间分布图。如图9-15（b）所示，管网中某管道爆管（蓝色管段）后，需要关闭17个阀门，停水隔离区大小为18km。由于切断了与水源的连接，所以隔离区内的用户是无水供应的［图9-15（a）中红色节点］。除此之外，图9-15（a）中标注为蓝色的用户是部分缺水的，而其余用户可以正常用水，不受关阀影响。图9-16中标注为黑色的管道是因爆管［图9-15（b）中的蓝色管道］关阀操作受到影响的管道，从图中可以看出，此次关阀措施会对水质造成较为广泛的威胁，有潜在水质安全的管道不仅分布在隔离区周围，也分布在较远的区域。因此，为了避免爆管关阀维修造成更严重的二次危害，应该在此区域多增设阀门。同样，由于关闭阀门数量过多会严重影响管网拓扑结构，导致管网供水安全性降低，JX管网中关闭15个和24个的区域也应该增设阀门，以降低这些区域管道爆管关阀后给供水管网带来更严重的二次损伤。

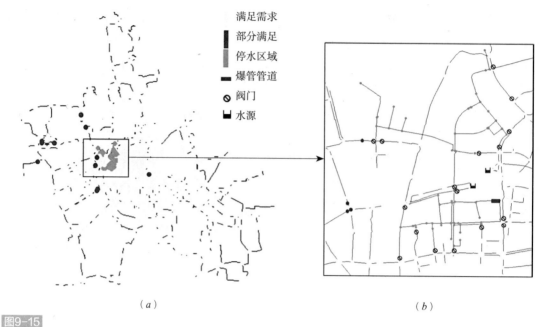

满足需求
部分满足
停水区域
爆管管道
阀门
水源

（a）   （b）

图9-15
JX管网高峰期某一管道爆管关阀后用水量空间分布图（彩图见附页）

（a）受流向影响的管道   （b）受流速影响的管道

图9-16
JX管网高峰期某一管道爆管关阀后受流向影响和受流速影响（黑色管道）管道的空间分布图

　　为了对研究区管网爆管关阀后造成的影响有一个全面的了解，图9-17根据JX管网爆管关阀后对供水系统造成的水质损失和水力损失，分别给出了基于水质指标管道排序和基于水力指标管道排序结果图。从R1到R5代表爆管对管网系统造成的损失越来越大，图中红色管道是爆管后造成影响最大的管道，其次是橙色、蓝色、黑色和灰色的管道。结合图9-14（b），发现图9-17中造成较大影响的红色管道是需要关闭9个以上的阀门，这与之前的分析一致。这些管

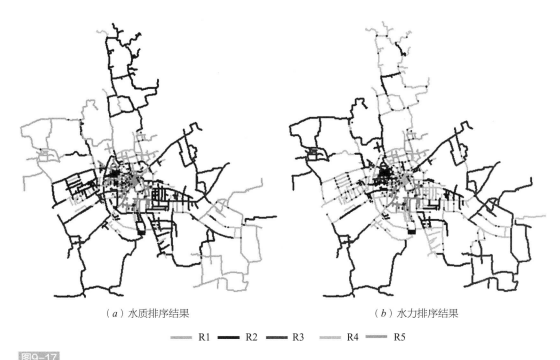

（a）水质排序结果　　　　　　　　　　　　（b）水力排序结果

━ R1　━ R2　━ R3　━ R4　━ R5

图9-17

JX供水管网爆管关阀后管道排序结果（彩图见附页）

道位于老城中心，阀门布置较早，不能满足日渐扩大的供水管网需求（环路越来越多），因此，建议在这些区域增设阀门。而有些管道爆管关阀后水质和水力影响的差异性较大，需要做好主动干预预案。

9.5　本章小结

为了提高爆管后管道维修工作的有效性，避免事态进一步恶化，本章首次建立了供水管网爆管关阀对供水管网的次生影响模型，系统分析了各管道爆管后阀门控制对供水管网的水力水质影响，提出了7个评价指标用以度量阀门控制对供水管网的影响，即：（1）关阀数量；（2）关阀后形成的隔离区大小；（3）系统缺水量；（4）缺水用户数量；（5）压力明显下降的管道；（6）发生逆向流的管道；（7）流速显著增加的管道。

两种具有不同规模和拓扑结构的供水管网案例用于验证所提方法的实用性。计算求解过程借助于稳态压力驱动模型对爆管关阀隔离工况进行模拟。之后对结果的统计特性、空间分布和管道排名进行讨论，得出本章的主要发现概述如下：

（1）管网阀门密度越高，爆管关阀后对供水管网造成的不利影响越小，但并不是无限减小，供水公司可根据不利影响的接受程度和经济成本因素对所需阀门数量进行选择。

（2）关阀操作根据爆管发生的时间不同而发生变化。相对于用水量低谷时段，用水量高峰时段的关阀措施会对系统产生更严重的影响，因此更有必要保证高峰用水期间的管道安全。

（3）研究揭示了爆管后阀门操作对供水系统的影响机制，爆管阀门控制的影响不仅与爆管管道在管网拓扑结构中所处的位置有关，还与阀门布置的位置有关，而受阀门控制影响的区域不一定局限于关阀隔离区内，也可能对隔离区之外的节点和管道造成影响。

（4）就爆管关阀造成的损失严重程度而言，管道排序图为供水公司提供了一个全面的爆管阀门控制影响信息，这为管道爆管后的管理（例如采取一些主动干预措施），爆管维修时间和速度以及停水通知的发布提供了理论依据与参考价值。

本章研究工作可提高供水公司对于异常事件的维修管理水平，降低了管网二次事故发生概率。

第10章
漏损优化维护技术

10.1 引言

本专著前面章节内容主要集中于漏损监测定位以及其爆管事故对供水管网的水力水质影响分析。本章主要讲述漏损和爆管发生后，供水管网系统的快速优化维护技术。

漏损，尤其是漏损流量很大的爆管，会对供水系统造成破坏。比如地震、台风和洪水等自然灾害可造成大面积的漏损和爆管，会对供水系统造成巨大的破坏，并导致长达数天乃至数月的供水中断（Tabucchi和Davidson，2006）。在认识到供水系统的脆弱性之后，许多科研工作者开始探索如何将这些自然灾害事件对供水管网系统的影响降到最低，即提高系统在应对灾害时的恢复能力（Butler等，2017）。为此，面对极度不确定和不可预测的未来，特别是在气候变化和城市化的背景下，系统的韧性（从灾害中吸收和恢复的能力）在供水管网的设计和管理中越来越受到关注（Diao等，2016；Ohar等，2015）。近些年，科研人员开始将研究重点集中在抗灾能力指标的制定（Roach等，2018）和各种灾害工况下的管网修复研究（Meng等，2018）等方面。

（1）供水管网灾后修复评价指标研究

近些年，国内外研究重点主要集中于灾前供水管网的抗灾能力评估，提出了一系列的评价指标和评价方法（Herrera等，2016；Li和Lence，2007；Liu等，2014；张晋等，2010；章征宝等，2007）。基于评价指标，通过改进供水管网设计，如优化管网拓扑结构、加强关键管道保护，以提高供水管网灾后响应及恢复能力，即提高供水管网在自然灾害条件下的抗灾能力（何双华等，2012）。目前供水管网抗灾能力评估主要分为三类：一是基于拓扑结构的评估，考察管道之间的连通性，保障水源点到任意需水点至少存在一条连通的输送路径（Gheisi和Naser，2013；侯本伟，2014）；二是基于管网水力可靠性的评估，在管网连通性基础上，考虑灾害条件下，管网仍能达到满意服务水平的概率（Liserra等，2014；李晓娟和沈斐敏，2015）；三是基于熵值的评估，利用熵均匀化的特点，评价供水管网的抗灾能力（伍悦滨等，2007；Vaabel等，2014；何忠华，2014）。与此同时，学者们对供水管网不同灾害强度下的抗灾能力进行了大量的研究。从对单根管道破坏分析（Ostfeld等，2002），发展为供水管网大面积破坏分析（Diao等，2016；Cimellaro等，2016）。上述研究主要针对灾害前供水管网进行评估及分析，并采取相应措施（对重要管道及设施加强保护），以提高供水管网抵抗地震等自然灾害的能力。然而，对供水管网灾后修复的多目标综合评估却很少有学者进行相关研究（Cimellaro等，2016）。

（2）供水管网灾后优化修复技术研究

目前供水管网灾后优化修复研究主要分为两类：一是依据工程经验，统计灾后受损设施的种类和数量，按照影响程度（如管径大小、下游供水面积等）对受损设施进行排序，按顺序依次进行修复（张德祥等，2009）；二是基于分析方法，如灾后管网拓扑结构连通性分析（柳春光和张安玉，2007；陈芃等，2012）、可靠性分析（Meng等，2018；刘海星，2015）、全局灵敏度分析（Diao等，2016）等，分析受损设施破坏前后对管网供水能力的影响，按影响大小依次修复。

以上研究工作对制定灾后供水管网修复方案具有重要指导意义，但是，其研究方法以工程经验和分析方法为主，所制定的修复方案难以达到最优。确定灾后供水管网最优修复方案是一个复杂的动态顺序组合优化问题，尽管目前许多优化算法可用于求解复杂的优化问题（Maier 等人，2014），但它们不能直接用于求解供水管网灾后动态优化修复模型。这是因为，供水管网灾后修复是一个复杂的过程：①空间尺度大，可用于恢复供水服务的资源（例如：维修队的数量）有限，因此需要进行最优化分配；②用户优先级不同，例如关键基础设施（医院或消防）相对于正常居民具有更高的优先级，需要优先恢复关键设施的供水能力；③供水系统水力相关性（Cimellaro，2016），对某些管道的修复会显著影响其他管道的水力状态，如何建立最优的修复方案，以最大限度减少灾后管网对供水的影响，是一个复杂的科学问题，而目前针对该问题的技术研究甚少。

综上所述，尽管国内外学者已初步开展供水管网灾后修复研究，但尚存在一些不足，主要包括：①尽管诸多评价指标已在管网抗灾中尝试应用，但这些指标只用于灾前供水管网的抗灾能力评估，目前对供水管网灾后优化修复的多目标综合评估体系研究欠缺，还需更多创新性的研究；②对供水管网灾后动态优化修复技术缺乏研究（例如，如何实现供水管网灾后的动态修复），对不同灾害受损特征与优化修复方案之间内在的关联机制也缺乏认识。因此，为解决该问题，本章侧重研究供水管网灾后动态优化修复关键技术，以提高供水管网灾后响应及恢复能力，进而为城镇供水管网灾后修复（如维修队配置和维修方案制定）提供科学指导。

10.2　管网灾后动态优化修复模型框架

本章提出的供水管网灾后动态优化修复模型是为了确定最优的修复方案，以最大化灾后供水管网系统的韧性。解决该问题一个重要的假设是在供水管网中只考虑管道受损，像泵站、水池或水库这样的设施认为是一直运行，该假设与Tabucchi等人（2006）的研究一致，尽管世界卫生组织（2001）提到了水池或泵站受地震影响受损的例子，但它们远没有管道受损那么常见，水池、水库和泵站属于重要的基础设施，其设计、施工和维护要比管道更严格，因此地震过程中受损的概率比管道小得多，因此，本章提出的动态优化修复模型仅考虑管道受损（爆管和漏损）的场景。

灾后供水系统的韧性可以用不同的评价指标来度量（Klise等，2017），本章提出的韧性指标数学表达式为

$$\max RE = f(M_1, M_2, ..., M_K) \tag{10-1}$$

$$M_k = F_k[S(\mathbf{D}(t), \mathbf{A}(t))], t \in [t_1, ..., t_N] \tag{10-2}$$

式中，M_k 为第 k 个（$k=1,2,\cdots,K$）评价指标，用于衡量管网系统恢复能力的某一方面；K 为评价指标总数；$\mathbf{D}_j$（$j=1,2,\cdots,N$）为 t_j 时刻供水系统受损管道集合；N 是完全修复灾后供水能力所需的操作总数；t_N 为完成这些操作所需的总时间；$\mathbf{A}_j$ 为 t_j 时刻修复所有受损管道 $\mathbf{D}_j$ 所需的操作集合；S 为修复操作顺序；$F_k(\cdot)$ 为衡量修复操作（即 $S(t_j, \mathbf{D}_j, \mathbf{A}_j)$）对指标 M_k 影响的函数（详见第

10.5.2节）。式（10-1）和式（10-2）中定义的优化问题最重要的特征是，当供水系统的水力状态从t_j更新到t_{j+1}时，决策变量（受损管道）总数会发生变化。这种更新过程是在灾后供水系统的每次修复完成后进行的。因为对某些受损管道的修复极有可能对原本轻度受损的管道造成严重损害（Cimellaro等，2016），所以这一更新过程对于实现全局优化以提高灾后供水管网的恢复能力非常重要。

　　修复过程中决策变量的动态变化可用一个简单的管网示例说明（图10-1），该管网系统中，决策变量（受损管道）的总数在t_1时刻为3，如图10-1（a）所示，即$\mathbf{D}_1=\{P_1,P_5,P_7\}$。当$\mathbf{A}_1=\{R_1,R_2,\cdots,R_{N(t_1)}\}$中第一个修复动作$R_1$完成（即$P_1$修复）时，$N(t_1)$为$t_1$时刻所需的恢复动作的总数。由于$P_1$供水功能恢复造成水压与流速的显著变化，导致$t_2$时刻决策变量的总数变为4（$D_2=\{P_3,P_4,P_5,P_7\}$），如图10-1（$b$）所示。维修状态更新导致将$P_1$从决策变量中剔除以及将$P_2$与$P_4$引入决策变量。这种更新过程一直持续到所有受损管道修复完毕，如图10-1（c）所示，因此，式（10-1）和式（10-2）中定义的优化模型是一个复杂的组合动态变量排序问题，超出了大部分传统优化算法的能力范畴（Sammarra等，2007）。

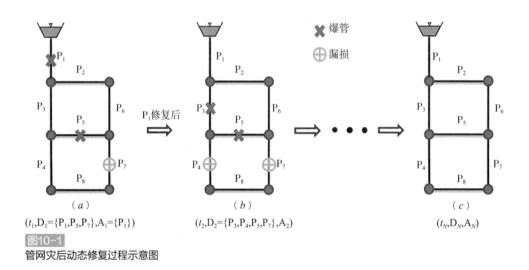

图10-1
管网灾后动态修复过程示意图

10.3　管网灾后修复过程韧性评估指标

　　本章使用6个指标共同评估灾后供水系统修复过程中的恢复能力（韧性）。这些指标主要考虑关键设施的供水能力，系统恢复效率，供水能力累计损失，居民用水以及修复期间漏损水量。该6个指标的详细定义如下。

10.3.1　关键设施中断服务时间（M_1）

　　在灾害事件中，尽快恢复关键基础设施（例如医院和消防站）的功能至关重要。因此，灾后供水系统的恢复能力可通过恢复重要设施供水的所需时间来衡量，即：

$$M_1 = \sum_{i=1}^{NC} T(C_i) \qquad (10\text{–}3)$$

$$T(C_i) = \{t_i^r \mid \frac{Q(C_i, t_i^r)}{DM(C_i)} \leqslant rc_i\} \qquad (10\text{–}4)$$

式中，M_1 为所有关键设施恢复至供水能力所需的总时间；C_i（$i=1,2,\cdots,NC$）为关键设施编号，NC 为关键设施总数；$T(C_i)$ 为关键设施 i 恢复至供水能力 rc_i 所需要的时间；$Q(C_i, t_i^r)$ 是基础设施 i 在 t_i^r 时间段内实际供水量；$DM(C_i)$ 为关键设施 i 的设计需水量。服务水平 rc_i 由研究人员确定，并随不同城市、不同基础设施而改变。

10.3.2　系统供水恢复能力（M_2）

除了快速恢复关键设施的供水能力之外，恢复整个系统的供水能力也是评估灾后供水系统恢复能力的另一个重要指标。该指标（M_2）可以描述为

$$M_2 = t_{PA} = \max\{t \mid Fun(t) \geqslant PA\} \qquad (10\text{–}5)$$

$$Fun(t) = \frac{\sum_{i=1}^{nodes} Q_i(t)}{\sum_{i=1}^{nodes} DM_i(t)} \qquad (10\text{–}6)$$

式中，$Fun(t)$ 为 t 时刻系统的供水能力；$\sum_{i=1}^{nodes} Q_i(t)$ 与 $\sum_{i=1}^{nodes} DM_i(t)$ 分别为 t 时刻系统总的实际需水量和设计需水量。由于系统需水量随时间不断变化，因此，定义 $t_{PA}=M_2$，即在时刻 t_{PA} 以后的任意时刻都满足系统供水能力大于等于 PA，如图10-2所示。

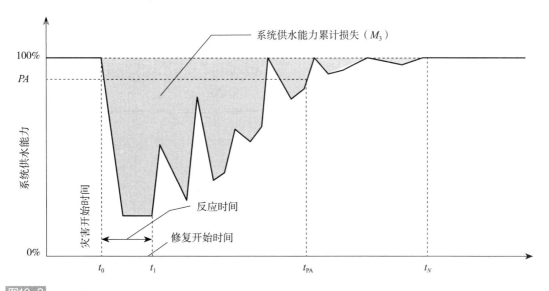

图10-2

灾后供水系统修复过程中供水能力随时间的变化曲线

10.3.3 供水能力累计损失（M_3）

供水能力累计损失（M_3）定义为从灾难发生到完全恢复后的累计供水能力损失（如图10-2所示，在t_N时刻100%恢复），数学表达如下：

$$M_3 = \int_{t_1}^{t_N} (100\% - Fun(t))\, \mathrm{d}t \tag{10-7}$$

10.3.4 用户供水服务平均中断时间（M_4）

用户供水服务平均中断时间（M_4）数学表达式为：

$$M_4 = \frac{1}{m} \sum_{i=1}^{m} \left\{ \sum_{t_1}^{t_N} (t \mid \frac{Q_i(t)}{DM_i(t)} < rm_i) \right\} \tag{10-8}$$

式中，m为供水能力未满足的节点（用户）数量；rm_i为节点i的供水能力，低于rm_i认为无法满足节点i用户的日常用水。

10.3.5 连续时段内未满足供水能力的用户数量（M_5）

除了指标M_4以外，给定连续时段内（PN）未满足供水能力的用户数量也是评估灾后供水系统恢复能力的重要指标。该指标（M_5）可以表示为：

$$M_5 = \sum I[\gamma(i)], \ \forall i \in Nodes \tag{10-9}$$

$$I[\gamma(i)] = \begin{cases} 1, & \text{当} \frac{Q_i(t)}{DQ_i(t)} < rm_i \text{ 在}PN\text{时段内成立时} \\ 0, & \text{其他} \end{cases} \tag{10-10}$$

10.3.6 系统修复过程漏损水量（M_6）

为了全面评估灾害对供水系统的影响，有必要评估恢复过程中的供水损失量。供水损失是由管道的损坏引起的，包括管道漏损和爆管流量，可以表示为

$$M_6 = \sum_{i=1}^{N_L} \sum_{t=t_1}^{t_N} L_i(t) \tag{10-11}$$

式中，N_L为供水系统中爆管与漏损管道的总数；$L_i(t)$为t时刻管道i的漏损流量。

10.4 韧性评价指标权重确定方法

在所提出的灾后供水系统修复过程韧性评估指标中，6个评价指标都是值越小代表供水系统灾后的恢复能力越强，即韧性越大。为了同时考虑不同的指标来整体评估供水系统灾后的恢复能力，通常有两种不同的方法：（1）多目标优化方法；（2）可通过加权的方法将不同

的指标聚集成一个单目标的优化方法（Shi和Rourke，2006）。虽然多目标优化方法在探索所有指标之间的权衡方面有很大的优势，但最终的帕累托前沿最优解的不同解决方案通常是复杂的，从业人员可能无法确定最合适的修复策略，尤其是在需要以紧急方式采取行动的情况下。为此，本章参考了Bibok（2018）的研究，提出了一种加权方法，能够联合考虑所有不同的评价指标，整体评估供水系统灾后的恢复能力。本章提出不同评估指标加权方法的数学描述为

$$RE = f(M_1, M_2, ..., M_K) = \frac{1}{\sum_{i=1}^{K} w_i \times D(M_i)} \qquad （10-12）$$

$$D(M_i) = \frac{M_i - M_i^{\min}}{M_i^{\max} - M_i^{\min}} \qquad （10-13）$$

式中，w_i（$i=1,2,\cdots,K$）为不同评估指标的权重；$D(M_i)$为各指标的归一化函数；$M_i^{\min}$与$M_i^{\max}$分别为指标M_i的最小和最大值，这两个常量值可用工程经验或单目标优化获得。权重的获得方法如下：

$$w_i = \frac{\frac{1}{Rank(M_i)}}{\sum_{i=1}^{K} \frac{1}{Rank(M_i)}} \qquad （10-14）$$

式中，$Rank(M_i)$为指标M_i的优先级顺序，大多由相关水务部门确定，w_i越大，表明该指标的优先级越高。例如：为了确保人民群众的财产安全，重要基础设施（M_1）的优先级往往高于其余指标，故为其分配更大的权重。优先级的确定具有一定的主观性，但并不对本方法本身的有效性产生影响。

10.5　管网灾后动态优化修复模型求解

10.5.1　灾后供水管网系统水力模拟方法

在常用的给水管网计算引擎中（如EPANET），已知节点需水量和水源点的水头，求解所有的节点水头与管道流量。这里隐含了一个假设条件，即节点需水量只是随时间变化的量，而不是依靠压力变化的量（周巍巍等，2013）。而在灾后管网中，用水量与压力的大小有直接关系。按需水量是否与压力有关，把给水管网计算模型分为：压力驱动水量模型（Pressure-Dependent Demand，PDD）与水量驱动模型（Demand Driven，DD）。由于本章研究的是给水管网在灾后不确定性条件影响下的性能评价，系统的压力经常达不到服务水平，因此需要借助PDD模型模拟供水能力不足情况下的水力参数（流量、压力），本章采用的压力驱动模型如下所示（Wagner和Shamir，1988）：

$$Q_i = \begin{cases} 0 & H_i \leqslant H_i^{\min} \\ DM_i \left(\dfrac{H_i - H_i^{\min}}{H_i^{\text{req}} - H_i^{\min}} \right)^{1/2} & H_i^{\min} < H_i \leqslant H_i^{\text{req}} \\ DM_i & H_i \geqslant H_i^{\text{req}} \end{cases} \quad （10-15）$$

式中，H_i为灾后节点i的压力；$H_i^{\min}$为节点i可获得供水的最小水压（通常$H_i^{\min}=0$）；H_i^{req}为节点i提供所需水量DM_i的压力。在EPANET2.0的基础上，新开发了EPANETpdd解决压力驱动需水量的问题。在EPANETpdd程序实现中，EPANETpdd程序中每个节点可以分别设置射流器的最小服务压力、最小出水压力，以及喷射器的指数。为了在水力引擎中兼容PDD元素，扩展了EPANET动态链接库的应用程序编程接口（API）函数ENgetnodevalue和ENsetnodevalue。

10.5.2　动态优化修复模型决策变量及决策选项

本章提出的管网灾后动态优化修复目标函数式（10-1）可以由式（10-3）~式（10-11）计算得出。本节详细描述优化模型中的决策变量，如式（10-2）所示，t_i时刻的决策变量为$\mathbf{D}(t_i)$，表示为t_i时刻所有未修复的受损的管道集合。决策选项为隔离、修复和替换三种用于恢复灾后供水系统供水能力的修复操作。$\mathbf{A}(t_i)$为t_i时刻修复所有受损管道$\mathbf{D}(t_i)$所需的操作集合；动态优化修复模型的最优解为修复所有受损管道所采取的修复操作执行时间顺序，即$S(\mathbf{D}(t),\mathbf{A}(t))$，$t\in[t_1,\cdots,t_N]$。需要注意的是，必须考虑替换与隔离的顺序问题，即替换必须在隔离之后。这是因为在更换损坏的组件（例如：管道）之前必须首先将其隔离，这进一步增加了该优化问题的复杂性。

10.5.3　模型求解算法

尽管许多不同的进化算法（例如遗传算法）可用于求解复杂的优化问题（Maier等，2014），但它们不能直接用于优化灾后供水系统修复的最佳操作执行顺序。这是因为，一些修复操作必须按顺序执行，例如：必须在执行更换操作之前执行受损管道的隔离操作，并且在隔离之后可不立即执行替换（可以在替换已经隔离的组件之前隔离其他受损的管道）。然而，由于使用了交叉和变异算子，大多数当前可用的进化算法不能保证生成的后代满足顺序约束，导致寻找可行解存在困难。为了解决该特殊问题，本章提出了一种改进的遗传算法（TGA），修改其中的交叉、变异操作，以保证解的可行性。

遗传算法(GA)是计算数学中用于解决最优化的搜索算法，是进化算法的一种，由Holland首先提出（Holland，1992）。进化算法最初是借鉴了进化生物学中的一些现象而发展起来的，这些现象包括遗传、突变、自然选择以及杂交等。在遗传算法里，优化问题的解被称为个体，它表示为一个变量序列，叫作染色体或者基因串。染色体一般被表达为简单的字符串或数字符串，这一过程称为编码。首先，算法随机生成一定数量的个体，有时候操作者也可以干预这个随机产生过程，以提高初始种群的质量。在每一代中，都会评价每一个体，并通过计算适应度函数（目标函数）得到适应度数值，按照适应度对种群个体排序，适应度高的在前面。这里的"高"是相对于初始的种群的低适应度而言。下一步是产生下一代个体并组成种群。这个过程是通过选择和繁殖完成，其中繁殖包括交配（crossover，在算法研究领域中称之为交叉操作）和变异（mutation）。

选择则是根据新个体的适应度进行，但同时不意味着完全以适应度高低为导向，因为单纯选择适应度高的个体将可能导致算法快速收敛到局部最优解而非全局最优解，称之为早熟。作为折中，遗传算法依据原则：适应度越高，被选择的机会越高，而适应度低的，被选择的机会就低。初始的数据可以通过这样的选择过程组成一个相对优化的群体。之后，被选择的个体进入交配过程。一般的遗传算法都有一个交配概率（又称为交叉概率），范围一般是0.6~1.0，这个交配概率反映两个被选中的个体进行交配的概率。例如，交配概率为0.8，则80%的"夫妻"会生育后代。每两个个体通过交配产生两个新个体，代替原来的"老"个体，而不交配的个体则保持不变。交配父母的染色体相互交换，从而产生两个新的染色体，第一个个体前半段是父亲的染色体，后半段是母亲的，第二个个体则正好相反。不过这里的半段并不是真正的一半，这个位置叫作交配点，也是随机产生的，可以是染色体的任意位置。再下一步是变异，通过突变产生新的"子"个体。一般遗传算法都有一个固定的突变常数（又称为变异概率），通常是0.1或者更小，这代表变异发生的概率。根据这个概率，新个体的染色体随机的突变，通常就是改变染色体的一个字节（0变到1，或者1变到0）。经过这一系列的过程（选择、交叉和变异），产生的新一代个体不同于上一代，并一代一代向增加整体适应度的方向发展，这是因为适应度更好的个体产生下一代的概率更高，而适应度低的个体逐渐被淘汰掉。这样的过程不断地重复：评价每个个体，计算适应度，选择优质个体，两两交叉，然后变异，产生第三代。周而复始，直到终止条件满足为止。为了解决本章提出的动态优化修复问题，改进了基本的遗传算法，该算法主要针对传统遗传算法三个阶段进行改进：（1）种群初始化；（2）评价每个个体的适应度函数；（3）应用选择、交叉、变异等遗传操作来产生后代。

10.5.3.1　种群初始化

遗传算法在计算开始时，需要对种群进行随机初始化，在本章提出的优化修复模型中需要注意，对于爆管，只有完成了爆管管道的隔离操作之后，才可以进行管道替换操作。以一个简单的管网（3个爆管和2个漏损管道）为例，种群中每个个体共有8个决策变量，如表10-1所示：

种群个体编码示例　　　　　　　　　　　　　　表10-1

编码	决策变量	操作指令
①	$[P_1, R_1, T(P_1, R_1)]$	隔离管道P_1
②	$[P_1, R_2, T(P_1, R_2)]$	替换管道P_1
③	$[P_2, R_1, T(P_2, R_1)]$	隔离管道P_2

编码	决策变量	操作指令
④	$[P_2,R_1,T(P_2,R_2)]$	替换管道P_2
⑤	$[P_3,R_1,T(P_3,R_1)]$	隔离管道P_3
⑥	$[P_3,R_2,T(P_3,R_2)]$	替换管道P_3
⑦	$[P_4,R_3,T(P_4,R_3)]$	修理管道P_4
⑧	$[P_5,R_3,T(P_5,R_3)]$	修理管道P_5

决策变量中的决策选项分为隔离、替换和修理，分别用R_1、R_2和R_3表示。该示例中，管道P_1、P_2和P_3为爆管，需要用新管道进行替换，替换操作之前需要关闭周围阀门，将爆管管道进行隔离。管道P_4和P_5为漏损管道，不需要更换新管道，只需要进行简单的修理操作。决策变量$[P_1,P_1,T(P_1,R_1)]$表示受损管道P_1执行隔离操作。在满足约束条件的前提下，通过随机排列编码，便可以生成给定数量的个体，这些个体作为初始种群。例如，两个随机生成的个体如下所示：

父代1	③	④	⑧	①	⑦	②	⑤	⑥

父代2	③	①	②	⑤	⑥	⑧	④	⑦

10.5.3.2　适应度函数评估

个体在种群中的优势需要通过评价个体的适应度值来确定。染色体在被评估之前需要被解码。以初始种群父代1为例，假设维修开始的时间为6：30，管道P_1、P_2和P_3的隔离时间分别为30min、15min和30min。同样，这些管道的更换时间都是180min。管道P_4和P_5的修理时间相同，均为240min。假设对一个爆管管道的"隔离"和"替换"操作只能由一个工程队执行。父代1的解码染色体如表10-2所示。

然后，利用解码后的染色体，通过上述压力驱动水力模拟计算每个个体的适应度，对于每个时间步长，维修队的状态从时间表中检查，模型状态也随时调整，当模型中一旦管道被隔离（关闭管道）、修理、替换或重新打开（打开管道），管道的状态也将被更新。

父代1的解码染色体　　　　　　　　　　　表10-2

管道ID	执行操作	开始时间	结束时间
维修队1			
P_1	隔离	6：30	6：45
P_1	替换	6：45	9：45
P_3	隔离	9：45	10：15
P_3	替换	10：15	13：15

续表

管道ID	执行操作	开始时间	结束时间
维修队2			
P_5	修理	6：30	10：30
维修队3			
P_2	隔离	6：30	7：00
P_4	修理	7：00	11：00
P_2	替换	11：00	14：00

10.5.3.3　交叉算子

由于本章提出的优化修复模型是一个离散组合优化问题，传统的两点交叉算子并不适用，图10-3为使用传统交叉算子失败的例子，交叉后的子代个体不能满足约束条件（同一根受损管道存在两次相同的操作）。

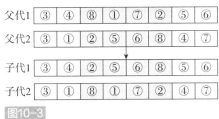

图10-3
传统的两点交叉算子失败案例

为解决该问题，采用了部分映射交叉算子（PMX）（Singh和Choudhary，2009）。PMX是用于解决排序组合优化问题的最流行和最有效的交叉算子。从操作上看，PMX可以看作是传统两点交叉算子的改进，不同之处在于需要使用映射关系来使具有重复编号的子代合法化。PMX算法具体分为四个过程：（1）子字符串选择：在每个父代字符串中随机选择指定长度的子字符串；（2）子代字符串交换：交换选定的两个子代字符串以生成伪子代字符串；（3）确定列表：根据所选子字符串确定映射关系；（4）子代合法化：通过映射关系使伪子代字符串合法化，即满足约束条件（子代中不能有相同的编号）。

图10-4显示了部分映射交叉算子（PMX）计算过程示例，假设过程1中两个父代中随机选择的子字符串分别为［⑧①⑦②］和［②⑤⑥⑧］，这两个子字符串相互交换后，得到两个伪子代（过程2），注意生成的这两个子代是不符合约束的伪子代。过程3和过程4用于将伪子代

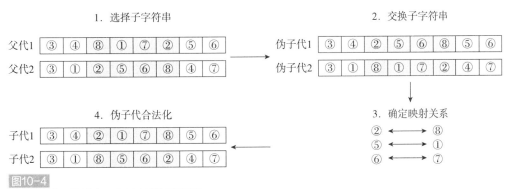

图10-4
部分映射交叉算子（PMX）计算过程示例

合法化，即满足约束条件（子代中不能有相同的编号）。最后，还需要检查使用PMX生成的子代是否满足约束，即对于爆管的管道，"隔离"的顺序需要在"替换"之前。如图10-4所示,变量"②"和"①"违反约束，因为索引号为1的管道替换操作在隔离操作之前，可以通过交换"②"和"①"的顺序解决。

10.5.3.4　变异算子

变异算子是遗传算法中另一个重要的操作过程，这一操作改变了少量的基因来激活种群的多样性。本章采用了众所周知的交换变异算子（Bierwirth，1995），它在两个随机选择的点位交换基因。通过突变生成的子代还需要检查每个爆管的操作顺序，若违反约束，需要将两个违反约束的编码进行交换。

10.5.3.5　精英选择

选择过程是遗传算法中一个非常重要的过程，在该过程中，优良个体从群体中选择出来，用于后续的繁殖(交叉、变异操作)。为了防止优良遗传个体经过交叉或变异操作的随机破坏，本章使用精英选择来克服该缺点（Rudolph，1994）。精英选择是一种选择策略，选择少数具有最佳适应度值的个体传递给下一代，避免了交叉和变异操作。精英个体的数量不能太多，否则群体就会趋于退化，收敛于局部而非全局最优解。本章中，精英个体的数量设置为10。

10.5.4　管网灾后动态优化修复计算流程

管网灾后动态优化修复计算流程如图10-5所示，具体计算过程如下：

（1）确定修复开始（$t=t_1$）时的决策变量：灾后供水系统管道修复优化问题中的决策变量定义为受损管道（爆管和漏损）。动态优化模型开始计算时，首先需要确定修复开始时刻所有的受损管道集合$\mathbf{D}(t)$。

（2）确定t时刻所有受损管道的修复操作集合$\mathbf{A}(t)$：爆管和漏损的修复操作不同，爆管分为隔离和更换两个操作，首先需要关闭相应的阀门对其进行隔离操作，然后才可以进行管道更换操作；而对于漏损管道，只需要在管道上使用夹钳进行维修操作。针对t时刻所有受损管道，分别确定各自的隔离、更换或维修所需的时间。

（3）使用改进后的遗传算法计算t时刻最优的修复方案，通过优化算法对供水系统灾后修复操作顺序进行优化，以最大化灾后供水系统的韧性，公式（10-1）。

（4）使用供水管网压力驱动模型模拟修复操作：t时刻最佳修复操作顺序确定后，通过供水管网压力驱动模型按照操作顺序模拟第i（起始$i=1$）个修复操作（例如：隔离、更换或维修）。

（5）更新决策变量：该优化问题最重要的特征是维修过程中执行完一个修复操作之后，会改变供水管网中的水力状态，当水力状态从t_i更新到t_{i+1}时，决策变量总数会发生变化，如管道修复后，压力提升，产生新的漏损或爆管事件。执行完第i个修复操作R_i之后，需要更新$t=t+T(R_i)$时刻的决策变量，$T(R_i)$为修复操作R_i所需的时间。

（6）判断更新后的决策变量中是否出现新的受损管道，若未出现，返回过程2，否则，返

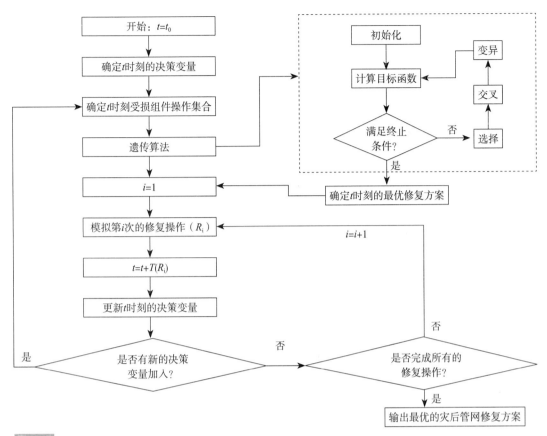

图10-5
管网灾后动态优化修复计算流程

回过程4，模拟第$i(i=i+1)$个修复操作。

（7）该过程重复执行，直至所有的受损组件修复完毕，最终，得到整个修复过程的最优修复方案。

10.6　实际工程应用

10.6.1　工程描述

该实际案例来自2018年WDSA会议的"灾后响应和修复竞赛（BPDRR）"，BPDRR（Paez 等，2018，2020）旨在确定在重大灾害（如地震）后利用有限的可用资源恢复受损管网的最佳修复策略。如图10-6所示，BPDRR中使用的供水管网由1个水库、5个水池、1个泵站（4组水泵）、4915个节点和6064根管道组成，管道总长度约400km。

根据不同的地震等级，当地水务部门提供了灾后两种不同的供水管道破坏工况，如图10-6所示，工况1中泵站附近的一些管道发生了爆管，而在工况2中水库和水池附近的管道受地震影响产生了不同程度的破坏。两个工况中，假设地震发生的时间为早晨6:00，地震发生后，维修队开始维修需要一定的响应时间，假设为30min，即从6:30开始进行维修受损管

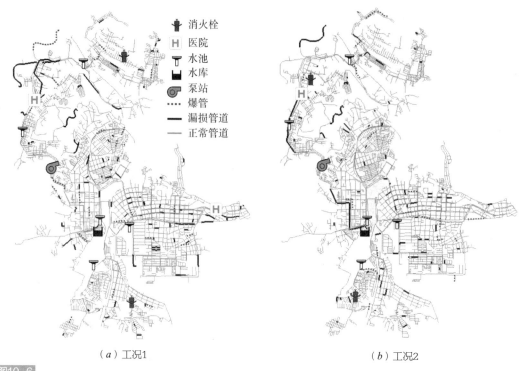

（a）工况1　　　　　　　　　　　　　　　　　（b）工况2

图10-6
BPDRR案例管网地震后两种不同的管道破坏工况（彩图见附页）

道。如前所述，本案例仅考虑管道受损，包括两种不同程度的受损管道：爆管和漏损。地震发生后，一些受损管道通过用户热线很容易被发现，这些受损管道称为可见受损管道；还有一些受损管道，损坏程度较低，需要借助探测仪器才能发现，这些管道称为不可见漏损管道。维修队只针对当前可见受损管道进行维修，假设当不可见受损管道的流量大于2.5L/s时，该管道能够被监测到，从而变为可见受损管道，这是由于随着受损管道被修复，整个系统的供水压力逐渐恢复，导致这些不可见受损管道压力增加，从而漏损量增加而被监测仪器或用户发现（Tabucchi等，2006）。

如图10-6所示，BPDRR案例管网中有4个重要设施（2个医院和2个消火栓）需要优先考虑，注意两种工况下消火栓的位置各不相同。考虑到人员伤亡和救火，灾后管网修复过程中，应首先保证这四个基础设施尽早恢复供水能力，保证医院和消火栓用水要求。

针对每一种工况，分别安排3组工程队维修受损的管道，这3组工程队将按照指定的受损管道维修顺序（动态优化修复模型确定的最佳修复操作执行时间顺序）隔离、替换和修理可见受损管道，假设工作人员能够24h连续工作，经过2天之后所有不可见的受损管道通过仪器检测都变得可见，总的可用修复时间为7天。采用压力驱动模型模拟灾后供水管网的压力和流量，用户正常用水所需的最小压力为H_i^{rep}=20m[公式（10-15）]。受损管道隔离、维修和更换所需的时间$T(R)$由当地自来水公司提供，需要指出的是，维修人员从一处移动到另一处所需的时间，以及重新打开阀门所需的时间都包括在下面的方程式中：

$$T(R) = \begin{cases} 0.25 \times VP, & R = 隔离 \\ 0.233 \times d^{0.577}, R = 维修 \\ 0.156 \times d^{0.719}, R = 替换 \end{cases} \quad （10-16）$$

式中　$T(R)$——不同修复操作的所需时间（h）；

　　　VP——隔离受损管道所需的阀门数量；

　　　d——管道直径（mm）。

10.6.2　相关参数设置

表10-3列出了BPDRR案例中6个韧性评估指标使用的参数值，均由当地水务部门提供。本案例中，权重确定方法如下：指标M_1为第一阶段唯一考虑，即$w_1=1$，$w_2=w_3=w_4=w_5=w_6=0$；在重要基础设施达到供水能力($rc=0.5$)之后，其余指标依据式（10-14）联合计算获得，即根据当地水务部门的经验，剩余5个指标的排序是$M_5>M_4>M_2>M_3>M_6$，因此，根据式（10-14），其相应的权重分别为0.44、0.22、0.14、0.11和0.19。再次强调的是，这些指标的排序选择在一定程度上是主观的，但这并不影响所提出的动态优化修复模型框架的应用。改进的遗传算法相关参数设置为：群体大小100、交配概率0.95和突变概率0.05，这些参数值在文献中被广泛使用（Tolson等，2004；Wu和Simpson，2006）。对于每个优化过程，选取5个不同的随机种子数运行5遍，每遍遗传算法运行2000代，耗时约15min（4.4-GHz Intel Core i9-7980XE），计算时间满足工程要求，5次计算结果总体上相似。如前所述，三支工程队可以执行此灾后供水管网的修复操作。这意味着可以同时执行最佳排序的前三个修复操作，并且在每个动作完成时更新灾后管网的水力状态以及决策变量。

指标相关参数　　　　　　　　　　　　　　　　表10-3

参数	rc of M_1	PA of M_2	rm of M_4	PN of M_5
公式	(4)	(5)	(8)	(10)
值	0.5	0.95	0.5	8 hours
备注	rc所有设施均相等	—	rm 所有节点均相等	—

10.6.3　结果与讨论

1. 韧性指标评估

如图10-7（a）所示，随着遗传代数的增加，目标函数值RE显著增加，这表明灾后管网的韧性通过改进维修方案有显著地提升，也表明了该优化方法的有效性。如图10-7（b）所示，随着时间的推移与维修的推进，决策变量（需要修复的可见管道）的数量整体呈下降趋势。但是由于新的受损管道被发现，个别时间段出现不变或增加现象。在地震后48h，决策变量数量出现陡增，这是由于大量的探测设备和传感器开始投入使用，导致所有潜在的受损管道都被发现。

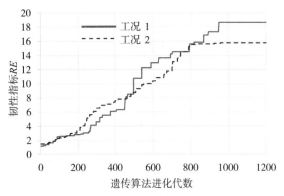

（a）目标函数（韧性指标RE）随遗传算法进化代数的变化图

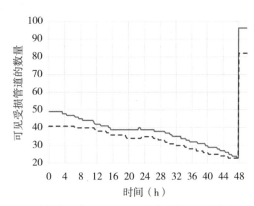

（b）决策变量数量（可见受损管道数量）随修复过程时间的变化图

图10-7
变化图

对于两种不同等级的地震工况，工况1比工况2对供水管网造成的影响更大，因为在整个维修过程中，工况1比工况2始终具有更多的决策变量，即可见受损管道，如图10-7（b），例如，在工况1中，地震后有49根可见受损管道，而在工况2中，只有41根；地震发生48h之后，工况1中仍有96根可见受损管道需要修复，仍然多于工况2中的82根受损管道。

两种工况下各指标值、系统整体韧性和总恢复时间　　　　　表10-4

评价指标	工况1	工况2
M_1（min）	675	0
M_2（h）	53.5	36.7
M_3（%×min）	25545	4329
M_4（min）	172.6	29.7
M_5（节点数量）	103	8
M_6（t）	77276	49971
系统整体韧性RE	18.684	15.795
系统恢复至供水能力所需时间(h)	137	114

表10-4列出了每个工况灾后最佳修复方案对应的6个评价指标值、系统整体韧性和系统恢复至供水能力所需要的总时间。工况1和工况2系统恢复至供水能力所需的总时间分别为137h和114h，工况1的系统恢复时间明显比工况2系统恢复的时间要长，说明灾后工况1对供水系统的严重性比工况2要严重。如表10-4所示，工况1中，3个维修队根据计算得到的最佳修复方案需要675min（11.25h）才能恢复4个关键设施的供水能力（M_1）；需要53.5h满足系统的供水能力达到95%的水平（M_2）；在整个修复过程中，供水能力累计损失为25545[%·min]（M_3），用户

未满足供水需求的平均时间为172.6min（M_4）；连续超过8h未满足供水要求的用户节点数量为103个（M_5）；维修过程中总的漏损水量为77276t（M_6）。有趣的是，工况2中，该地震作用下所有的重要基础设施都处在良好供水状态下，即$M_1=0$。

　　BPDRR案例中，两个工况灾后受损管网修复操作（R）顺序如图10-8（a）所示。工况2中，管网修复开始阶段主要以隔离爆管管道为主，而工况1中主要以修理漏损管道为主。图10-8中一个明显的现象是，由灾害事件（地震）引起的对管网最严重的影响通常发生在灾

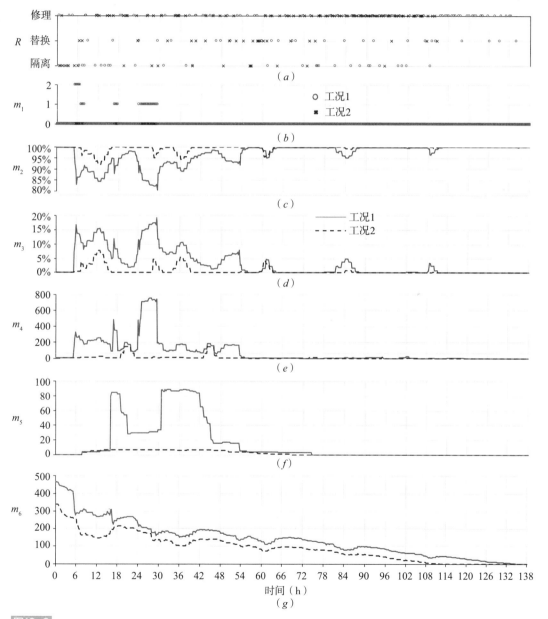

图10-8

两个工况灾后受损管网最佳修复方案

（a）管网修复操作；（b）m_1和（e）m_4分别表示未满足供水要求的重要设施的数量和用户的数量；（c）m_2、（d）m_3、（f）m_5和（g）m_6分别表示评估指标M_2、M_3、M_5和M_6每个时刻的值

害发生一段时间之后，这是因为随着时间的推移，居民对用水需求有很大的不同，在恢复过程中采取的干预措施会明显影响灾后供水管网的水力状况。以本案例为例，两个地震工况均发生在上午，虽然灾害发生后供水管网漏损很大，如图10-8（g），但是根据评估指标m_1、m_2、m_3、m_4和m_5，供水管网的功能并没有受到严重的影响，这是因为灾害事件发生时(上午)的需水量较低。值得注意的是，评估指标m_1随时间的变化是由管网中不同的水力条件引起的，而水力条件的变化又是动态修复过程与需水量随时间变化相互作用的结果。如图10-8所示，灾害事件对管网系统的影响在灾害发生后的6~54h影响最为严重，具体表现为6~54h的关键设施中断服务时间（m_1）、系统供水恢复能力（m_2）、系统供水能力损失（m_3）、用户供水服务平均中断时间（m_4）和连续8h内无充足供水服务的用户数量（m_5）。如表10-4和图10-8（c）所示，在修复行动开始54h之后，两种工况下的灾后供水管网供水能力都能恢复到95%的水平。

2. 最佳修复方案分析

图10-9为两种地震工况下，最佳修复方案对应的3个施工队（C1、C2和C3）分别执行的前10个修复操作顺序（括号中的数字为执行操作顺序），箭头表示管网供水的大致流向（起点位于水厂供水泵站处）。最佳修复方案中前3个修复操作被随机的分配给3个维修队，每个维修队完成各自当前的任务时，便会立即被指派新的维修任务。对于工况1，如图10-9（a），前10个维修操作中，大部分是修复可见的漏损管道，更具体地说，3个维修队首先被指派修理三条漏损较大的重要管道，如图10-9（a）中的（C1，1）、（C2，1）和（C3，1）所示。这是因为这些管

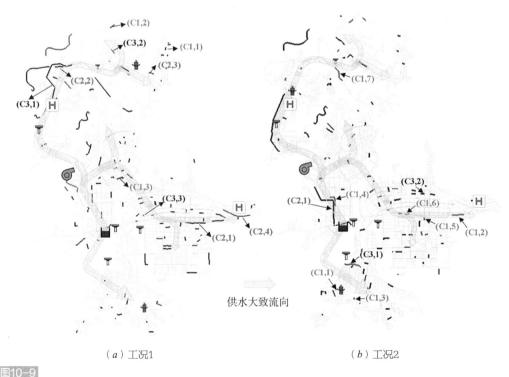

（a）工况1　　　　　　　　　　　　（b）工况2

图10-9

两种地震工况下，最佳修复方案对应的3个施工队（C1、C2和C3）分别执行的前10个修复操作顺序（括号中的数字为执行操作顺序）（彩图见附页）

道的修复可以显著提高供水管网的整体压力，继而有利于提高4个关键设施（2个医院和2个消火栓）的供水服务水平。在完成前3个修复操作后，C1和C2被分配到维修漏损较大的管道，即（C1，2）、（C1，3）、（C2，2）、（C2，3）和（C2，4），而C3被分配到隔离爆管管道，即（C3，2）和（C3，3）。

工况1中，在初始阶段需要修复大量的漏损管道，而工况2与工况1不同，在初始阶段的主要操作为隔离大量的爆管管道，如图10-9（b）所示，C1始终被指派隔离爆管管道，在C2被指派修复靠近水库的一根直径较大（350mm）的管道（C2,1）的时间段内，有7根爆管管道被隔离。这是因为管道隔离的速度明显快于管道修复或管道更换的速度，因此C1可以在很短的时间内完成7条管道的隔离。C3被指派隔离一个爆管管道，其次是修复一个漏损管道，需要的时间相对较长。

从图10-9中可以看出，在两种灾害工况下，供水管网修复的初始阶段，最佳修复方案确定的修复策略明显不同，这说明了修复方案受受损设施空间分布的显著影响，这也凸显了研究动态优化修复框架（本研究目的）的重要性和必要性，该框架可以根据灾害事件引起的供水管网的损坏特征确定最佳的优化修复策略。针对两种工况，有意思的是修复初始阶段都没有指派维修队进行爆管替换操作，这是因为根据式（10-16），这种操作非常耗时，因此它被安排在修复过程的中后期阶段。实际工程中，当使用与式（10-16）不同的时间函数时，该结论可能会有所不同，这可以作为未来研究的重点之一。

10.7　本章小结

地震等自然灾害会对供水系统造成严重的物理损害，从而危害人民群众的生命与财产安全。韧性（Resilience）通常用于表示系统在此类灾难事件中快速修复潜在故障的能力，为供水管网管理中重要指标。国内外的研究主要集中在发展在各种工况下的韧性的评估和分析方法，但很少有学者通过确定灾后修复方案的最佳顺序来提高灾后供水系统在修复过程中的韧性。因此，本章提出了一种基于改进的遗传算法的动态优化方法，用于确定灾后供水系统的最佳修复方案，从而显著提高系统的韧性。基于所提出的优化方法，本章还定义了组合动态变量顺序优化问题以表示灾后管网在修复过程中的韧性变化，并以6个评价指标综合评估灾后修复过程中供水系统的韧性。在地震工况下，使用一个具有4915个节点和6064个管道的真实管网以验证所提出的动态优化方法的有效性。其主要结论如下：

（1）所提出的算法能够成功确定地震后供水系统的最佳修复方案，证明其在处理该复杂的优化问题方面的有效性。

（2）最佳修复方案受到灾害事件引起的管网破坏特性的显著影响，包括受损管道的空间分布和灾害事件的发生时间，更突显了本章提出的优化工具的有效性和重要性。

（3）在最佳修复方案中，管道隔离和维修是修复初始阶段的主要操作。这是由于这两种类型的维修操作需要相对较少的时间，有利于在短时间内最小化灾害的整体影响。

　　（4）在本章案例中，重要基础设施附近的受损管道的修复并不总是最重要的。这是因为由于供水系统水力条件复杂，一些其他管道（例如：重要基础设施下游的管道）的供水能力恢复也可能潜在地改善重要基础设施的附近管道的水力条件。

参考文献

第1章

［1］ 王如华，郑国兴，周建平. 给水排水设计手册（第三册：城镇给水）［M］（第三版）. 北京：中国建筑工业出版社，2017.

［2］ 李国豪. 中国土木建筑百科辞典–城镇基础设施与环境工程［M］. 北京：中国建筑工业出版社，2013.

［3］ 徐晓珍. 小城镇基础设施规划指南［M］. 天津：天津大学出版社，2015.

［4］ 严煦世，刘遂庆. 给水排水管网系统［M］.（第三版）. 北京：中国建筑工业出版社，2014.

［5］ 严煦世. 给水排水工程快速设计手册（给水工程）［M］. 北京：中国建筑工业出版社，1994.

［6］ 朱建文. 大型饮用水压力式膜处理系统长期运行效果研究［J］. 给水排水，2017（11）.

［7］ 黄汉江. 建筑经济大辞典［M］. 上海：上海社会科学院出版社，1990.

［8］ 严煦世，范瑾初. 给水工程［M］. 北京：中国建筑工业出版社，1999.

［9］ 张移，刘奕，熊学文，刘志超. 水塔供水模式在喀麦隆某城市供水项目的应用［J］. 有色冶金设计与研究，2018，39（01）：37-39.

［10］ 梁宇舜. 给水管网爆管事故特征分析案例［J］. 城镇供水，2012（04）：54-57.

［11］ 何芳，刘遂庆. 供水管网爆管事故分析与对策探讨［J］. 管道技术与设备，2004（5）：20-23.

［12］ 李楠. 城市供水管网爆管预警模型研究：［学位论文］. 太原：太原理工大学，2012.

［13］ Pearson D . IWA管网漏损术语的标准定义（管网漏损控制领域的术语，缩写及其在日常使用中的定义概述）［M］. 国际水协会中国漏损控制专家委员会译. IWA出版，2020. https://iwaponline.com/ebooks/book/795/IWA.

［14］ 刘倍良. 城市供水管网爆管预警定位模型研究［D］. 长沙：湖南大学，2019.

［15］ 世界各国对于管网漏损的情况分析对比［J］. 给水排水动态. 2013（3）：40-42.

［16］ 曹徐齐，阮辰旼. 全球主要城市供水管网漏损率调研结果汇编［J］. 净水技术. 2017，36（4）：6-14.

［17］ 高亚萍. 供水管网漏损原因与控制措施的研究［D］. 天津：天津大学，2007.

［18］ 中华人民共和国住房和城乡建设部. 2018年城乡建设统计年鉴［M］. 北京：中国统计出版社，2020.

［19］ 曾翰，柯庆，周超，陶涛. 供水管网爆管动态风险评估［J］. 净水技术，2018，37（02）：94-99.

［20］ Folkman S. Water main break rates in the USA and Canada：A comprehensive study［R］. Logan：Utah State University Buried Structures Laboratory，2018：174.

［21］ 中华网. 美国波士顿水管爆裂，工人目睹两位同事被淹死［EB/OL］.（2016-10-24）. https://news.china.com/international/1000/20161024/23806268.html.

［22］ Wu Z Y，Sage P，Turtle D. Pressure-dependent leak detection model and its application to a district water system［J］. Journal of Water Resources Planning & Management，2010，136（1）：116-128.

［23］ 环球网. 英国数万家庭因雪后水管爆裂遭遇用水难题［EB/OL］.（2018-03-06）. https://world.huanqiu.com/article/9CaKrnK6Rc4.

［24］ Sala D，Kołakowski P. Detection of leaks in a small-scale water distribution network based on pressure data-experimental verification［J］. Procedia Engineering，2014，70：1460-1469.

［25］ 全国城市供水管网改造近期规划（摘登）（上）［J］. 给水排水动态，2006（04）：1-3.

［26］ 赵丹丹，程伟平，许刚，蒋建群. 供水管网系统爆管可监控最小管径分析方法研究［J］. 中国给水

排水，2014，30（23）：117–122.

［27］ 中国新闻网. 重庆忠县供水主管道突然爆裂县城3万住户停水［EB/OL］.（2009–12–18）. http:// www.chinanews.com/sh/news/2009/12–28/2041842.shtml.

［28］ 大众网. 临沂城区供水主管道"1.18""2.2"爆管停水事故调查报告：管道不达标为直接原因［EB/ OL］.（2017–04–04）. http://linyi.dzwww.com/news/201704/t20170414_15774643.htm.

［29］ 环球网. 西安南郊一供水管道爆裂 小区被淹［EB/OL］.（2019–01–25）. https://society.huanqiu.com/ article/9CaKrnKhpDk.

［30］ Gould S J F，Davis P，Beale D J，Marlow，D R. Failure analysis of a PVC sewer pipeline by fractography and materials characterization［J］. Engineering Failure Analysis，2013，34（Complete）：41–50.

［31］ Rajeev P，Kodikara J，Robert D，Zeman P，Rajani B. Factors contributing to large diameter water pipe failure［J］. Water Asset Management International，2014，10（3）：9–14.

［32］ 马力辉，崔建国. 城市供水管网漏损探讨［J］. 山西建筑，2003，29（2）：90–91.

［33］ 刘松. 浅谈供水管网管材的选择［J］. 广西城镇建设，2007（11）：32–34.

［34］ 张春红. 给水管道的漏损原因及检漏措施思考［J］. 城市建设理论研究（电子版）2015，no. 1，pp. 3907–3908.

［35］ 罗海玲，付婉霞，张哲. 管材和管径选择与供水管网漏损控制［J］. 节能与环保，2010（1）：44–46.

［36］ Pelletier G，Mailhot A，Villeneuve J–P. Modeling water pipe breaks–three case studies［J］. Journal of Water Resources Planning and Management，2003，129（2）：115–123.

［37］ 邱云龙. 给水管网漏损预测的研究与应用［D］. 重庆：重庆大学，2006.

［38］ 黄国章. 浅谈市政排水管道工程施工质量通病的防治［J］. 福州：福建建设科技. 2003（1）：11–15.

［39］ 金伟如. 城市供水管网漏水原因分析及应对措施探讨［J］. 给水排水，2015，51（S1）：359–361.

［40］ Rezaei H，Ryan B，Stoianov I. Pipe failure analysis and impact of dynamic hydraulic conditions in water supply networks［J］. Procedia Engineering，2015，119：253–262.

［41］ Ilicic K. The analysis of influential factors on the frequency of pipeline failures［J］. Water Science & Technology：Water Supply，2009，9（6）：689–698.

［42］ Huang Y，Duan H，Zhao M，Zhang Q，Zhao H，Zhang K. Probabilistic analysis and evaluation of nodal demand effect on transient analysis in urban water distribution systems［J］. Journal of Water Resources Planning and Management，2017，143（8）：04017041.

［43］ Scheidegger A，Leitão J P，Scholten L. Statistical failure models for water distribution pipes – A review from a unified perspective［J］. Water Research，2015，83：237–247.

［44］ Goulter I C，Kazemi A. Spatial and temporal groupings of water main pipe breakage in Winnipeg［J］. Canadian Journal of Civil Engineering，1988，15（1）：91–97.

［45］ 姜帅，吴雪，刘书明. 我国部分城市供水管网漏损现状分析［J］. 北京：北京水务，2012（3）：14–16.

［46］ 陈盛达，李树平，姜晓东. 2015年国内网络媒体报道给水爆管分析［J］. 成都：四川环境，2016，35（04）：22–28.

［47］ 赵乱成. 管道中气–水锤探讨［J］. 给水排水，1997（03）：5–8.

［48］ 赵子威，李树平，周艳春，沈继龙，文碧岚. 2013年国内网络媒体报道给水管网爆管事件分析［J］. 净水技术，2014，33（S1）：11–16+24.

［49］ 周艳春，李树平，沈继龙，文碧岚. 2014年国内媒体报道给水爆管分析［J］. 中国公共安全（学术版），2015（02）：6–10.

第2章

［1］ 严煕世，刘遂庆. 给水排水管网系统［M］（第三版）. 北京：中国建筑工业出版社，2014.

［2］ Todini E，Pilati S. A gradient algorithm for the analysis of pipe networks［M］//Computer applications in water supply：vol. 1–systems analysis and simulation. 1988：1–20.

［3］ 王国栋，俞国平. 管段重要性指数在水力模型校核中的应用［J］. 苏州科技学院学报（工程技术版），2007，20（1）：52–54.

［4］ Koppel T，Vassiljev A. Calibration of a model of an operational water distribution system containing pipes of different age［J］. Advance in Engineering Software，2009，40（8）：659‒664.

［5］ Savic D A，Kapelan Z S，Jonkergouw P M. Quo vadis water distribution model calibration［J］. Urban Water Journal，2009，6（1）：3–22.

［6］ Dehghan A，Mcmanus K J，Gad E F. Probabilistic failure prediction for deteriorating pipelines：nonparametric approach［J］. Journal of Performance of Constructed Facilities，2008，22（1）：45–53.

［7］ Shamir U，Howard C D D. An analytic approach to scheduling pipe replacement［J］. Journal‒American Water Works Association，1979，71（5）：248–258.

［8］ Asnaashari A，Mcbean E A，Shahrour I，et al. Prediction of watermain failure frequencies using multiple and Poisson regression［J］. Water Science and Technology：Water Supply，2009，9（1）：9–19.

［9］ Kabir G，Tesfamariam S，Sadiq R. Predicting water main failures using Bayesian model averaging and survival modelling approach［J］. Reliability Engineering and System Safety，2015，142：498–514.

［10］ Rajani B，Kleiner Y. Comprehensive review of structural deterioration of water mains：physically based models［J］. Urban Water，2001，3（3）：151–164.

［11］ Tesfamariam S，Rajani B，Sadiq R. Possibilistic approach for consideration of uncertainties to estimate structural capacity of ageing cast iron water mains［J］. Canadian Journal of Civil Engineering，2006，33（8）：1050–1064.

［12］ Wood A，Lence B J. Using water main break data to improve asset management for small and medium utilities：District of Maple Ridge，B. C［J］. Journal of Infrastructure Systems，2009，15（2）：111–119.

［13］ Alvisi S，Franchini M. Comparative analysis of two probabilistic pipe breakage models applied to a real water distribution system［J］. Civil Engineering And Environmental Systems，2010，27（1）：1–22.

［14］ Nishiyama M，Filion Y. Review of statistical water main break prediction models［J］. Canadian Journal Of Civil Engineering，2013，40（10）：972–979.

［15］ Achim D，Ghotb F，Mcmanus K J. Prediction of water pipe asset life using neural networks［J］. Journal of Infrastructure Systems，2007，13（1）：26–30.

［16］ Moselhi O，Fahmy M. Discussion of "Prediction of water pipe asset life using neural networks" by D. Achim，F. Ghotb，and K. J. McManus［J］. Journal of Infrastructure Systems，2008，13；14；（3）：272–273.

［17］ Fares H，Zayed T. Hierarchical fuzzy expert system for risk of failure of water mains［J］. Journal of Pipeline Systems Engineering and Practice，2010，1（1）：53–62.

［18］ Díaz S，Mínguez R，González J. Stochastic approach to observability analysis in water networks［J］. Ingenier í a Del Agua，2016，20（3）：139–152.

［19］ 张清周. 供水管网漏损智能化控制研究［D］. 哈尔滨：哈尔滨工业大学，2017.

［20］ 陈偲. 基于漏损控制的供水管网水力模型及其应用研究［D］. 长沙：湖南大学，2018.

［21］ Mays L W. Water Distribution System Handbook［J］. Business Expert Press，2000：361‒368.

［22］ 陶建科，刘遂庆. 建立给水管网微观动态水力模型标准方法研究［J］. 给水排水，2000，26（5）：4–8.

［23］ Shamir，U. Optimal design and operation of water distribution systems. Water resources research［J］，1974：10（1）：27–36.

［24］ Lansey K E，Basnet C. Parameter estimation for water distribution networks［J］. Journal of Water Resources Planning and Management，1991，117（1）：126–144.

［25］ Reddy, P.V.N., Sridharan, k., Rao, p.v.WLS method for parameter estimation in water distribution networks［J］. Journal of Water Resources Planning and Management, 1996：122（3）：157‑164.

［26］ 王云海，俞国平. 给水管网模型状态校正［J］. 给水排水，2003：29（9）：97-97.

［27］ 王荣和，姚仁忠. 遗传算法在给水管网现状分析中的应用［J］. 给水排水，2000：26（9）：31-36.

［28］ 信昆仑，程声通，刘遂庆. 实数型编码遗传算法校核管道摩阻系数［J］. 中国给水排水，2004：20（9）：68-70.

［29］ 许刚，张土乔，吕谋，洪赟. 多工况的遗传算法校正管道摩阻系数［J］. 中国给水排水，2004：20（8）：50-53.

［30］ Zhang Q, Zheng F, Duan H-F, et al. Efficient Numerical Approach for Simultaneous Calibration of Pipe Roughness Coefficients and Nodal Demands for Water Distribution Systems［J］. Journal of Water Resources Planning and Management, 2018, 144（10）：04018063.

［31］ Chu, Shipeng, et al. "Numerical approach for water distribution system model calibration through incorporation of multiple stochastic prior distributions［J］." Science of The Total Environment 708（2020）：134565.

［32］ Zheng F D J, Diao K, et al. Investigating effectiveness of sensor placement strategies in contamination detection within water distribution systems［J］. Journal of Water Resources Planning and Management, 2018, 144（4）.

［33］ 蔡华强. 城市供水管网DMA实时建模及应用研究［D］. 杭州：杭州电子科技大学，2016.

［34］ 吴正易. 降低供水漏损［M］. 北京：中国建筑工业出版社，2017.

［35］ 张俊，陶涛. 基于压力驱动的管网漏损模型［J］. 供水技术，2015，9：40-44.

［36］ 黄哲聪，李康均. 供水管网漏损现状及漏损检测方法研究综述［J］，科技通报，2020，36：10-27.

［37］ Duan H F, Lee P J, Ghidaoui M S, et al. Leak detection in complex series pipelines by using the system frequency response method［J］. Journal of Hydraulic Research. 2011, 49（2）：213—221.

［38］ Ye G, Fenner R A. Kalman Filtering of Hydraulic Measurements for Burst Detection in Water Distribution Systems［J］. Journal of Pipeline Systems Engineering & Practice, 2011, 2（1）：14—22.

［39］ Wu Z Y, Burrows R, Moorcroft J, et al. Pressure-dependent leakage detection method compared with conventional techniques［M］//Water Distribution Systems Analysis 2010. 2010：1083-1092.

［40］ RMS. Novelty detection for time series data analysis in water distribution systems using support vector machines［J］. Journal of hydroinformatics. 2011, 4（13）：672—686.

［41］ Pilcher R, Hamilton S, Chapman H, et al. Leak location and repair guidance notes［C］//Proceedings of the International Water Association Conference：Water Loss 2007. Bucharest, Romania, 2007：12-18.

［42］ Farley, M. and Trow, S. Losses in water distribution networks-a practitioner's guide to assessment, monitoring and control［M］. UK London：IWA publishing, 2003.

［43］ IWA. DMA guidance notes, IWA water loss task force, 2007a.

［44］ IWA. Leak detection guidance notes, IWA water loss task force, 2007b.

［45］ Lee P J, Vitkovsky J P, Lambert M F, et al. Frequency Domain Analysis for Detecting Pipeline Leaks［J］. Journal of Hydraulic Engineering, 2005, 131（7）：596-604.

［46］ Colombo A F, Lee P, Karney B W. A selective literature review of transient based leak detection methods［J］. Journal of Hydro environment Research, 2009, 2（4）：212-227.

［47］ Kumar J, Brill E D, Sreepathi S, et al. Detection of leaks in water distribution system using routine water quality measurements［C］//World Environmental and Water Resources Congress 2010：Challenges of Change. Providence, USA, 2010：4185-4192.

［48］ Campisano A, Modica C. Two step numerical method for improved calculation of water leakage by water distribution network solvers［J］. Journal of Water Resources Planning and Management, 2016, 142（2）：04015060.

［49］ Lee S J, Lee G, Suh J C, et al. Online burst detection and location of water distribution systems and its practical applications ［J］. Journal of Water Resources Planning & Management, 2016, 142 （1）: 04015033.

［50］ Pérez R, Puig V, Pascual J, et al. Pressure sensor distribution for leak detection in Barcelona water distribution network ［J］. Water Science & Technology Water Supply, 2009, 9 （6）: 715-721.

［51］ Quevedo Casín J J, Cugueró Escofet M À, Pérez Magrané R, et al. Leakage location in water distribution networks based on correlation measurement of pressure sensors ［C］ //IWA Symposium on System Analysis and Integrated Assessment. San Sebastian, Spain, 2011: 290-297.

［52］ Perez R, Sanz G, Puig V, et al. Leak localization in water networks: A model based methodology using pressure sensors applied to a real network in Barcelona ［J］. IEEE Control Systems, 2014, 34 （4）: 24-36.

［53］ Meseguer J, Mirats Tur J M, Cembrano G, et al. A decision support system for on line leakage localization ［J］. Environmental Modelling & Software, 2014, 60: 331-345.

［54］ Kumar J, Sreepathi S, Brill E D, et al. Detection of leaks in water distribution system using routine water quality measurements ［C］ //World Environmental and Water Resources Congress 2010: Challenges of Change. Providence, USA, 2010: 4185-4192.

［55］ Wu Z Y, Sage P. Water loss detection via genetic algorithm optimization based model calibration ［C］ // ASCE 8th Annual International Symposium on Water Distribution System Ananlysis. Cincinnati, Ohio, 2006: 1-11.

［56］ Wu Z Y, Sage P. Pressure dependent demand optimization for leakage detection in water distribution systems ［J］. Water Management Challenges in Global Change, 2007: 353-361.

［57］ Wu Z Y, Sage P, Turtle D. Pressure dependent leak detection model and its application to a district water system ［J］. Journal of Water Resources Planning & Management, 2010, 136 （1）: 116-128.

［58］ Mounce S R, Boxall J B, Machell J. Development and verification of an online artificial intelligence system for detection of bursts and other abnormal flows ［J］. Journal of Water Resources Planning & Management, 2010, 136 （3）: 309-318.

［59］ Mounce S, Boxall J, Machell J. An Artificial Neural Network/Fuzzy Logic system for DMA flow meter data analysis providing burst identification and size estimation ［J］. Water Management Challenges in Global Change. 2007: 313-320.

［60］ Mounce S R, Boxall J B. Implementation of an on line artificial intelligence district meter area flow meter data analysis system for abnormality detection: A case study ［J］. Water Science & Technology. Water Supply, 2010, 10 （3）: 437-444.

［61］ Mounce S R, Mounce R B, Boxall J B. Novelty detection for time series data analysis in water distribution systems using support vector machines ［J］. Journal of Hydroinformatics, 2011, 13 （4）: 672-686.

［62］ Ye G, Fenner R A. Kalman filtering of hydraulic measurements for burst detection in water distribution systems ［J］. Journal of Pipeline Systems Engineering and Practice, 2011 （1）: 14-22.

［63］ Romano M, Kapelan Z, Savić D A. Automated detection of pipe bursts and other events in water distribution systems ［J］. Journal of Water Resources Planning and Management, 2014, 140 （4）: 457-467.

［64］ Romano M, Kapelan Z, Savić D A. Evolutionary algorithm and expectation maximization strategies for improved detection of pipe bursts and other events in water distribution systems ［J］. Journal of Water Resources Planning and Management, 2014, 140 （5）: 572-584.

［65］ Palau C V, Arregui F J, Carlos M. Burst detection in water networks using principal component analysis ［J］. Journal of Water Resources Planning and Management, 2012, 138 （1）: 47-54.

［66］ Tao T, Huang H, Li F, et al. Burst detection using an artificial immune network in water distribution systems ［J］. Journal of Water Resources Planning & Management, 2014, 140 （10）: 04014027.

［67］ Jung D, Kang D, Liu J, et al. Improving the rapidity of responses to pipe burst in water distribution systems：A comparison of statistical process control methods［J］. Journal of Hydroinformatics，2015，17（2）：307-328.

［68］Wirahadikusumah R，Abraham D M，Iseley T，et al. Assessment technologies for sewer system rehabilitation［J］. Automation in Construction，1998，7（4）：259-270.

［69］Fahmy M，Moselhi O. Detecting and locating leaks in underground water mains using thermography［C］//Proceedings of the 26th International Symposium on Automation and Robotics in Construction（ISARC 2009）. Austin，USA，2009：24-27.

［70］支焕，蒋华义，高志亮，等. 卫星监测技术在输油管道泄漏中的应用［J］. 油气储运. 2011，30（12）：957-959.

［71］Agapiou A，Toulios L，Themistocleous K，et al. Use of satellite derived vegetation indices for the detection of water pipeline leakages in semiarid areas［C］. 2013.

［72］Hunaidi O，Giamou P. Ground penetrating radar for detection of leaks in buried plastic water distribution pipes［C］//International Conference on Ground Penetrating Radar. Lawrence，USA，1998：783 786.

［73］Nakhkash M，Mahmood Zadeh M R. Water leak detection using ground penetrating radar［C］//Proceedings of the Tenth International Conference on Grounds Penetrating Radar，GPR 2004. Delft，Netherlands，2004（2）：525-528.

［74］Hargesheimer E E. Identifying water main leaks with trihalomethane tracers［J］. Journal-American Water Works Association，1985，77（11）：71-75.

［75］Li R，Huang H，Xin K，et al. A review of methods for burst/leakage detection and location in water distribution systems［J］. Water Science & Technology：Water Supply，2015，15（3）：429.

［76］Kleiner Y，Rajani B. Comprehensive review of structural deterioration of water mains：statistical models［J］. Urban Water，2001，3（3）：131-150.

［77］Dehghan A，Mcmanus K J，Gad E F. Probabilistic failure prediction for deteriorating pipelines：nonparametric approach［J］. Journal of Performance of Constructed Facilities，2008，22（1）：45-53.

［78］Shamir U，Charles D D H. An analytic approach to scheduling pipe replacement［J］. Journal - American Water Works Association，1979，71（5）：248-258.

［79］Asnaashari A，Mcbean E A，Shahrour I，et al. Prediction of watermain failure frequencies using multiple and Poisson regression［J］. Water Science and Technology：Water Supply，2009，9（1）：9-19.

［80］Boxall J B，O'hagan A，Pooladsaz S，et al. Estimation of burst rates in water distribution mains［J］. Proceedings of the Institution of Civil Engineers. Water Management，2007，160（2）：73-82.

［81］Rajani B，Kleiner Y. Comprehensive review of structural deterioration of water mains：physically based models［J］. Urban Water，2001，3（3）：151-164.

［82］Tesfamariam S，Rajani B，Sadiq R. Possibilistic approach for consideration of uncertainties to estimate structural capacity of ageing cast iron water mains［J］. Canadian Journal of Civil Engineering，2006，33（8）：1050-1064.

［83］Wood A，Lence B J. Using water main break data to improve asset management for small and medium utilities：District of Maple Ridge，B. C［J］. Journal of Infrastructure Systems，2009，15（2）：111-119.

［84］Alvisi S，Franchini M. Comparative analysis of two probabilistic pipe breakage models applied to a real water distribution system［J］. Civil Engineering And Environmental Systems，2010，27（1）：1-22.

［85］Nishiyama M，Filion Y. Review of statistical water main break prediction models［J］. Canadian Journal Of Civil Engineering，2013，40（10）：972-979.

［86］Wilson D，Filion Y，Moore I. State-of-the-art review of water pipe failure prediction models and applicability to large-diameter mains［J］. Urban Water Journal，2015，14（1-2）：173-184.

［87］Giustolisi O，Savic D A. A symbolic data-driven technique based on evolutionary polynomial regression［J］. Journal of Hydroinformatics，2006，8（3）：207-222.

［88］ Park S，Park S，Jun H，et al. Modeling of water main failure rates using the log–linear rocof and the power law process［J］. Water Resources Management，2008，22（9）：1311–1324.

［89］ Fahmy M，Moselhi O. Forecasting the remaining useful life of cast iron water mains［J］. Journal of Performance of Constructed Facilities，2009，23（4）：269–275.

［90］ Giustolisi O，Laucelli D. Improving generalization of artificial neural networks in rainfall–runoff modelling ［J］. Hydrological Sciences Journal，2005，50（3）：439–457.

［91］ Gómez–Martínez P，Cubillo F，Mart í n–Carrasco F J，et al. Statistical dependence of pipe breaks on explanatory variables［J］. Water（Switzerland），2017，9（3）：158.

第3章

［1］ Liggett J A，Chen L C. Inverse Transient Analysis in Pipe Networks［J］. Journal of Hydraulic Engineering，1994，120（8）：934–955.

［2］ Bhave，Pramod R. Calibrating Water Distribution Network Models［J］. Journal of Environmental Engineering，1988，114（1）：120–136.

［3］ Ferreri G B，Napoli E，Tumbiolo A. Calibration of roughness in water distribution networks［C］//Proc.，2nd Int. Conf. on Water Pipeline Systems. Edinburgh，1994，1：379–396.

［4］ Savic D A，Walters G A. Genetic algorithm techniques for calibrating network models［J］. Report，1995，95：12.

［5］ Lingireddy S，Ormsbee L E. Optimal network calibration model based on genetic algorithms［M］// WRPMD'99：Preparing for the 21st Century. 1999：1–8.

［6］ Wu Z Y，Sage P，Turtle D. Pressure–dependent leak detection model and its application to a district water system［J］. Journal of Water Resources Planning and Management，2010，136（1）：116–128.

［7］ de Schaetzen W，Hung J，Clark S，et al. How Much Is" Your Un–Calibrated Model" Costing Your Utility? Ten Lessons Learned from Calibrating the CRD Water Model［M］//Water Distribution Systems Analysis 2010. 2010：1053–1065.

［8］ Kapelan Z，Savic D A，Walters G A. Incorporation of prior information on parameters in inverse transient analysis for leak detection and roughness calibration［J］. Urban Water Journal，2004，1（2）：129–143.

［9］ Ostfeld A，Salomons E，Ormsbee L，et al. Battle of the water calibration networks［J］. Journal of Water Resources Planning and Management，2012，138（5）：523–532.

［10］ Golub G H，Reinsch C. Singular value decomposition and least squares solutions［M］//Linear Algebra. Springer，Berlin，Heidelberg，1971：134–151.

［11］ Kang D，Lansey K. Demand and roughness estimation in water distribution systems［J］. Journal of Water Resources Planning and Management，2011，137（1）：20–30.

［12］ Kun D，Tian–Yu L，Jun–Hui W，et al. Inversion model of water distribution systems for nodal demand calibration［J］. Journal of Water Resources Planning and Management，2015，141（9）：04015002.

第4章

［1］ 叶健，城市供水管网漏损原因分析及漏损检测定位方法讨论［J］. 城市建设理论研究（电子版），2015，5（13），5372–5373.

［2］ Bui T N，Moon B R. Genetic algorithm and graph partitioning［J］. IEEE Transactions on computers，1996，45（7）：841–855.

［3］ Boser B E，Guyon I M，Vapnik V N. A training algorithm for optimal margin classifiers［C］//Proceedings of the fifth annual workshop on Computational learning theory. 1992: 144-152.

[4] Cortes C, Vapnik V. Support-vector networks [J]. Machine learning, 1995, 20 (3): 273-297.

[5] Weston J, Watkins C. Multi-class support vector machines [Z]. Citeseer, 1998.

[6] Chamasemani F F, Singh Y P. Multi-class support vector machine (SVM) classifiers-an application in hypothyroid detection and classification [C] //2011 Sixth International Conference on Bio-Inspired Computing: Theories and Applications. IEEE, 2011: 351-356.

[7] Milgram J, Cheriet M, Sabourin R. "One against one" or "one against all": Which one is better for handwriting recognition with SVMs? [C]. 2006.

[8] Mashford J, De Silva D, Burn S, Marney D. Leak Detection in simulated water pipe networks using SVM [J]. Applied Artificial Intelligence, 2012, 26 (5): 429-444.

[9] Chapelle O, Vapnik V, Bousquet O, Mukherjee S. Choosing multiple parameters for support vector machines [J]. Machine learning, 2002, 46 (1): 131-159.

[10] Refaeilzadeh P, Tang L, Liu H. Cross-validation [C] //Springer, 2009: 532-538.

[11] Chang C, Lin C. LIBSVM: a library for support vector machines [J]. ACM Transactions on Intelligent Systems and Technology (TIST), 2011, 2 (3): 27.

[12] 张清周. 基于水力模型的供水管网压力管理与漏损区域识别研究 [D]. 哈尔滨: 哈尔滨工业大学, 2017.

[13] Wu Z Y, Sage P. Pressure dependent demand optimization for leakage detection in water distribution systems [J]. Water Management Challenges in Global Change, 2007: 353-361.

[14] Wu Z Y, Burrows R, Moorcroft J, Croxton N. Pressure-dependent leakage detection method compared with conventional techniques [J]. Water Distribution System Analysis, 2010: 1083-1092.

第5章

[1] Besner M C, Prévost M, Regli S. Assessing the public health risk of microbial intrusion events in distribution systems: conceptual model, available data, and challenges [J]. Water research, 2011, 45 (3): 961-979.

[2] Puust R, Kapelan Z, Savic D A, et al. A review of methods for leakage management in pipe networks [J]. Urban Water Journal, 2010, 7 (1): 25-45.

[3] Zhexian, Zheng, Feifei, et al. Better Understanding of the Capacity of Pressure Sensor Systems to Detect Pipe Burst within Water Distribution Networks [J]. Journal of Water Resources Planning and Management, 2018.

[4] Mutikanga H E, Sharma S K, Vairavamoorthy K. Methods and Tools for Managing Losses in Water Distribution Systems [J]. Journal of Water Resources Planning & Management Asce, 2013, 139 (2): 166-174.

[5] Nguyen K A, Stewart R A, Zhang H, et al. Re-engineering traditional urban water management practices with smart metering and informatics [J]. Environmental Modelling and Software, 2018, 101 (MAR.): 256-267.

[6] Aditya Gupta, K. D. Kulat. A Selective Literature Review on Leak Management Techniques for Water Distribution System [J]. Water Resources Management, 2018, 32 (10).

[7] Farah E, Shahrour I. Leakage Detection Using Smart Water System: Combination of Water Balance and Automated Minimum Night Flow [J]. Water Resources Management, 2017, 31 (15): 4821-4833.

[8] Rajeswaran A, Narasimhan S, Narasimhan S. A graph partitioning algorithm for leak detection in water distribution networks [J]. Computers & Chemical Engineering, 2018, 108: 11-23.

[9] Wu, Zheng, Yi, et al. Leakage Zone Identification in Large-Scale Water Distribution Systems Using Multiclass Support Vector Machines [J]. Journal of Water Resources Planning & Management, 2016.

［10］ Zheng F, Zecchin A C, Newman J P, et al. An Adaptive Convergence-Trajectory Controlled Ant Colony Optimization Algorithm With Application to Water Distribution System Design Problems ［J］. IEEE Transactions on Evolutionary Computation, 2017.

［11］ Colombo A F, Lee P, Karney B W. A selective literature review of transient-based leak detection methods ［J］. Journal of Hydro-environment Research, 2009, 2（4）: 212-227.

［12］ Wang X, Waqar M, Yan H C, et al. Pipeline leak localization using matched-field processing incorporating prior information of modeling error ［J］. Mechanical Systems and Signal Processing, 2020, 143: 106849.

［13］ Sanz G, Ramon Pérez, Kapelan Z, et al. Leak Detection and Localization through Demand Components Calibration ［J］. Journal of Water Resources Planning & Management, 2016, 142（2）: 1097-8.

［14］ Sophocleous S, Savić, Dragan, Kapelan Z. Leak Localization in a Real Water Distribution Network Based on Search-Space Reduction ［J］. Journal of Water Resources Planning and Management, 2019, 145（7）.

［15］ Romano M, Kapelan Z, Savi? D A. Automated Detection of Pipe Bursts and Other Events in Water Distribution Systems ［J］. Journal of Water Resources Planning & Management, 2014, 140（4）: 457-467.

［16］ Zhou X, Tang Z, Xu W, et al. Deep learning identifies accurate burst locations in water distribution networks ［J］. Water Research, 2019, 166: 115058.

［17］ Duan H F, Lee P J, Ghidaout M S, et al. Leak detection in complex series pipelines by using the system frequency response method ［J］. Journal of Hydraulic Research, 2011, 49（2）: 213-221.

［18］ Covas D, Jacob A, Ramos H. Bottom-Up Analysis for Assessing Water Losses: A Case Study ［C］// Eighth Annual Water Distribution Systems Analysis Symposium（WDSA）. 2008.

［19］ Qi Z, Zheng F, Guo D, et al. A Comprehensive Framework to Evaluate Hydraulic and Water Quality Impacts of Pipe Breaks on Water Distribution Systems ［J］. Water Resources Research, 2018, 54（10）: 8174-8195.

［20］ Creaco E, Campisano A, Fontana N, et al. Real time control of water distribution networks: A state-of-the-art review ［J］. Water Research, 2019, 161（SEP. 15）: 517-530.

［21］ Creaco E, Kossieris P, Vamvakeridou-Lyroudia L, et al. Parameterizing residential water demand pulse models through smart meter readings ［J］. Environmental Modelling & Software, 2016, 80（Jun.）: 33-40.

［22］ Bragalli C, Neri M, Toth E. Effectiveness of smart meter-based urban water loss assessment in a real network with synchronous and incomplete readings ［J］. Environmental Modelling & Software, 2019, 112（FEB.）: 128-142.

［23］ Ferrari G, Savic D, Becciu G. Graph-Theoretic Approach and Sound Engineering Principles for Design of District Metered Areas ［J］. Journal of Water Resources Planning & Management, 2013, 140（12）: 04014036.

［24］ Zheng F, Tao R, Maier H R, et al. Crowdsourcing Methods for Data Collection in Geophysics: State of the Art, Issues, and Future Directions ［J］. Reviews of Geophysics, 2018. Rossman, L. A.（2000）. EPANET 2: User's manual. Cincinnati: USEPA.

［25］ Walski T M. Water distribution valve topology for reliability analysis ［J］. Reliability Engineering & System Safety, 1993, 42（1）: 21-27.

［26］ Giustolisi O, Savic D. Identification of segments and optimal isolation valve system design in water distribution networks ［J］. Urban water journal, 2010, 7（1）: 1-15.

［27］ Karger D R. Global Min-cuts in RNC, and Other Ramifications of a Simple Min-Cut Algorithm ［C］// SODA. 1993, 93: 21-30.

［28］ Wright R, Abraham E, Parpas P, et al. Control of water distribution networks with dynamic DMA topology using strictly feasible sequential convex programming ［J］. Water Resources Research, 2015, 51

（12）：9925–9941.

[29] Alkasseh J M A, Adlan M N, Abustan I, et al. Applying Minimum Night Flow to Estimate Water Loss Using Statistical Modeling：A Case Study in Kinta Valley, Malaysia［J］. Water Resources Management, 2013, 27（5）：1439–1455.

[30] M. Tabesh, A. H. Asadiyani Yekta, R. Burrows. An Integrated Model to Evaluate Losses in Water Distribution Systems［J］. Water Resources Management, 2009, 23（3）.

[31] Hunaidi O. Leakage management for water distribution infrastructure–report 2：results of DMA experiments in Ottawa, ON［J］. National Research Council Canada, 2010.

第6章

[1] Thornton Julian, 周津, 周玉文, 等. 供水漏损控制手册［M］. 北京：清华大学出版社, 2009.

[2] Hyun S Y, Jo Y S, Oh H C, et al. The laboratory scaled–down model of a ground–penetrating radar for leak detection of water pipes［J］. Measurement Science & Technology. 2007, 18（18）：2791.

[3] Ayala Cabrera D, Herrera M, Izquierdo J, et al. GPR–Based Water Leak Models in Water Distribution Systems［J］. Sensors. 2013, 13（12）：15912–15936.

[4] Lai W W, Chang R K, Sham J F, et al. Perturbation mapping of water leak in buried water pipes via laboratory validation experiments with high–frequency ground penetrating radar（GPR）［J］. Tunnelling and Underground Space Technology, 2016, 52：157–167.

[5] 张建. 探地雷达在管道漏水检测中的应用研究［J］. 工程技术, 2016, 000（002）：P.290–291.

[6] 柴端伍. 探地雷达检测供水管道泄漏及自动识别系统试验研究［D］. 郑州：郑州大学水利与环境学院, 2019：24–42.

[7] 杨春红. 供水管道检漏的几种常见方法［J］. 煤炭技术. 2007, 26（6）：109–110.

[8] 吴宝杰, 姬美秀, 杨桦. 基于matlab的探地雷达数据三维显示［J］. 物探与化探, 2009, 33（03）：342–344.

[9] 王帅. 高速公路探测中探地雷达三维成像技术研究［D］. 哈尔滨：哈尔滨工业大学电子与信息工程学院, 2018：12–24.

[10] 符祥, 郭宝龙. 图像插值技术综述［J］. 计算机工程与设计, 2009, 30（01）：141–144+193.

[11] 本海姆 A V, 威尔斯基 A S, 瓦纳布 S H. 著. 信号与系统（第二版）［M］. 刘树棠译. 西安：西安交通大学出版社, 2010.

[12] 赵文轲, 陈国顺, 田钢等. 探地雷达属性技术进展［J］. 地球物理学进展, 2012, 27（03）：1262–1267.

[13] Chopra S, Marfurt K J. Seismic attributes–A historical perspective. Geophysics, 2005, 70（5）：3S0–28S0.

[14] 赵文轲. 探地雷达属性技术及其在考古调查中的应用研究［D］. 杭州：浙江大学地球科学院, 2013：21–40.

[15] 翟波, 杨峰. Hilbert变换在探地雷达数据处理中的应用［J］. 计算机与信息技术, 2007（08）：29–30.

[16] 梁宏希, 汪仁煌, 李宁等. 基于Sobel算子边缘检测的仪表盘二值化阈值算法［J］. 自动化与信息工程, 2012, 33（06）：23–25+31.

[17] 叶含笑, 傅斌, 夏炳江. HE染色病理切片最优二值化算法研究［J］. 计算机应用与软件, 2014, 31（05）：215–218+222.

[18] 燕红文, 邓雪峰. OTSU算法在图像分割中的应用研究［J］. 农业开发与装备, 2018（11）：103+108.

[19] 叶福玲. 一种改进的图像骨架提取算法［J］. 西昌学院学报（自然科学版）, 2018, 32（03）：91–93+123.

[20] 刁智华, 吴贝贝, 毋媛媛等. 基于图像处理的骨架提取算法的应用研究［J］. 计算机科学, 2016,

43（S1）：232-235.

［21］曹良斌，游莉萍，刘笔余等．基于二值图像的手写体快速细化算法［J］．吉首：吉首大学学报（自然科学版），2018，39（01）：29-33.

［22］Khalid SAEED, rnMarek TABEDZKI, rnMariusz RYBNIK, rnMarcin ADAMSKI. K3M: A UNIVERSAL ALGORITHM FOR IMAGE SKELETONIZATION AND A REVIEW OF THINNING TECHNIQUES［J］. International Journal of Applied Mathematics and Computer Science, 2010, 20（2）: P.317-335.

［23］Zhang T Y, Suen C Y. A fast thinning algorithm for thinning digital patterns［J］. Communications of ACM, 1984, 27（3）: 236-239.

［24］汤博．瑞典MALA探地雷达在管线探测中的应用［J］．水科学与工程技术，2015（01）：95-96.

第7章

［1］ Qi Z, Zheng F, Guo D, Zhang T, Shao Y, Yu T, Zhang K, Maier, H R. A Comprehensive Framework to Evaluate Hydraulic and Water Quality Impacts of Pipe Breaks on Water Distribution Systems［J］. Water Resources Research, 2018, 54（10）: 8174-8195.

［2］ Diao K, Sweetapple C, Farmani R, Fu G, Ward S, Bulter D. Global resilience analysis of water distribution systems［J］. Water Research, 2016, 106: 383-393.

［3］ Guo S, Zhang T Q, Shao W Y, David, Zhu Z, Duan Y Y. Two-dimensional pipe leakage through a line crack in water distribution systems［J］. 浙江大学学报：a卷英文版，2013，14（5）：371-376.

［4］ Abraham E, Blokker M, Stoianov I. Decreasing the discoloration risk of drinking water distribution systems through optimized topological changes and optimal flow velocity control［J］. Journal of Water Resources Planning and Management, 2018, 144（2）: 04017093.

［5］ Walski T M, Lutes T L. Hydraulic transients cause low-pressure problems［J］. Journal-American Water Works Association, 1994, 86（12）: 24-32.

［6］ Buchberger S G, Nadimpalli G. Leak estimation in water distribution systems by statistical analysis of flow readings［J］. Journal of Water Resources Planning & Management, 2004, 130（4）: 321-329.

［7］ Lechevallier M W. Coliform regrowth in drinking water: A review［J］. Journal-American Water Works Association, 1990, 82（11）: 74-86.

［8］ Kowalski D, Kowalska B, Kwietniowski M, Musz A. Reverse flow in branched water distribution network［J］. Ochrona Środowiska, 2010, 32（4）: 31-36.

［9］ Lehtola M J, Laxander M, Miettinen I T, Hirvonen A, Vartiainen T, Pertti J. The effects of changing water flow velocity on the formation of biofilms and water quality in pilot distribution system consisting of copper or polyethylene pipes［J］. Water Research, 2006, 40（11）: 2151-2160.

［10］ Donlan R M, Pipes W O. Selected drinking water characteristics and attached microbial population density［J］. Journal-American Water Works Association, 1988, 80（11）: 70-76.

［11］ Colombo A F, Karney B W. Energy and costs of leaky pipes: Toward comprehensive picture［J］. Journal of Water Resources Planning & Management, 2002, 128（128）: 441-450.

［12］ Zhang K, Cao C, Zhou X, Zheng F, Sun Y. Pilot investigation on formation of 2, 4, 6-trichloroanisole via microbial O-methylation of 2, 4, 6-trichlorophenol in drinking water distribution system: An insight into microbial mechanism［J］. Water Research, 2018, 131: 11-21.

［13］ Wang C, Wang C P, Liu X H. Analysis and control measures of yellow water in water distribution system in Meisha District, Shenzhen［J］. China Water & Wastewater, 2012, 28（9）: 44-47.

［14］ Ang W K, Jowitt P W. Solution for water distribution systems under pressure-deficient conditions［J］. Journal of Water Resources Planning and Management, 2006, 132（3）: 175-182.

［15］ Babu K S J, Mohan S. Extended period simulation for pressure-deficient water distribution network［J］.

Journal of Computing in Civil Engineering, 2011, 26（4）: 498-505.

[16] Liu H, Walski T, Fu G, Zhang C. Failure impact analysis of isolation valves in a water distribution network [J]. Journal of Water Resources Planning & Management, 2017, 143（7）: 04017019.

[17] Qi Z, Zheng F, Guo D, Maier H R, Zhang T, Yu T, Shao Y. Better understanding of the capacity of pressure sensor systems to detect pipe burst within water distribution networks [J]. Journal of Water Resources Planning and Management, 2018, 144（7）: 04018035.

第8章

[1] Sanz G, Pérez R, Savic D, Kapelan Z, Savic D. Leak detection and localization through demand components calibration [J]. Journal of Water Resources Planning and Management, 2016, 142（2）: 4015057.

[2] Pérez R, Puig V, Pascual J, Peralta A, Landeros E, Jordanas Ll. Pressure sensor distribution for leak detection in Barcelona water distribution network [J]. Water Science & Technology Water Supply, 2009, 9（6）: 715-721.

[3] Pérez R, Puig V, Pascual J, Quevedo J, Landeros E, Peralta A. Methodology for leakage isolation using pressure sensitivity analysis in water distribution networks [J]. Control Engineering Practice, 2011, 19（10）: 1157-1167.

[4] Kapelan Z S, Savic D A, Walters G A. Multiobjective design of water distribution systems under uncertainty [J]. Water Resources Research, 2005, 41（11）: 97-116.

[5] Alkasseh J M A, Adlan M N, Abustan I, Aziz H A, Mohamad A B. Applying minimum night flow to estimate water loss using statistical modeling: A case study in Kinta Valley, Malaysia [J]. Water Resources Management, 2013, 27（5）: 1439-1455.

[6] Farley B, Mounce S R, Boxall J B. Field testing of an optimal sensor placement methodology for event detection in an urban water distribution network [J]. Urban Water Journal, 2010, 7（6）: 345-356.

第9章

[1] Diao K, Sweetapple C, Farmani R, Fu G, Ward S, Bulter D. Global resilience analysis of water distribution systems [J]. Water Research, 2016, 106: 383-393.

[2] Walski T M. Water distribution valve topology for reliability analysis [J]. Reliability engineering & system safety, 1993, 42（1）: 21-27.

[3] Giustolisi O. Development of a modularity index for reliability assessment of isolation valve systems [J]. EPiC Series in Engineering, 2018, 3: 800-809.

[4] Ayala-Cabrera D, Piller O, Herrera M, Gilbert D. Absorptive Resilience Phase Assessment Based on Criticality Performance Indicators for Water Distribution Networks [J]. Journal of Water Resources Planning and Management, 2019, 145（9）: 04019037.

[5] Atashi M, Ziaei A N, Khodashenas S R, Farmani R. Impact of isolation valves location on resilience of water distribution systems [J]. Urban Water Journal, 2020, 17（6）: 560-567.

[6] Walski T. Providing Reliability in Water Distribution Systems [J]. Journal of Water Resources Planning and Management, 2020, 146（2）: 02519004.

[7] Mays L W. Water supply systems security [M]. New York: McGraw-Hill, 2004.

[8] Goulter I, Thomas M, Mays L, et al. Reliability analysis for design [M] //Mays L W. Water distribution systems handbook. New York: McGraw-Hill, 2000: 18. 1-18. 52.

[9] Walski T M. Issues in providing reliability in water distribution systems [C] //ASCE EWRI Conference.

Roanoke，VA，2002.

［10］ Walski T M，Weiler J S，Culver T．Using criticality analysis to identify impact of valve location［C］// Water Distribution Systems Analysis Symposium 2006．Cincinnati，USA，2008：1-9．

［11］ Giustolisi O，Savic D．Identification of segments and optimal isolation valve system design in water distribution networks［J］．Urban Water Journal，2010，7（1）：1-15．

［12］ Giustolisi O，Berardi L，Laucelli D．Optimal water distribution network design accounting for valve shutdowns［J］．Journal of Water Resources Planning and Management，2014，140（3）：277-287．

［13］ Meng F，Sweetapple C，Fu G．Placement of isolation valves for resilience management of water distribution systems［C］//1st International WDSA/CCWI 2018 Joint Conference．Kingston，Canada，2018：1-8．

［14］ Kao J-J，Li P-H．A segment-based optimization model for water pipeline replacement［J］．Journal - American Water Works Association，2007，99（7）：83-95．

［15］ Blokker M，Pieterse-Quirijns I，Postmus E，et al．Asset management of valves［J］．Water asset management international，2011，7（4）：12-15．

［16］ Giustolisi O，Kapelan Z，Savic D．Algorithm for automatic detection of topological changes in water distribution networks［J］．Journal of Hydraulic Engineering，2008，134（4）：435-446．

［17］ Jun H，Loganathan G V．Valve-controlled segments in water distribution systems［J］．Journal of Water Resources Planning and Management，2007，133（2）：145-155．

［18］ Giustolisi O．Water distribution network reliability assessment and isolation valve system［J］．Journal of Water Resources Planning and Management，2020，146（1）：04019064．

第10章

［1］ Tabucchi T H P，Davidson R A．Post-earthquake restoration of the Los Angeles water supply system［M］． Multidisciplinary Center for Earthquake Engineering Research，2008．

［2］ Butler D，Ward S，Sweetapple C，et al．Reliable，resilient and sustainable water management：the Safe & SuRe approach：Reliable，Resilient，and Sustainable Water Management［J］．Global Challenges，2016，1（1）．

［3］ Diao K，Sweetapple C，Farmani R，et al．Global resilience analysis of water distribution systems［J］． Water Research，2016，106（dec.1）．383-393．

［4］ Ohar Z，Lahav O，Ostfeld A．Optimal sensor placement for detecting organophosphate intrusions into water distribution systems［J］．Water Research，2015，73（apr.15）：193-203．

［5］ Roach，Tom，Kapelan，et al．Resilience-based performance metrics for water resources management under uncertainty［J］．Advances in Water Resources，2018．

［6］ Fanlin，Meng，et al．Topological attributes of network resilience：A study in water distribution systems［J］． Water Research，2018．

［7］ Herrera M，Abraham E，Stoianov I．A Graph-Theoretic Framework for Assessing the Resilience of Sectorised Water Distribution Networks［J］．Water Resources Management，2016，30（5）：1685-1699．

［8］ Li Y，Lence B J．Estimating resilience for water resources systems［J］．Water Resources Research，2007，43（7）：256-260．

［9］ Liu H，Savic D，Kapelan Z，et al．A diameter-sensitive flow entropy method for reliability consideration in water distribution system design［J］．Water Resources Research，2015，50（7）：5597-5610．

［10］ 张晋，华佩，柯华斌，杨超，冉青松．山地城市给水管网系统分析及可靠性研究［J］．市政技术，2010，28（04）：68-70+80．

［11］ 章征宝，余云进，徐得潜，祝健．基于蒙特卡罗法的城市给水管网可靠性分析［J］．给水排水，2007（07）：106-109．

［12］何双华，赵洋，宋灿. 城市供水管网在地震时的连通可靠性分析［J］. 防灾减灾工程学报，2011，31（05）：585-589.

［13］Gheisi A R，Naser G. On the significance of maximum number of components failures in reliability analysis of water distribution systems［J］. Urban Water Journal，2013.

［14］侯本伟. 城市供水管网抗震能力分析及性能化设计方法研究［D］. 北京：北京工业大学，2014.

［15］Liserra T，Maglionico M，Ciriello V，et al. Evaluation of Reliability Indicators for WDNs with Demand-Driven and Pressure-Driven Models［J］. Water Resources Management，2014，28（5）：1201-1217.

［16］李晓娟，沈斐敏. 地震时城市供水管网连通可靠性分析［J］. 重庆大学学报，2015，38（06）：123-128.

［17］伍悦滨，王芳，田海. 基于信息熵的给水管网系统可靠性分析［J］. 哈尔滨工业大学学报，2007（02）：251-254.

［18］Vaabel J，Koppel T，Ainola L，et al. Capacity reliability of water distribution systems［J］. Journal of Hydroinformatics，2014，16（3）：731-741.

［19］何忠华. 供水管网剩余能量熵及可靠性评价研究［学位论文］. 哈尔滨工业大学，2014.

［20］Ostfeld A，Kogan D，Shamir U. Reliability simulation of water distribution systems – Single and multiquality［J］. Urban Water，2002，4（1）.

［21］Cimellaro G P，Tinebra A，Renschler C，et al. New Resilience Index for Urban Water Distribution Networks［J］. Journal of Structural Engineering，2016，142（8）：C4015014.

［22］张德祥，罗成申，刘小兵. 地震灾区给水管网修复、加固及重建应注意的几个问题［J］. 西南给排水，2009，031（001）：41-43.

［23］柳春光，张安玉. 供水管网地震功能的失效分析［J］. 工程力学，2007（03）：142-146+125.

［24］陈芃，庄宝玉，赵新华. 事故状态下供水管网的拓扑分析［J］. 中国给水排水，2012，28（09）：48-51.

［25］刘海星. 给水排水管网系统耐受度指标体系的研究与应用［D］. 哈尔滨：哈尔滨工业大学，2015.

［26］Evolutionary algorithms and other metaheuristics in water resources：Current status，research challenges and future directions［J］. Environmental Modelling & Software，2014，62（dec.）：271-299.

［27］Organization P A H. Natural Disaster Mitigation in Drinking Water and Sewerage Systems：Guidelines for Vulnerability Analysis［J］. Ops Disaster Mitigation，2001.

［28］Sammarra M，Cordeau J F，Laporte G，et al. A tabu search heuristic for the quay crane scheduling problem［J］. Journal of Scheduling，2007，10（4-5）：327-336.

［29］Shi P. Seismic response modeling of water supply systems.［D］. 2006.

［30］Bibok A. Near-optimal restoration scheduling of damaged drinking water distribution systems using machine learning［C］//WDSA/CCWI Joint Conference Proceedings. 2018，1.

［31］周巍巍，李树平，侯玉栋，黄璐. 基于DDA和PDA模型的供水管网管段重要性计算研究［J］. 给水排水，2013，49（03）：154-157.

［32］Wagner J M，Shamir U，Marks D H. Water Distribution Reliability：Simulation Methods［J］. Journal of Water Resources Planning and Management，1988，114（3）.

［33］Singh V，Choudhary S. Genetic algorithm for Traveling Salesman Problem：Using modified Partially-Mapped Crossover operator［C］// Multimedia，Signal Processing & Communication Technologies，Impact 09 International. IEEE，2009.

［34］Christian，Bierwirth. A generalized permutation approach to job shop scheduling with genetic algorithms［J］. Or Spectrum，1995.

［35］Rudolph G. Convergence analysis of canonical genetic algorithms［J］. IEEE Transactions on Neural Networks，1994，5（1）：96.

第4章

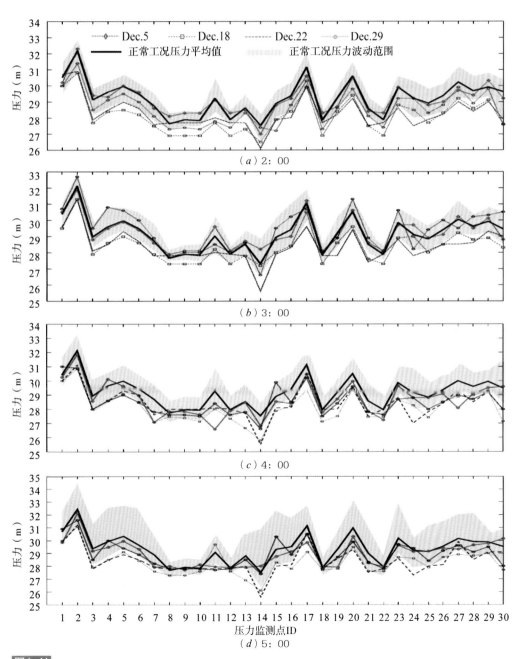

图4-11
2014年12月1日～2014年12月31日监测点压力值

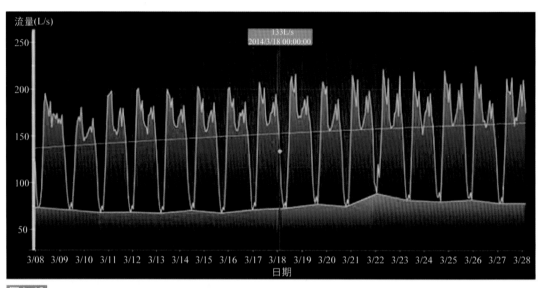

图4-16

2014年3月8日~2014年3月28日的历史流量数据

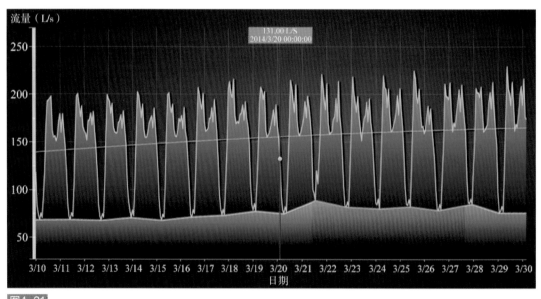

图4-21

漏损修复之后的流量曲线

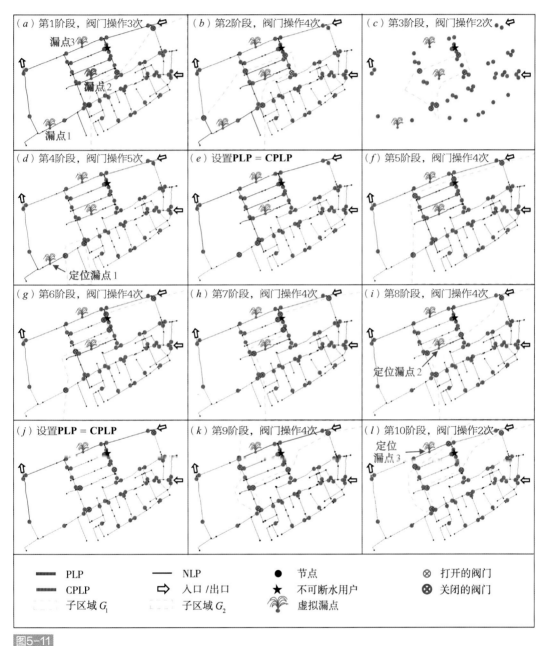

图5-11
定位3个不同漏点时各阶段的阀门操作和管道识别结果

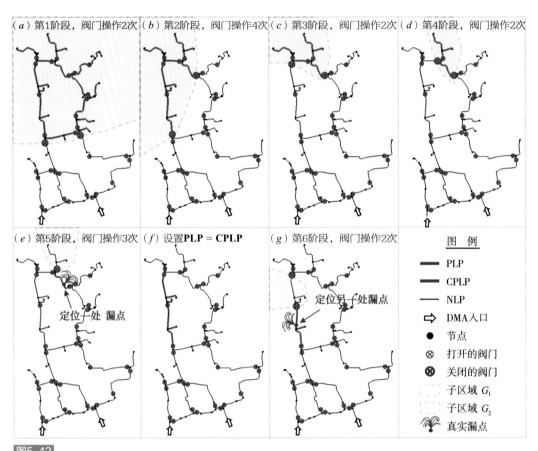

（a）第1阶段，阀门操作2次　（b）第2阶段，阀门操作4次　（c）第3阶段，阀门操作2次　（d）第4阶段，阀门操作2次

（e）第5阶段，阀门操作3次　（f）设置PLP = CPLP　（g）第6阶段，阀门操作2次

定位一处 漏点

定位另一处漏点

图 例

PLP
CPLP
NLP
DMA入口
节点
打开的阀门
关闭的阀门
子区域 G_1
子区域 G_2
真实漏点

图5-12
定位DMA2中真实漏损时各阶段的阀门操作和管道识别结果

（a）原始图像

（b）灰度图

（c）二值化图

图6-5
图像二值化过程

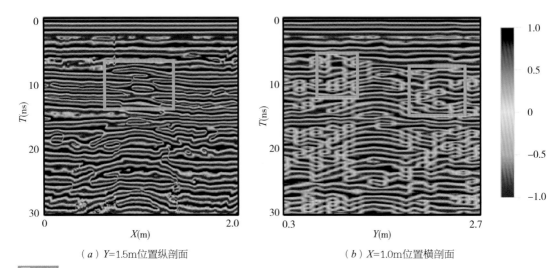

（a）Y=1.5m位置纵剖面　　　　　　　　（b）X=1.0m位置横剖面

图6-17
漏损瞬时相位属性图

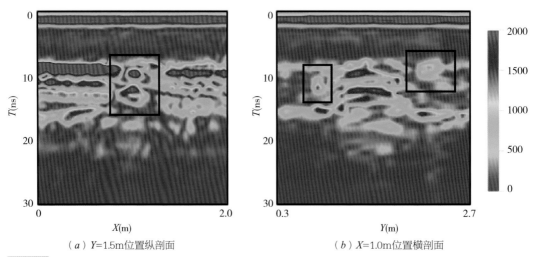

（a）Y=1.5m位置纵剖面　　　　　　　　（b）X=1.0m位置横剖面

图6-18
漏损瞬时振幅属性图

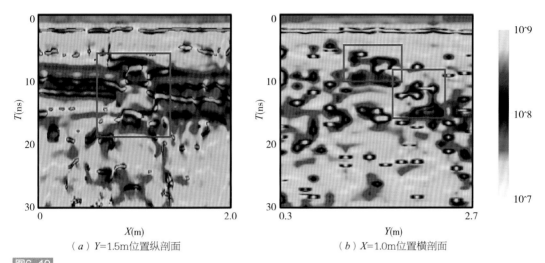

（a）Y=1.5m位置纵剖面

（b）X=1.0m位置横剖面

图6-19
漏损瞬时频率属性图

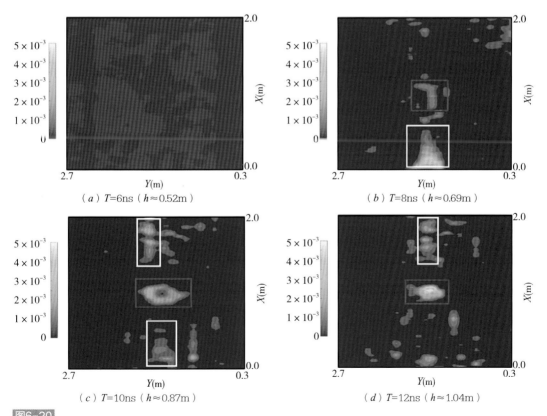

（a）T=6ns（h≈0.52m）

（b）T=8ns（h≈0.69m）

（c）T=10ns（h≈0.87m）

（d）T=12ns（h≈1.04m）

图6-20
漏损能量密度属性图

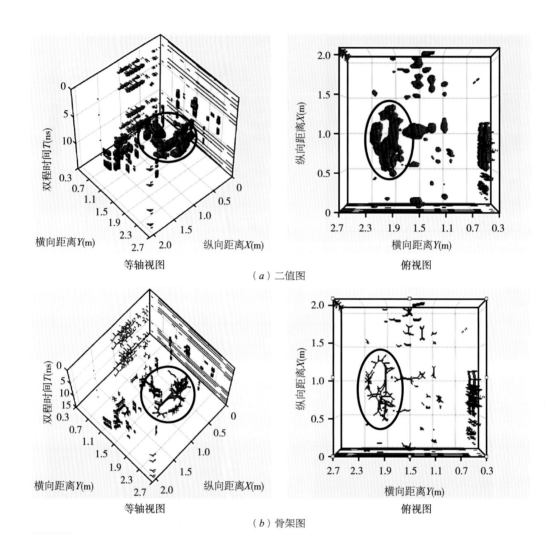

双程时间 T(ns)

横向距离 Y(m)

纵向距离 X(m)

等轴视图

纵向距离 X(m)

横向距离 Y(m)

俯视图

（a）二值图

双程时间 T(ns)

横向距离 Y(m)

纵向距离 X(m)

等轴视图

纵向距离 X(m)

横向距离 Y(m)

俯视图

（b）骨架图

图6-24

漏损管道信号消除后三维图

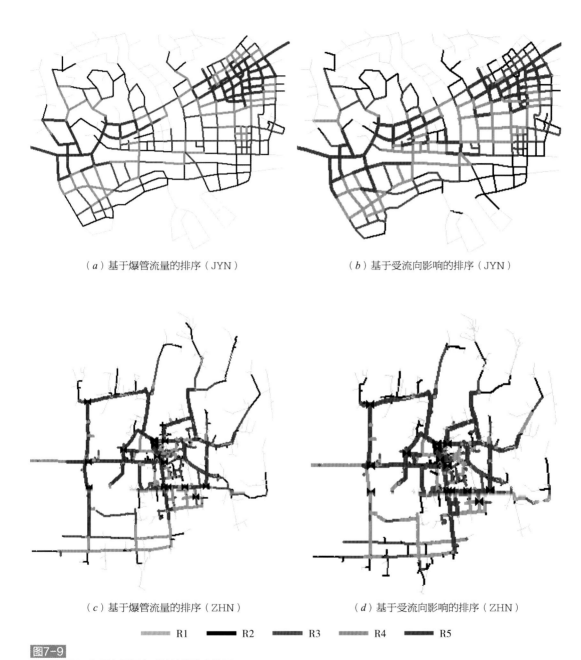

（a）基于爆管流量的排序（JYN）　　　　　　　　（b）基于受流向影响的排序（JYN）

（c）基于爆管流量的排序（ZHN）　　　　　　　　（d）基于受流向影响的排序（ZHN）

━━ R1　　━━ R2　　━━ R3　　━━ R4　　━━ R5

图7-9
JYN和ZHN在用水量最高时的管道排序结果

| R1 | R2 | R3 | R4 | R5 |

图7-12
JX案例管道排序结果

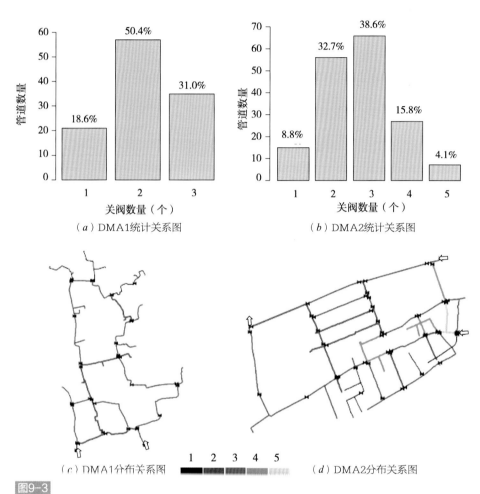

（a）DMA1统计关系图　（b）DMA2统计关系图

（c）DMA1分布关系图　（d）DMA2分布关系图

图9-3

案例管网关阀数量与管道数量统计关系图和分布关系图

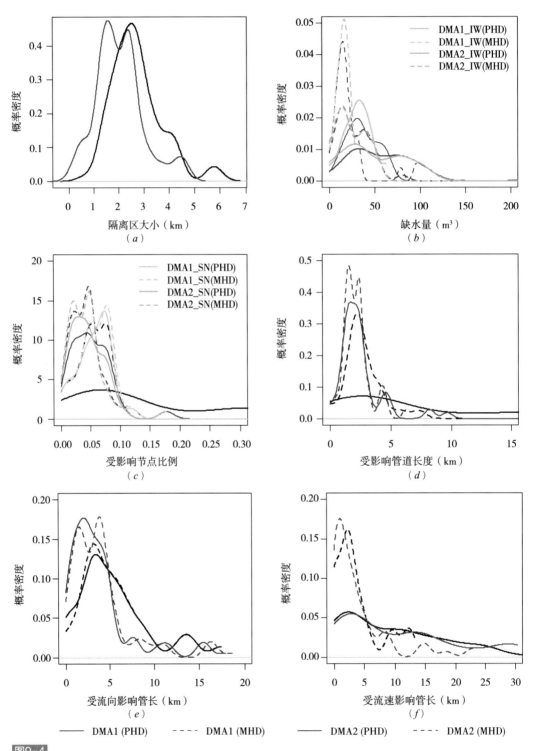

图9-4

DMA1和DMA2管网六个指标的统计分布

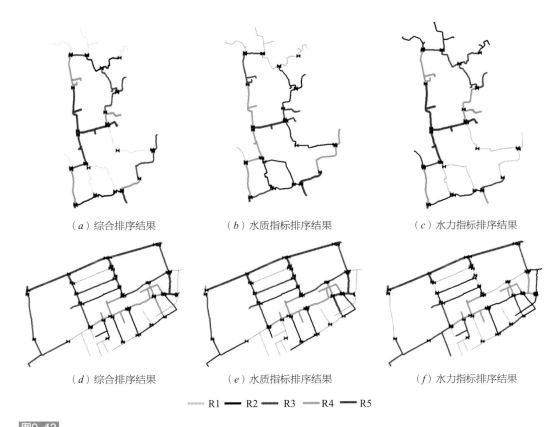

（a）综合排序结果　　　　　　（b）水质指标排序结果　　　　　　（c）水力指标排序结果

（d）综合排序结果　　　　　　（e）水质指标排序结果　　　　　　（f）水力指标排序结果

━━ R1　━━ R2　━━ R3　━━ R4　━━ R5

图9-13
DMA1和DMA2管网用水量高峰期排序结果图

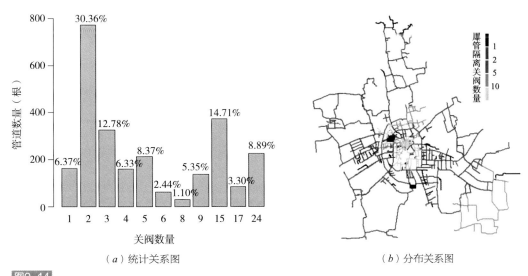

（a）统计关系图　　　　　　　　　　　　　　　（b）分布关系图

图9-14
JX供水管网关阀数量与管道数量

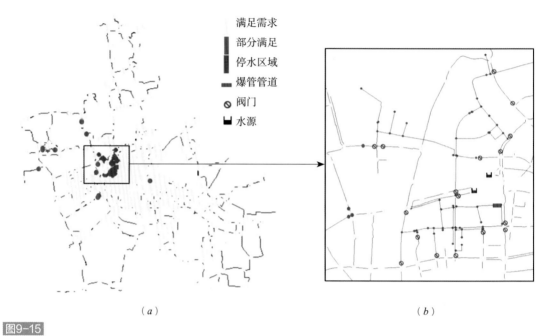

満足需求
部分満足
停水区域
爆管管道
阀门
水源

（a）

（b）

图9-15
JX管网高峰期某一管道爆管关阀后用水量空间分布图

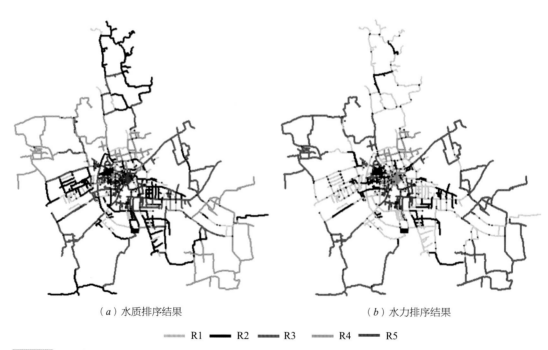

（a）水质排序结果

（b）水力排序结果

R1　R2　R3　R4　R5

图9-17
JX供水管网爆管关阀后管道排序结果

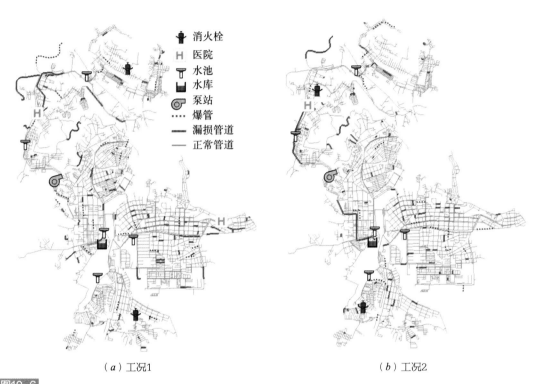

第10章

消火栓
医院
水池
水库
泵站
爆管
漏损管道
正常管道

（a）工况1　　　　　　　　　　　　　　　（b）工况2

图10-6
BPDRR案例管网地震后两种不同的管道破坏工况

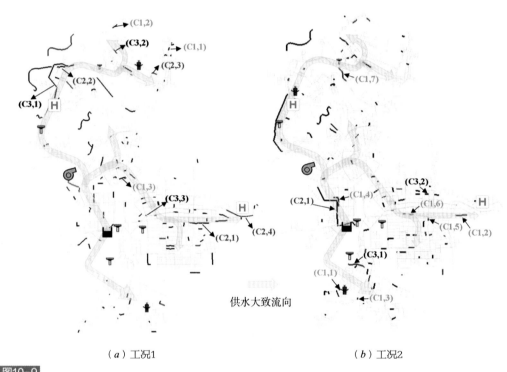

供水大致流向

（a）工况1　　　　　　　　　　　　　　　　（b）工况2

图10-9

两种地震工况下，最佳修复方案对应的3个施工队（C1、C2和C3）分别执行的前10个修复操作顺序（括号中的数字为执行操作顺序）